朱志荣美学思想
评论二集

王怀义 李晶晶 陈娟 编

上海三联书店

目　录

研究论文

专著评论

回忆随笔

朱志荣序跋集

研究论文

穿朱志荣全部美学著作的一条主线。本文主要以朱志荣的意象创构论美学为例,探讨意象论之于当代中国美学理论研究的重要意义和学术走向。

一、中国当代意象论美学研究的
文化渊源和知识谱系

意象论美学是地地道道的中华民族本土美学,意象理论在中国源远流长,其文化土壤可追溯至蕴含在中国上古时代的巫觋、图腾、祭祀和占卜等原始神秘文化中最古老的尚象思维,这种尚象思维在现存的中国最古老的典籍《诗》《书》《礼》《乐》《易》《春秋》等"六艺"或"六经"之中得到记录和保存。明清之际的大儒王船山曾论"六经皆象",指出:"盈天下而皆象矣,《诗》之比兴,《书》之政事,《春秋》之名分,《礼》之仪,《乐》之律,莫非象也。"①清代另一位大儒章学诚也曾论"六艺皆象",指出:"《易》之象也,《诗》之兴也,变化而不可方物矣。……六艺之文,可以一言尽也,夫象欤,兴欤,……象之所包广矣,非徒《易》而已,六艺莫不兼之。"又云:"《易》象虽包六艺,与《诗》之比兴,尤为表里。"②中国上古时代产生的文化意象最集中地体现在周易之中。相传周易古经的卦象与卦爻辞为圣人所做。卦象是圣人仰观俯察的作品,卦爻辞则以言简意赅的隐喻方式,传达了卦象所象征的神秘意旨。如果说周易古经奠定了中国古代意象论最初的文化原型,那么,周易大传对周易古经原本神秘的象征思维作了富于理性的进一步阐发,把中国古人对意与象之关系的思考推进到了一个新的历史阶段。与此同时,周代"六诗"尤其是《三百篇》中的"赋比兴"成为古代意象论生成发展取之不尽的文化土壤和艺术源泉。老

---

① 王夫之:《周易外传》卷六,见《船山全书》第一册,长沙:岳麓书社 1988 年版,第 1039 页。
② 章学诚著、严杰等译注:《文史通义全译》上册,贵阳:贵州人民出版社 1997 年版,第 19—24 页。

庄哲学则发挥和改造了周易古经的尚象思想传统,其对宇宙之道和
人生之道的感悟言说,为意象论生成奠定了自觉的哲学基础。老庄
而且更进一步提出了突破"象"、在"象外"致思的思想,为中国古代意
境论提出了最初的思想基础。当然,毋庸讳言,在先秦,尽管先哲们
思考和讨论意、象及其关系的言论很丰富,但毕竟还没有将其铸为一
个词。最早将意与象熔铸为"意象"一词的是汉代的王充与班固,"意
象"一词的铸成因而成为中国古代意象论美学诞生的一个重要环节。
王充在《论衡·乱龙篇》曾论述过作为礼制文化之象的"意象",指出:
"天子射熊,诸侯射麋,卿大夫射虎豹,士射鹿豕,示服猛也。名布为
侯,示射无道诸侯也。夫画布为熊麋之象,名布为侯,礼贵意象,示义
取名也。"①班固则在《汉书·李广传》中叙述过作为人物意态和形象
的"意象",写到:"广不谢大将军而起行,意象愠怒而就部,引兵与右
将军食其合军,出东道。"②汉代的这两种意象用法深刻影响了后人。
甚至直到宋明时期,仍有很多著述还经常在文化意象或人物意象的
含义上使用"意象"一词,用"意象"来品评人物、器物、自然物、社会文
化现象等。但这毕竟还不是美学和诗学意义上的审美意象。真正把
"意象"理解为审美意象始于六朝,刘勰是中国历史上第一位从审美
意象的意义上使用"意象"一词的。刘勰的《文心雕龙》建构了以一个
意象为审美核心的体大思精的文章写作理论体系,其中的"意象"即
指审美意象。刘勰在《文心雕龙·神思篇》写到:"积学以储宝,酌理
以富才,研阅以穷照,驯致以怿辞,然后使玄解之宰,循声律而定墨;
独照之将,窥意象而运斤。此盖驭文之首术,谋篇之大端。"③《神思
篇》是讨论艺术想象的,按照刘勰的观点,"神思"即是"神与物游",
"意象"即是"神用象通,情孕所变"。刘勰在《文心雕龙·物色篇》对

① 王充著、袁华忠等译注:《论衡全译》中册,贵阳:贵州人民出版社1993年版,第983页。
② 班固撰、师古注:《汉书》第八册,北京:中华书局1962年版,第2448页。
③ 刘勰著、周振甫注:《文心雕龙注释》,北京:人民文学出版社1981年版,第295页。

"意象"有更精彩的阐述,《物色篇》专门讨论诗人感悟外界的自然景色,引起审美感兴,形成审美意象。在刘勰看来,诗人感物而创造审美意象的过程就是"情以物迁,辞以情发"的过程,是"既随物以宛转,亦与心而徘徊"①的过程。可见,《文心雕龙》中的"意象"已然是成熟的审美意象概念,意象论美学在刘勰手上正式创建。自此之后,中国古典美学语境中的"意象",多指审美意象(在现代美学语境中,"意象"更是审美意象的简称)。唐宋以后,诗人和艺术家们开始大量用"意象"评品各类文艺作品。至明清时期,中国古代诗学和美学的审美意象论达到了极盛。

　　中国现代意象论研究是中国古代意象论美学的延续和发展。尽管中国现代学者对意象论的研究集中出现在中国现代诗歌创作和批评领域,意象论成为中国诸现代诗人如象征派、新月派、现代派、七月派、九叶集派诗人以及梁宗岱先生等诗人评论诗歌作品的主要范畴。尤其是中国现代新月派著名诗人闻一多先生,曾明确指出《易》之象与之《诗》兴的同源同构性:"隐在六经中相当于《易》象和《诗》兴","象与兴实际都是隐,有话不能明说的隐。"②但是,在中国现代美学领域最早最系统研究审美意象的第一人,是著名美学大师朱光潜先生。朱光潜以克罗齐的直觉论美学为主,吸收西方立普斯移情论、谷鲁斯的内模仿说、康德美学审美意象论,融汇中国古代感兴论美学等思想资源,创建了中国现代第一个也是最为完备的意象论美学体系,这个意象论美学在朱光潜先生的《诗论》一书中即已相当完备。正如叶朗先生所指出的:"《诗论》这本书就是以意象为中心来展开的。一本《诗论》可以说是一本关于诗歌意象的理论著作。"③朱光潜认为,情景交融的审美意象是诗人审美直觉(或审美的"见")的产物,是一

---

① 刘勰著、周振甫注:《文心雕龙注释》,北京:人民文学出版社 1981 年版,第 493 页。
② 闻一多:《说鱼》,《闻一多全集》第 3 卷,武汉:湖北人民出版社 1993 年版,第 231 页。
③ 叶朗:《胸中之竹——走向现代中国之美学》,合肥:安徽人民出版社 1998 年版,第 261 页。

个无沾无碍、独立自足、具有整一性的意象（image）。"凝神观照之际，心中只有一个完整的孤立的意象，无比较，无分析，无旁涉，结果常致物我由两忘而同一，我的情趣与物的意态遂往复交流，不知不觉之中人情与物理相渗。"①朱光潜先生并以这种审美意象论的美学标准对中国古典诗歌发展史进行了独具慧眼的划分。同时，引入布洛的距离说美学，把文学艺术的社会价值适度融入审美意象论之中。朱光潜在后来的著作中一再强调"美感的世界纯粹是意象世界"②、"物的形象是人的情趣的返照。物的意蕴的深浅和人的性分密切相关。深人所见于物者亦深，浅人所见于物者亦浅。比如一朵含露的花，在这个人看来只是一朵平常的花，在那个人看或以为它含泪凝愁，在另一个人看或以为它能象征人生和宇宙和妙谛。一朵花如此，一切事物也是如此。因我把自己的意蕴和情趣移于物，物才能呈现我所见到的形象。我们可以说，各人的世界都由各人的自我伸张而成。欣赏中都含有几分创造性。"③又云："文艺先须又要表现的情感，这情感必融会于一种完整的具体意象，即借那个意象得表现，然后用语言把它记载下来。"④"凡是文艺都是根据现实世界而铸成另一超现实的意象世界，所以它一方面是现实人生的返照，一方面也是现实人生的超脱。"⑤可见，强调诗歌的魅力在情趣，情趣是生成审美意象的心理枢机，审美意象是主体的审美情趣与物的形象的内在统一，是朱光潜意象论美学最鲜明的特色。朱光潜的意象论美学主要从审美心理学（文艺心理学）角度展开，显示出审美自律的学术旨趣和美学现代性的理论追求。但是，由于朱光潜深受桐城派的文化影响，其古典美学和文化资源主要在儒家美学，因此，他的意象论美学

① 朱光潜：《诗论》，《朱光潜美学文集》第二卷，上海：上海文艺出版社 1982 年出版，第 53 页。
② 朱光潜：《谈美》，《朱光潜美学文集》第一卷，上海：上海文艺出版社 1982 年出版，第 446 页。
③ 朱光潜：《谈美》，《朱光潜美学文集》第一卷，上海：上海文艺出版社 1982 年出版，第 466 页。
④ 朱光潜：《谈文学》，《朱光潜美学文集》第二卷，上海：上海文艺出版社 1982 年出版，第 352 页。
⑤ 朱光潜：《谈文学》，《朱光潜美学文集》第二卷，上海：上海文艺出版社 1982 年出版，第 243 页。

往往纠结于美学原理上的审美自律性和实际文学史和文学批评史上的道德关怀、人生关怀之间,具有某种内在的理论矛盾和张力。当然,即便在上世纪 50、60 年代美学大讨论的特殊文化语境中,朱光潜在接受马克思主义美学的同时,仍然坚持其早期的意象论美学主张。朱光潜在上世纪 50、60 年代"美是主客观的统一"语境下的"物甲(物)"与"物乙(物的形象)"的观点是早期意象论的新表述,即在马克思主义美学认识论语境下的新表述。由于中国当代美学史上第一次"美学大讨论"基本上局限在认识论美学范畴,朱光潜意象论美学亦然。总之,追求情景交融、独立自足的审美意象论,显示了朱光潜意象美学的现代性学术品格。

与朱光潜同时代的宗白华先生,对意象问题也有重要的原创性贡献。与朱光潜把意象视为审美本体和艺术本体不同,宗白华把意境作为中国美学和艺术哲学最中心的范畴,认为意境是中国艺术对世界美学最重要的贡献,意象则被视为艺术意境的基础或构成层面之一。朱光潜主要从审美心理学或文艺心理学角度研究审美意象,宗白华先生则主要从哲学形而上学尤其是生命本体论角度研究审美意象和艺术意境。如果说,在朱光潜那里,意象的奥妙在宇宙的人情化或情趣化;那么,在宗白华这里,意象的奥妙则在宇宙的生命化。显然,情趣化与生命化是两种不同的理论思维和美学路线。宗白华先生在周易哲学、老庄哲学、魏晋玄学以及禅宗哲学中找到了所需要的理论资源,尤其重视周易的"生生而有条理"。"生生"即是宇宙生命本体生生不息的健动创化,"条理"即是生命创化所遵循的形而上之永恒"宇宙秩序"。宗白华认为,中国哲学是一种阐扬生命之道的哲学。在中国传统哲学中,"所谓道,就是这宇宙里最幽深最玄远却又弥纶万物的生命本体"。[①] "中国人感到宇宙全体是大生命的流

---

① 宗白华:《论〈世说新语〉与晋人的美》,见《宗白华全集》第二卷,合肥:安徽教育出版社 1996 年版,第 278 页。

行,其本身就是节奏与和谐。人类社会的礼和乐,是反映着天地的节奏与和谐。"①于是,宗白华立足于中国古代宇宙自然生命本体论基础,同时吸纳现代西方叔本华、柏格森、斯宾格勒、怀特海等人的生命哲学思想,建立了自己的艺术意境理论,其中,意象是意境构成的基础和层次之一。宗白华在《中国艺术意境之诞生》一文中指出:"'意境',一切艺术的中心之中心。"又云:"画家诗人'游心之所在',就是他独辟的灵境,创造的意象,作为他艺术创作的中心之中心。"②宗白华认为,艺术意境不是一个单层平面的自然再现,而是一个从物象到意象再到意境渐次深拓的境界创构,从直观感相的摹写,活跃生命的传达,最高灵境的启示,一层比一层深。在宗白华先生这里,意象是宇宙生命之道的象征,是通往宇宙生命深境的一个环节或层次。宗白华的意象论也讲情调,但这是一种生命情调,不同于朱光潜意象论从人性论和心理学角度所阐释的情趣。宗白华指出:"艺术家以心灵映射万象,代山川而立言,他所表现的是主观的生命情调与客观的自然风景交融互渗,成就一个鸢飞鱼跃,活泼玲珑,渊然而深的灵境。"③"中国哲学是就'生命本身'体悟'道'的节奏。'道'具象于生活、礼乐制度。道尤表象于'艺'。灿烂的'艺'赋予'道'以形象和生命,'道'给予'艺'以深度和灵魂。"④意象乃宇宙生命的表象,而意境则是此宇宙生命中一以贯之之道,它周流万汇,无往不在;而视之无形,听之无声。

　　朱光潜和宗白华两位先生可谓是中国现代美学意象论研究的开

---

① 宗白华:《艺术与中国社会》,见《宗白华全集》第二卷,合肥:安徽教育出版社1996年版,第413页。

② 宗白华:《中国艺术意境之诞生》,见《宗白华全集》第二卷,合肥:安徽教育出版社1996年版,第326页。

③ 宗白华:《中国艺术意境之诞生》增订稿,见《宗白华全集》第二卷,合肥:安徽教育出版社1996年版,第358页。

④ 宗白华:《中国艺术意境之诞生》增订稿,见《宗白华全集》第二卷,合肥:安徽教育出版社1996年版,第367页。

创者。尤其是朱光潜先生,堪称中国现代意象论美学之父,对后人产生了极其深远的影响。继朱先生之后,许许多多的学者,包括老年的、中年的、年轻的学者都投入了意象论美学研究,如钱钟书、敏泽、胡经之、陈植锷、陈良运、鲁西、胡雪冈等大批学者在意象研究领域都取得了重要成绩,他们的意象论研究各有绝活、各擅胜场,竞显风流。笔者在拙著《船山诗学研究》中也曾研究过意象问题。当代美学界对意象问题的研究首先表现在中国古典美学意象论的整理和诠释方面,其中敏泽先生是一位领风气之先者。敏泽先生于 1983 发表长文《中国古典意象论》,纠正了把意象论视为西方意象主义诗论舶来品的误会,明确指出:"关于'意象'的理论,在我国的美学史上有着源远流长的历史;对于意象,我国的美学和文学理论批评史上有过很多的、以至精辟的论述。而且,即使西方从本世纪初兴起的意象主义运动,也曾从传统的中国文学,主要是古典诗歌中吸取过丰富的营养。"[①]敏泽先生的这篇论文从意象论的两个历史的源头(《周易》和《庄子》)、"意象"一词出现的考辨、意象论的成熟时期以及意象和意境的同异等四个方面,对中国古典意象论进行了较为系统的梳理,堪称这个时期意象论研究取得的重要成果。后来,敏泽先生还在 2000年《文学遗产》第 2 期发表《钱钟书先生谈"意象"》一文,回忆了他在写作《中国古典意象论》一文的过程中,是如何得到钱钟书先生的鼓励和评阅的。文章追溯了钱钟书对他的这篇论文的 8 处批改意见,反映了钱先生对意象问题的精绝之论。然而,在意象研究领域最为深耕的当数叶朗、汪裕雄、夏之放和朱志荣等人,理由在于他们都建构了各具特色的审美意象理论。首先,叶朗教授接着朱光潜、宗白华先生说,并吸收了张世英和叶秀山先生的某些思想,建构了一个集大成式的意象论美学,允为中国当代意象论美学研究的杰出代表。叶

---

① 敏泽:《中国古典意象论》,《文艺研究》1983 年第 3 期。

朗教授的意象论美学研究初创于《中国小说美学》，正式建构于《中国美学史大纲》，创新和发展于《现代美学体系》和《胸中之竹——走向现代之中国美学》，集大成于新版《美学原理》和《美在意象》。叶朗先生在当代意象论美学研究中，已经把朱先生的本体论意象美学推进到了存在论阶段，但叶朗先生仍然不改初衷，意象本体论的学术旨趣和基本观点仍然未变。正因为此，其晚近的集大成式美学著作《美在意象》仍然以醒目的书名，表明了他以意象为美学本体的学术思想。叶朗先生的意象论美学可概括为"意象本体论美学"。叶朗意象本体论美学在其弟子彭锋、董志强等人那里得到发扬光大。其次，汪裕雄先生接着宗白华和祖保泉先生讲，同样建构了一个重要的意象论美学体系，其意象论美学从审美心理学角度走向文化符号学视域，尤其是立足周易美学和符号论美学，既有审美意象学原理研究，又有中国意象美学史研究，还有宗白华先生的艺境美学专题研究，分别见于《审美意象学》、《意象探源》和《艺海无涯——宗白华美学思想臆解》等著作中。但是后者已然从意象论主题转向了意境论主题。汪裕雄先生提出的言象互动的意象论可概括为"意象超越论美学"。再其次，夏之放先生接着朱光潜、宗白华先生讲，其意象论美学广泛吸收了 20 世纪国内外美学文艺学研究及众多新兴人文学科的学术成果，同时又能自出机杼。其意象论研究主要见于其《文学意象论》一书。该书突破了建国以来我国文艺学界长期以来以"形象"作为学科中心范畴的局限，提出以"审美意象"作为美学文艺学研究的逻辑起点。作者从学术史角度论述了以审美意象取代文学形象作为文艺美学核心范畴的学理依据，对"意象"论的中外学术史考辨、审美意象系统及其符号化、文学意象的构成层面及其创造等问题进行了较为系统地论述。其意象论美学可概括为"意象论文艺美学"。再其次，朱志荣教授接着朱光潜、宗白华、王明居、汪裕雄、蒋孔阳先生讲，其意象论美学以善于综合创新、理论运用和批评实践在当代中国美学界独树一帜,产生了广泛的影响。其意象论美学可概括为"意象创构论美学"。本文重点以朱志荣教授的意象创构论美学为例,通过阐述其意象创构论美学的知识谱系、主要观点、学术贡献及值得进一步讨论的问题,探讨意象论与中国当代美学理论研究的关系。总之,意象论美学研究是中国当代美学学科研究中最有成就的学术领域之一。展开意象论美学研究,以意象作为美学本体或美学基本范畴,是对以往抽象思辨的传统理念论美学和本质论美学的一个纠偏,具有重要的理论价值和学术意义。

二、朱志荣意象创构论美学研究的
学术传承与理论创见

朱志荣意象创构论美学具有丰富的知识谱系。朱志荣毕业于安徽师范大学中文系本科和硕士,师从王明居教授和汪裕雄教授。安徽是中国现代美学奠基人朱光潜、邓以蛰、方东美、宗白华等先生的故乡或第二故乡,安徽师大中文系则是我国当代意象论美学研究的学术重镇。朱志荣教授学术有渊源,得到各位前辈学者意象论研究的学术滋养,尤其深得导师王明居教授周易符号论美学和汪裕雄教授意象论美学研究的真谛。进入复旦大学中文系读博后,师从我国当代著名美学家蒋孔阳先生,更是得到蒋孔阳先生的耳提面命,深得蒋先生实践创造论美学的真传。朱志荣读博期间,系统研究了西方美学尤其是康德美学,对康德美学意象论有独到的发现。以朱志荣教授的博士论文《康德美学思想研究》一书为例,该书是其审美意象研究的一个重要的思想资源和学术参照。该书设专章(即第五章)阐述了康德美学的审美意象论。康德所说的"审美意象"德语原文是"Asthetische Idee",字面意义为"审美观念",宗白华正是这样翻译的,而朱光潜和蒋孔阳则将其译为"审美意象"。朱志荣认为,把

"Asthetische Idee"译为审美意象更符合康德本义。康德在《判断力批判》中这样界定审美意象:"我所说的审美意象,就是由想象力所形成的那种表象。它能够引起许多思想,然而却不可能有任何明确的思想,即概念,与之完全相适应。因此,语言不能充分表达它,使之完全令人理解。很明显,它是和理性观念中相对立的。理性观念是一种概念,没有任何的直觉(即想象力所形成的表象)能够与之相适应。"①在朱志荣看来,把"Asthetische Idee"译为审美意象比译为审美观念更切近康德的意思。朱志荣认为,在康德美学体系中,审美意象贯穿于美的特质研究、形态研究、范畴研究和审美活动过程研究之中。因此,"在一定程度上可以说,审美意象是康德美学的核心范畴。"②朱志荣的这个观点是很有见地的。尤其是在美的基本形态问题上,朱志荣反复指出,在康德那里,审美意象贯穿着自然美和艺术美③、"无论是自然美还是艺术美,均可看成是审美意象的表现。"④。朱志荣的这个观点在其后来的《审美理论》(1997)一书中得到进一步阐明和发展。

朱志荣的意象创构论美学远绍刘勰、康德和朱光潜,近接王明居、汪裕雄和蒋孔阳。朱志荣比较清晰而深刻地揭示了文学意象创构的机制与奥妙。在审美意象的创构问题上,意与象二者何以能水乳相容、合二为一,一直是难以言说的理论难题。朱志荣知难而上,立足中国古典哲学和文化传统,从物我贯通、意与象合、情景合一、神合体道、比兴手法、语言呈现等角度予以论述,认为审美意象以审美主体的审美经验为基础,贯通物我之生命节律,消除物我之界限,心象合一,通过比兴等艺术手法强化,并借助于语言符号的表达和读者

---

① 朱志荣:《康德美学思想研究》,合肥:安徽人民出版社 1997 年版,第 165 页,译文见蒋孔阳《德国古典美学》第 113 页。

② 朱志荣:《康德美学思想研究》,合肥:安徽人民出版社 1997 年版,第 165 页。

③ 朱志荣:《康德美学思想研究》,合肥:安徽人民出版社 1997 年版,第 165 页。

④ 朱志荣:《康德美学思想研究》,合肥:安徽人民出版社 1997 年版,第 177 页。

的接受,达到意象的生成。朱志荣意象创构论美学在中国艺术哲学、中国审美理论、中国文学理论等三大领域中展开,建构了中国艺术哲学、中国审美理论、中国文学导论等三大理论形态,这表现在其三部同名著作即《中国艺术哲学》、《中国文学导论》、《中国审美理论》之中。具体而言,朱志荣教授的意象论美学可以说起步于处女作《中国艺术哲学》(1997),然后依次在博士论文《康德美学思想研究》(1997)、《中国审美理论》(1997)、《中国文学艺术论》(2000)、《夏商周美学思想研究》(2009)等著作中得到理论上的深入探索和批评实践上的运用。朱教授的中国美学"三大理论"在研究思路上显然与海外华人刘若愚《中国文学理论》和《中国诗学》、叶维廉《中国诗学》以及日本学者笠原仲二《古代中国人的美意识》等著作有异曲同工之妙。朱志荣的这三部著作不是中国艺术理论、文学理论与美学理论的编年史,而是以问题为框架来结构全书。在中国大陆学者中,也有类似的美学著作.同类著作如童庆炳先生的《现代学术视野中的中华古代文论》、胡晓明教授的《中国诗学之精神》、祁志祥教授和孙耀煜教授的同名著作《中国古代文学原理》等。但是,同时创作中国美学"三大理论",并将意象创构论美学运用于它们的阐释和建构之中,朱志荣教授可谓第一人。本文主旨不在对朱志荣的上述三大美学理论著作进行全面评述,而是试图阐述朱志荣意象创构论美学在这三大美学理论著作中的贯彻和展开。以下逐一加以分析。

朱志荣的意象论美学研究始于早期处女作《中国艺术哲学》(1997)一书,该书虽然没有以审美意象或艺术意象为题设章,但由于作者把意象视为艺术的艺术本体,因而显示出意象论美学的鲜明特色。该书第二章论述中国艺术哲学的本体论时,实际上也就是在讨论意象、感性意象、审美意象和艺术意象问题。作者以三节篇幅展开详细讨论:第一节艺术本体的"创构"问题(依次讨论艺术意象创构过程中的师造化、得心源、超形似、合技艺等问题)。第二节艺术本体的

"结构"(依次讨论审美意象的言、象、神、道等要素及其关系问题)。第三节艺术意象在接受活动中的"生成"(依次讨论了审美主体的同情、会妙和意象再创造等问题)。作者指出,中国古代艺术本体作为一种意象本体,应当在一种动态过程中加以把握,它包含作家创构、作品结构和欣赏生成等环节。艺术的审美意象本体是作家外师造化、中得心源、营心构象和超象得似以及技艺呈现的产物,它包含言、象、神、道四个层次。中国艺术的本体是一种融合着外在感性物态形式及其生机与艺术家内在生命精神的审美意象。"在艺术中,审美意象是物我交融的产物。在我们体悟包含生机的感性物态时,我们的内在生命也融汇到无限的天地自然之中,与宇宙生机贯通,审美意象遂从中达成。"①从层次上看,"中国艺术本体的内在结构,包括艺术语言、审美意象和内在风神。它们在本体中是有机统一、浑然一体的。这从根本上说便是统一于气,一气相贯,最终体现出生命之道。"②可见,一个完整的意象创构论美学其实已初见雏形。

在《中国美学理论》(1997初版书名为《审美理论》)一书中,审美意象研究更为深入。该书以审美意象为标题设立专章即第六章。该章分为四节。第一节"审美意象的基本内涵",依次讨论审美意象的意、象、象外之象等问题;第二节"审美意象的创构过程",依次讨论审美意象创构的物我贯通、情景合一、神合体道等问题;第三节"审美意象的基本特征",依次讨论审美意象的虚实相生、意广象圆、意象与意境的异同等问题;第四节"审美意象的基本类型",依次讨论审美意象中的自然意象、人生意象、艺术意象等分类问题。朱志荣教授明确指出:"审美意象是审美理论的核心内容。"③该书给审美意象的定义是:"审美意象是在审美活动中,主体以非认知无功利的态度对对象

---

① 朱志荣:《中国艺术哲学》,上海:华东师范大学出版社2012年版,第81页。
② 朱志荣:《中国艺术哲学》,上海:华东师范大学出版社2012年版,第90页。
③ 朱志荣:《中国审美理论》,上海:上海人民出版社2013年版,第23页。

的感性形态作出动情的反应,并且借助于想象力对对象进行创构,从而使物象在欣赏者心目中成为新的形象,即意象。这种审美意象,既体现了对象的感染力,又反映了主体的创造精神,还包含了主体的审美理想。"①作者再次强调,美的本体即是审美意象,通常所说的"美",即是指情景交融、物我为一的审美意象。"审美意象既有物象的基础,又是呈现在感受者的感觉中、包含着主体的能动创造的。艺术作品则通过物化形式将审美意象物态化,使意象在欣赏者的眼中比自然物象更为稳定。因此,我们通常所说的美,乃是审美意象,是审美体验的产物。"②进而指出:"(中国)审美理论以'审美意象'为核心,把意象的范畴由艺术领域扩及到整个审美领域,这就修正了过去审美理论以艺术为核心的看法。"③审美意象所依傍的具体对象的境界和作为审美意象风格的范畴等,是审美意象这个核心在实物层面和理论形态上的具体展开。主体的审美意识的起源和发展脉络,则反映了审美关系和审美意象的变迁历程。④ 因此,要区分"审美对象"和"美"。审美对象是自然、人生和艺术,而美则是审美主体创构的审美意象,只有经由审美体验创构出审美意象,才完成了审美活动的过程。与审美对象的三个领域即自然、人生、艺术相对应,审美意象也可分为三种基本类型,即自然意象、人生意象和艺术意象。通常所谓的自然美、人生美、艺术美不是自然、人生和艺术本身,而是自然意象、人生意象和艺术意象。朱志荣的这个观点,合乎中国古典美学把意象分为自然意象和文化意象的学术传统,又与康德审美意象论把意象分类自然意象和艺术意象的学理相通,并把审美意象类型扩充为三种类型,因而具有重要的学术创新意义,提高了意象论的阐释

---

① 朱志荣:《中国审美理论》,上海:上海人民出版社 2013 年版,第 23 页。
② 朱志荣:《中国审美理论》,上海:上海人民出版社 2013 年版,第 53 页。
③ 朱志荣:《中国审美理论》,上海:上海人民出版社 2013 年版,第 19 页。
④ 朱志荣:《中国审美理论》,上海:上海人民出版社 2013 年版,第 21 页。

能力。

到了《中国文学导论》(2000 初版时题为《中国文学艺术论》)一书,通贯全书的依然是审美意象创构论。而且,该书以"意象论"作为第一章,表明作者对"意象"论愈加重视,显示出意象论研究在朱志荣美学研究中的地位越来越重要、清晰和显豁。该书首章题为"意象论",分为三节:第一节"意象的创构",依次讨论审美意象创构过程中象的创化、意的感发、意与象合等问题;第二节"意象创构的特征",依次讨论审美意象的融情入景、意为核心等问题;第三节"意象的特征",依次讨论审美意象的天人合一的思维方式、情景交融、想象的中介与比兴的感发、语言形式的物化等问题。该书俨然一部中国文学理论,当然是有别于刘若愚同名著作的文学理论。作者在该书"引言"部分集中阐发了意象在中国文学创作和批评中的核心意义。朱志荣教授对中国文学有一个基本看法,认为,中国文学以表意为主,主要通过情景交融的意象来打动读者,与西方通过叙事创造典型为主的文学主流,有着明显不同。他指出:"中国文学是中国文学家以情感为中心的人的心灵,由基于感性而又不滞于感性的领悟方式对自然与社会进行体验,创构出物我交融的审美意象,并以书面语言的形式进行传达,从而形成作者与读者交流的文化形态,从中体现主体的审美理想和创造意识。"①作者认为,20 世纪以来,我们的文学理论借鉴西方理论,从西方引进一些由西方文学经验概括出来的诸如形象、典型和反映等理论范畴来解说中国文学,有很大的片面性。因此,作者提出应当更加重视由中国古代文学实践概括总结出来、并且在中国古代文学发展中起到过积极推动作用的中国传统文学理论,尤其要重视意象论研究,以之作为中国文学艺术特征的核心范畴。作者更进一步指出,中国古代的意象理论不同于西方现代的意象派

———————————

① 　朱志荣:《中国文学导论》,北京:文化艺术出版社 2009 年版,第 4 页。

和新批评派的意象理论,中国古代意象论有自己的话语系统。正是基于对中国文学总体性质的这种基本认识,该书首章即讨论意象问题,从而奠定了全书的理论基础。该书对文学意象的界说是:"意象是中国古典文学的重要元素。它不但表现在正统的纯文学的诗文之中,而且表现在古人看来不登大雅之堂的戏曲、小说之中。人们在审美活动中,或感物动情,或借景抒情,以特定的情怀充满诗意地去感受对象,在心中创构成审美意象,再通过体现作家个性特征的表现方式和语言形式,凝定为可供鉴赏的作品意象。作品的境界正是通过意象来体现的。读者在欣赏作品时,对于作品所提供的意象,既感同身受,引起共鸣,又受个人气质、人生经历和欣赏时的激情的影响,从而创造性地体悟和解读作品的意象,在心中再造出作品的意象来。"[①]该书在探讨中国文学的意象创构问题时,着重论述了意与象合、情景交融、文学想象和比兴手法的运用,以及通过语言形式的表达最终使审美意象获得物态化等环节,显示出该书与前两部著作相比更切近中国文学的特色。

朱志荣意象创构论美学的哲学基础主要是天人合一、观物取象、生命意识、至诚尽性、合神体道等理论。其意象创构论美学的理论贡献和创新之处主要有:1. 把审美意象作为美的本体和艺术本体,认为美即是审美意象;审美意象固然离不开客观的物象和事象,但它们并非自在存在的,而是呈现在主体的审美体验之中,通过主体的感知、情感和想象力等能动地创构而成。2. 提出自然意象、人生意象和艺术意象的三种意象形态,扩大了审美意象的范围,既是对中国古代意象形态论的现代转化,又是对康德审美意象形态论的发展。3. 探索了审美意象创构的各种内在规律,在《易传》、子思、孟子哲学的基础上提出了"依性创化"这个精辟见解;并且这个创构观也可与蒋孔阳

---

① 朱志荣:《中国文学导论》,北京:文化艺术出版社 2009 年版,第 20 页。

先生的"多层累的独创说"贯通,朱志荣曾写过专文阐发蒋先生的这个观点。4. 在兼综前辈学者意象理论尤其是朱光潜先生的意象情调说和宗白华先生的意象生命说的基础上,提出意象创构的一气贯通说。5. 试图以意象为核心范畴,重新梳理和阐释中国本民族的艺术哲学、审美理论和文学理论,撰写了富有学术创新价值的三部中国美学专著,发扬了古人所向往的"吾之道一以贯之"的学术精神。6. 以意象创构论美学为理论基础,进一步展开中国上古审美意识史研究,完成了《商代审美意识研究》与《夏商周美学思想史》等著作,从而史论结合、相互发明、相互印证和相互支撑。

当然,朱志荣教授的意象创构论美学也有其值得进一步思考和商榷之处。例如,既然把意象或审美意象视为中国艺术、中国美学和中国文学的核心,那么,如何将意象论研究在上述中国三大美学理论著作的全书中加以更细致、更深入、更周延地贯彻和展开,尚需要进一步思考和开掘。又比如,朱志荣教授在阐述意象或审美意象的主与客、心与物、意与象、情与景、天道与人道、人之神与物之神等二元素时,主要着眼于中国古代生命哲学,强调生生不息、一气贯通的生命精神在贯通二元素并使之融为一体的过程中的作用。这固然是相当深刻的。但是,在审美活动尤其是文学艺术活动中,主体之情并非简单地等同于大化流行、万物一体、生生不息的宇宙生命情调和生命精神。朱志荣教授在《中国文学导论》等著作中也反复强调中国古人有以人为中心的思想,"与人为中心"的情感思想与"万物一体、大化流行"的生命思想应当如何更好地统一? 人的思想感情这种世间最生动奇妙的生命精神的特殊性究竟何在? 如何更好地贯通生命意象说和情感意象说? 艺术家的思想情感如何体现在文艺的审美意象创构之中? 等等,尚需进行更深入地思考和论述。再比如,审美意象的现代性价值和理论普适性何在,意象与意境的关系如何,等等,也都需要进一步思考和讨论。限于篇幅,本文仅就后两个问题稍作展开论述。

三、意象论美学研究亟待解决的两个理论问题

1. 关于审美意象论的现代价值与适用范围

朱志荣教授意象创构论美学及其在中国三大美学理论研究著作中的展开,把意象、审美意象、文艺意象列为核心范畴,似乎使之具有了美学和文艺学上的普适性价值或普遍性价值。但是,与此同时,朱教授又把意象适用范围限定在表意性文学类型,这就限定了意象论的适用价值。朱志荣教授的学术研究具有自觉的民族话语建构意识,反复强调中国美学应当从那种以西方理论为准的、在中国传统思想中找依据的中西比附研究,走向尊重中国艺术自身规律的独立系统的研究,在此基础上对外来理论进行扬弃、消化和吸收。他指出:"世界大同的审美意识,世界大同的艺术理论,可以作为我们长远的努力方向,但在今后相当长的一段时期内,是很难达到的。相比之下,以中国古典艺术的独立系统的研究为基础来建立当代中国艺术哲学理论,倒是切实可行的。这也有利于世界艺术的多元发展,使之更为丰富。"[1]"世界大同的人文理想在短期内是不可能实现的,中国人应当从自己的传统和文化背景出发对人类的文明包括美学理论作出自己的贡献。……因此,我们所建立的中国审美理论,是全球视野中的中国审美理论。"[2]建立全球视野中的中国审美理论,是继承中国传统宝贵遗产的需要,更是当代中国人对世界作出贡献的重要方面,可以丰富人类的审美理论宝库。既如此,如何使意象论美学更具世界美学的意义,显然需要更深入地思考。

当代学者普遍主张以审美意象作为现代美学、文艺学的核心范

---

[1]　朱志荣:《中国艺术哲学》,上海:华东师范大学出版社 2012 年版,第6—7页。

[2]　朱志荣:《中国审美理论》,上海:上海人民出版社 2013 年版,第12页。

畴或基本范畴之一，这当然是正确的。不过问题仍然存在。如何看待其现代价值？如何看待其适用范围？它是普遍适用于各类文学（如叶朗、夏之放、汪裕雄等人的观点），还是适用于抒情表意类文学（如朱志荣、张利群等人的观点），抑或是限于表意类哲理性文学（如顾祖钊的观点）？这个悬而未决的问题还需要进一步讨论。叶朗先生在《现代美学体系》一书中，把审美意象分为三种类型，分别为兴象、喻象和抽象[①]，前两类大体与中国古代的兴体艺术、比体艺术和部分西方现代派艺术相吻合，抽象类意象则广泛见于原始艺术、现代派艺术以及古代书法等艺术之中。朱志荣教授则把意象视为中国古代表意文学的基本单位或基本范畴。朱志荣认为，"中国古代的文学作品是以意象为核心的，这是中国文学的表意性特征及其自觉意识的推动所决定的。"[②]中国自唐代开始直到明清时期，意象范畴已逐渐为文学批评所广泛使用而约定俗成了。在理论上，除了诗文评之外，书法、绘画、音乐等其他艺术批评广泛使用意象范畴。并且，元明清兴起的戏曲、小说在艺术精神上也保持了一致，因此，意象成为中国传统文学的凝聚力的一种标志。显然，朱志荣教授在这个问题上有些纠结，一方面把意象限为表意性文学基本范畴，同时把中国古代文学释为表意性文学（或受其影响而在精神上保持一致）；另一方面，又力图使中国意象论美学更具世界美学的价值。顾祖钊教授的审美意象论主要见于其《艺术至境论》一书中，顾祖钊认为，形象是再现型艺术的基本范畴，意象则是表现型艺术的基本范畴。在此基础上，顾祖钊对表现型艺术作进一步细分，其中，表现审美理想、情景交融的高级形态是意境，而表达意念的高级意象形态为至境意象。[③] 顾祖钊参加童庆炳先生的文艺理论教材编写组，这个观点被童先生认可，

①　叶朗：《现代美学体系》，北京：北京大学出版社 1999 年版，第 115—129 页。

②　朱志荣：《中国文学导论》，北京：文化艺术出版社 2009 年版，第 10 页。

③　顾祖钊：《艺术至境论》，天津：百花文艺出版社 1992 年版，第 105 页。

并被进一步发展后写入《文学理论教程》之中。在教程中，意象被释为富于哲理性的表意之象或观念意象，而审美意象则是这种观念意象的高级形态，与典型、意境并列。[①]

本文认为，意象论美学作为中国当代美学研究的一个重要理论范式非常之重要，可以审美意象作为美学和文艺学研究的元范畴，并以此作为基础建构一种具有普适性价值的文艺美学理论体系。正如《文心雕龙·神思》所言：作文之道在于"窥意象而运斤"，意象论关乎文学创作的"首术"与"大端"，理应成为中国美学和文艺学理论的基元。但是，这个问题看似简单其实很复杂。单纯的理论思辨是被纯化了的，一经进入中外文学史，面对纷繁复杂的文学文本现象，要从史论结合的视域阐明意象何以应当而且可以成为全部文学的基本单元和基本范畴，那需要更为有力的论证。

2. 从意象到意境：意象论美学的指归或指向

中国现代美学史上关于意象与意境的理论地位及其关系问题，历来有不同观点。有的主张以意象为核心范畴，意境归并于其中；有的以意境为核心范畴，而将意象归并其中。朱光潜先生和宗白华先生分别代表了这两种观点，而且是这两种观点最早最主要的学术代表。

笔者以为，意象与意境是两个相互关联而又不同的美学范畴，相互不可替代，不可归并，应当并置于中国当代美学和艺术理论之中。意象是美学文艺学的基元范畴，意境是美学文艺学的最高范畴。古人用意象品评艺术作品时，主要着眼于艺术家的感物而动后生成的心象、意中之象、心中之象。这是阐明艺术特征和艺术本体的范畴。看看古人在使用意象一词时，与意象连用的习惯性语词，即可明乎此

[①] 童庆炳主编：《文学理论教程》，北京：高等教育出版社 2008 年版，第 223 页。

理。评论某位艺术家及其作品的意象创造时,古人常常用"意象自然"、"意象可观"、"意象逼真"、"意象生动"、"意象独出"、"意象仿佛"、"意象和谐"、"意象协合"、"意象相准"、"意象融会"、"意象经营"、"意象俱到"、"意象适合"、"意象具足"、"意象太著"、"意象突兀"、"意象变化"、"意象会通"、"意象如一"、"意象未契"、"意象含蓄"、"意象透莹"、"意象玲珑"、"意象浑融"、"意象浑厚"、"意象浓粹"、"意象圆美"、"意象天成"等等。而一经言"意象之表"、"意象之外"云云时,则同于"象外"、"超以象外"等术语的意味,多指艺术作品的意境。可见,意象是标示审美本体和艺术本体的范畴,而意境是标示审美理想和艺术理想的范畴。叶朗教授指出,审美意象体现"复归人的本原的生活世界"的惆怅和乡愁,审美意象"是回到存在的本然状态,是回到自然的境遇、是回到人生的家园,因而也是回到人的自由的境界"。① 这无疑是相当精辟和深刻的。但是,返回、复归还不足以代表的人的生存理想,审美意象的最高指向更应当是生生不息、不断创化,不断地走向超越和升华,走向意境美! 古代诗人艺术家每每以能独辟新意境、开辟新境界为尚,其美学追求正是指向不断创造,"苟日新、日日新、又日新"的生生不息的艺术理想。中国近代美学史上意境研究第一人王国维其实早已道出意境美学的奥秘,并反复指出了这点:"词必以境界为最上。有境界者自成高格,自有名句。五代、北宋之词所以独绝者在此。"②"古今词人格调之高,无如白石。惜不于意境上用力,故觉无言外之味,弦外之响,终不能与于第一流之作者也。"③"元剧最佳之处,不在其思想结构,而在其文章。其文章之妙,亦一言以蔽之,曰,有意境而已矣。"④等等。显然,在王国维

---

① 叶朗:《美学原理》,北京:北京大学出版社 2009 年版,第 79 页。
② 刘锋杰等:《人间词话解读》,合肥:黄山书社,2007 年版,第 1 页。
③ 刘锋杰等:《人间词话解读》,合肥:黄山书社,2007 年版,第 68 页。
④ 王国维著、马美信疏证:《宋元戏曲史疏证》,上海:复旦大学出版社 2004 年版,第 177 页。

的美学理论中,意境或境界是阐明文学之"最上"、"高格"、"第一流作者"和"文章之妙"的审美理想范畴。可见,意象与意境之间虽有关联,却不可混淆。意象是基元,而意境是超越;意象要圆融,而意境要深度。意象是标识美之所以为美、艺术之所以为艺术的本体论范畴,意境则是标识优秀艺术之所以为优秀艺术的审美理想范畴。

对此,我们还可以从中国古典美学史上寻找学术依据。中国古典美学史经历了一个从意象论——(中经"兴象论")——走向意境论(象外论、超象论)——再到意境论的衰微与重建的学术史。意境固然生成于意象的基础之上,但意境更为特殊的要义在象外之象,因而常常又表述为"象外"、"超以象外"、"景外之景"、"言外之意"、"味外之旨"、"韵外之致"等,指向更为拓展性和超越性、更具深度和层次的诗意空间。意境论的成熟在唐代,高峰在宋代,总结于明代,清代渐次走向衰微。以清代诗学主要流派为例,神韵说、格调说、性灵说、肌理说四大家当中,神韵说承接兴趣说而来,其旨趣比较接近意境说,也是标识诗歌艺术理想的范畴。但兴趣也好,神韵也好,都不如意境那样既源于感性又超越于感性,更比盛期的意境说显得虚幻和空灵。也正因为此,晚清民初的梁启超提出要以西洋的新物象与新精神创造新意境,王国维则重申"意境"而不言"兴趣"和"神韵",并提出有真情感乃有意境,其实都是在重建中国文学艺术的更为真切而又更具超越精神的审美理想!

古人论优秀的诗歌审美理想境界,除了使用"意境"、"境界"之外,还常常使用"妙境"、"神境"、"化境"或简称"境"。明代朱承爵《存余堂诗话》提出:"作诗之妙,全在意境融彻,出音声之外,乃得真味。"①清初笪重光《画筌》则提出"虚实相生,无画处皆成妙境。"②金圣叹则在《水浒传序一》中提出文章"三境说":"心之所至手亦至焉,

---

① 见何文焕辑:《历代诗话》下册,北京:中华书局1981年版,第792页。
② 转引自宗白华著:《艺境》,北京:北京大学出版社1987年版,第161页。

文章之圣境也。心之所不至手亦至焉,文章之神境也;心之所不至手亦不至焉者,文章之化境也。"①清纪昀《瀛奎律髓刊误》评崔灏《登黄鹤楼》则云"此诗不可及者,在意境宽然有余"②。显然,古人在使用"意境"一词论述艺术作品时,也是在评艺术作品之"妙"、之"圣"、之"神"、之"化",之"不可及",强调艺术意境之妙即"意在言外"、"意在画外"。显然,意境是中国古典美学的最高范畴,标识古人对优秀艺术作品审美理想境界的品评。如前所述,古人更经常使用"象外"、"超象"来指称意境。韩德林先生的《境生象外》一书,道出了古典美学境界论的生成机制,最得古人境界美学之奥妙。我们可以进而以明清之际的王夫之为例,学术界多誉之为中国古典美学的总结者、集大成者之一,认为王夫之的意象论和意境论达到了中国古典美学的一个新的高峰。而其实,王夫之在其著述中,从未用过"意象"和"意境"之词,他用"情景"指称意象,用"象外"指称意境。

　　笔者通过对中国美学史的考察,深感其呈现了一个有趣的学术走向,即审美意象研究经历了一个从六朝意象论美学走向唐代意境论美学的发展阶段,然后是宋代以后至清代的意象论美学和意境论美学并行和互补的发展阶段。如前所述,汪裕雄先生的意象论美学也体现出这个旨趣。其《意象探源》一书从上古殷周文化意象写起,止于六朝的文艺审美意象。唐及唐以后未写。这其实也是一个意味深长的暗示。显然,在汪裕雄教授看来,唐以后,中国意象论美学已发展到了意境论美学阶段。也正因为此,他的第三本著作即《艺海无涯》探讨了宗白华的意境美学。古代如此,现当代亦然。中国现代美学也是意象论美学(如朱光潜)与意境论美学(如宗白华)的并立,而且,中国当代美学仍是意象论美学(如叶朗、夏之放和朱志荣)与意境论美学(如蒲震元、韩林德、夏昭炎和古风)。我本人认为意象和意境

---

① 金人瑞评点:《水浒传》,济南:齐鲁书社1991年,第6页。
② 转引自蒋寅著:《原始与会通:"意境"概念的古与今》,《北京大学学报》2007年第3期。

应当是两个并列和互补的美学术语，主张将它们一同列为美学和文艺学的基本范畴，同时写入美学和文艺学教材。意象为审美本体论范畴，意境为审美理想论范畴。它们作为中国古典美学的两个重要范畴，都已经得到并将继续得到现代诠释、转化和重构。

朱志荣的意象创构论美学

王怀义

中国美学虽然在长期审美实践的基础上，产生了丰富的美学思想，但与西方相比，这些思想零星不成体系。中国美学要在世界美学格局中占有一席之地，还需要具有中国文化特点的美学体系的建构和积极参与。朱志荣在继承中国传统美学思想资源的基础上，延续朱光潜、叶朗、汪裕雄等人的意象研究，以审美意象为中心研究中国美学，提出了他的意象创构论美学。他以中国古代美学传统为基础，探寻借鉴西方美学建构中国美学体系的可能性，从本体论角度研究意象创构论。这是伴随着当代中国美学的发展而逐渐形成的，与当代中国美学理论建设的时代背景是紧密相关的。他将审美意象的创构放在审美活动和历史语境中探索，形成了独具特色的意象为中心的中国美学思想体系。意象创构论美学思想的建构和提出，是朱志荣建立具有民族性、开放性和时代性的中国美学理论体系的可贵尝试。1997 年出版的《中国艺术哲学》《中国审美理论》奠定了朱志荣意象创构论美学的基础。近些年来，朱志荣又撰写了 10 多篇意象研究论文，较为系统地阐述了他的意象创构论美学。

具体说来，朱志荣的意象创构论美学主要包括以下六个方面的内容：

第一，朱志荣的意象创构论美学首先基于中华美学源远流长的

"尚象"传统。其中强调取象比类、托物起兴,在立象尽意中包含着审美的体悟与创造。他认为中国古人"对自然和人生的体悟,主体的物质创造和精神创造,都以象为本。"①中国文化的"尚象"观念,充分体现了中国古人诗性的思维方式,凸显了审美意象的核心地位。在审美活动中,尚象以"观物取象"为基础。主体通过对自然物象和社会事象的选取与体悟,并借助于想象力进行象的组合与创造,进而实现审美意象的创构。由此所创构的审美意象既具有"感性生动"、"不断生成"的特点,又具有"类比和象征的意味",是主体对自然生命精神的积极顺应。因此,这种尚象精神是一种创造精神,体现了天人合一的传统。

第二,朱志荣将审美意象看作主客、物我生命之间相互融通的产物,突破了传统美学理论将审美意象等同于审美对象的看法。朱志荣说:"审美对象是具有审美价值的对象,但审美对象本身只具有审美价值的潜能,只有通过主体经由物态人情化、人情物态化的审美体验,才能创构出审美意象,从而完成审美活动的过程。"②朱志荣将审美意象看成审美活动的结晶,是对审美意象理论的发展和开拓。为此,朱志荣专门论述了审美意象创构的"感物动情"论。中国古代的"感物动情"说,就其本质来说是"物我之间生命的共鸣","外物通过对主体情感的感召,使主体感动",主体"生命的节奏与韵律"因此受到深深的触发,"妙悟"到了自然的"寂静"与"空灵",于是心灵也成一面空灵的镜子,映照天地万物,又"超尘脱俗","物我两忘",此时此刻,人与自然在深层次上是"一气相贯"的,这就是中国传统文化中所谓"天人合一"的境界,无疑也是一种"澄明"的审美境界。③

第三,朱志荣突出了主体在审美意象创构过程中的主导地位

---

① 朱志荣,《论中华美学的尚象精神》,《文学评论》,2016 年第 3 期。
② 朱志荣,《中国审美理论》,上海:上海人民出版社 2013 年版,第 72 页。
③ 朱志荣,《意象创构中的感物动情论》,《天津社会科学》,2016 年第 5 期。

和想象力的创造性作用。他认为,在审美意象的创构过程中,主体的情意起着主导作用。主体的主导作用是通过包含情理交融的情感动力来实现的。正是在主体情意的作用下,想象力积极参与并体现出无穷的创造力。朱志荣认为,"想象力的自足性满足了主观情意的表达,满足了作者借作品拓展自我,寻求自由的愿望"①,"想象力对意象的创构尤其重要"②。他将审美意象的创构活动放置在主客统一的审美关系中讨论,从具体的审美活动出发,讨论审美主体的情感和想象力等对审美意象创构的积极作用,是对此前审美意象理论的发展,拓展和深化了审美意象的研究向度和力度。

第四,朱志荣还阐释了审美意象创构的"瞬间性"特征。他认为,审美意象的创构是主体在瞬间达成的。主体以心映照外物,其情怀猝然与景相遇,由"物我两忘"达到"物我交融",在"瞬间"创构了意象。在意象创构中,主体兴会神到、神与物游,伴随着迁想妙得,通过刹那间迸发的灵感,不假思索,率性而为,体现了主体特定的境遇和情怀,在物我契合中获得畅神的愉悦。他认为意象创构中的瞬间性还体现了目击道存、神合体道的特点。主体以刹那间忘我的虚静之心去顿悟对象,天机骏利,豁然贯通,从而进入到瞬间永恒的无差别境界。

第五,他认为意象创构从对象的角度讲,是一个动态生成的过程,是瞬间生成和历史生成的统一。朱志荣认为意象不是固定永恒的实体,而是在审美活动中动态地生成的,是化生的,而不是预成的。"它不仅在个体审美活动中瞬间生成的,而且是社会的,是族类乃至人类在审美活动中历史地生成的",③他认为意象的历史生成性是指

①　朱志荣:《中国文学导论》,北京:文化艺术出版社 2009 年版,第 24 页。
②　朱志荣:《中国审美理论》,上海:上海人民出版社 2013 年版,第 166—167 页。
③　朱志荣:《论审美意象的创构》,《学术月刊》2014 年第 5 期。

审美经验以个体积累和族类积累为基础,并通过艺术品和工艺品得以传承,而审美意象在此过程中不断丰富和与时俱进。这种历史生成过程是一种翕辟成变的过程。个体生成性是指个体在每一次的审美活动中,物象、事象及其背景和主体的情意等因素都影响主体的审美体验,因而每一次意象创构都是独特的,不可复制的。但是每次生成的意象又是基于一定的物象、事象和艺术品及其背景,因而又是大同而小异。朱志荣还认为"意象的生成过程,在认知中包含着诠释的成分"①,并且具有超越性和生命意识等特征。

第六,朱志荣强调"神合体道"在创构审美意象过程中的重要作用,以此探讨审美意象的基本内涵和创构过程等问题,在此基础上概括出审美意象"以有限达无限"的基本特征,提升了审美意象的意蕴空间和形上价值,较为清晰地区分了意象与意境之间的关系。朱志荣将"神合体道"看成审美意象创构过程中最为关键的一环。审美意象的这一特点为它过渡到意境状态奠定了基础。为此,朱志荣进一步分析了意境的层次特点等问题:"意境还具有层次性特征。境是指作品成高格的整体特征。意境讲究格调层次,同时也折射了审美主体的精神层次。意境是审美对象的整体形态中所呈现的一种特质,类乎人的一种气质,有高低深浅之分。"②这一观点廓清了意象与意境之间错综复杂的关系。

朱志荣重新界定了"本体概念",对意象与美的本体关系进行了新的阐述,奠定了意象创构美学的哲学基础。他将"意象"作为本体范畴,主张中国美学研究应以审美意象为中心。不同于传统美学把"本体"阐述为"最后的实在",也不同于现代美学将"本体"阐释为"存在"。朱志荣更多地借用了中国古代的本体思想。他指出:"中国古代的本体,是本源、体性和体貌的统一,是时空合一的。意象作为本

①　朱志荣:《论审美意象的创构》,《学术月刊》2014 年第 5 期。
②　朱志荣:《论意象与意境的关系》,《社会科学战线》2016 年第 10 期。

体,是主体在审美活动中动态生成的感性形态。"①在朱志荣的美学语境中,"本体"一词的内涵具有包容性、综合性和变动性,既可以指世界的最终实在,也可以指世界以运动为根本的存在状态,更主要的则是指主体在审美活动中以情感和想象力为基础而展开的创造性活动,从而达到物我交融为一的状态。

首先,意象本体思想是朱志荣吸收中国古代美学本体论思想的产物,也是其意象美学思想不断深化、发展到新阶段的产物。朱志荣说:"从感性形态、思想的延续性和普遍性看,选择意象作为中国美学的本体范畴更为合适。"②"在中国古代的美学思想中,以意象为本体的观点是贯穿始终的。意象从先秦《周易》和老庄思想中开始萌芽,到晚清中国学术的现代转型,意象的范畴一直沿用至今,形成了一个源远流长的传统。"③他对古代哲学传统进行了重新观照,吸收老子哲学关于本体的讨论,对意象创构美学进行了本体论阐述。在老子哲学中,道无所不在,是万物得以存在的根本,人们以象显道,体现出对宇宙之道的把握和体悟。意象创构作为主体生命活动的精华,亦以象的方式确证生生不息的宇宙之道。

其次,朱志荣将本体论与价值论进行统一,将传统本体论思想与中国古代的体用论思想融会贯通,探讨了意象创构的价值论基础,这也是本、体、用三位一体的创造论思想。朱志荣说:"意象创构是一种本体论思想,同时体现了情感价值尺度。因此,审美意象创构的研究,既是本体论,又是价值论。……我把审美意象看成美学的元范畴,对美进行了本体论的界定,同时也是一种审美价值的判断,是体用合一的本体论与价值论的统一。"④同时他又将本源论与本体论统一,探寻

---

①　朱志荣:《意象论美学及其方法》,《社会科学战线》2019 年第 5 期。

②　朱志荣:《论意象与意境的关系》,《社会科学战线》2016 年第 10 期。

③　朱志荣:《论意象与意境的关系》,《社会科学战线》2016 年第 10 期。

④　朱志荣:《再论审美意象的创构》,《学术月刊》2015 年第 6 期。

意象创构的基础,"本体"既是意象创构的基础,又在意象创构的过程中体现出来。朱志荣说:"对于审美活动而言,主客观统一说既是本源论,又是本体论,本源和本体是相互联系而统一的。"①"审美意象作为美的本体,是从本到体的。本是本源、根源,体是有具体形态的体系,本源与体系相统一。意象是一个生动活泼、动态生成的本体,它在创构过程中体现了宇宙的生命精神,也即体现了道。"②意象创构的本体论与价值论统一的观点,体现了意象创构的动态生成的特点。

再次,意象作为美的本体,象、神、道体现了意象的本体结构,言、象、神、道则体现了艺象的本体结构。主体与万物交融相通而最终形成晶莹透彻的意象,而意象审美效果的形成与传达,使审美活动从感性世界过渡到形而上的体道境界。朱志荣指出:"审美意象一本万殊,由物我交融而体现了象、神、道的有机统一。审美意象的创构,是主体对物象、事象和艺术品及其背景的领悟,在物我贯通中获得意味。其中感性具体的象与形上的道是贯通的、一体的。《周易·系辞》中强调观物取象,由物而体悟其象,物象体天地之道,包含着万有的基本规律。象、神、道(艺象的创构则是言、象、神、道)共同构成了意象的有机本体。"③朱志荣还认为,"在中国古代思想中,在意象本体的象、神、道中强调神,比黑格尔'美是理念的感性显现'更具体,更丰富,更贴切。"④朱志荣还从意象本体的层次结构分析过渡到对艺术作品(艺象)结构的分析,指出:"在艺术作品中,审美意象的象、神、道三位一体,通过艺术语言得以传达。这种传达语言不只是简单的工具符号,而是意象本体的肌肤,统合象、神、道共同组成审美意象的本体,与象、神、道浑然一体。"⑤

---

① 朱志荣:《也论朱光潜先生的主客观统一论美学》,《清华大学学报》2013 年第 3 期。
② 朱志荣:《再论审美意象的创构》,《学术月刊》2015 年第 6 期。
③ 朱志荣:《论审美活动中的意象创构》,《文艺理论研究》2016 年第 2 期。
④ 朱志荣:《论审美活动中的意象创构》,《文艺理论研究》2016 年第 2 期。
⑤ 朱志荣:《论审美活动中的意象创构》,《文艺理论研究》2016 年第 2 期。

第四,审美意象不仅包括物象、事象及其背景,而且也包括主体通过想象力所呈现的"象外之象"①。朱志荣认为,"象外之象"是主体的情意受到外在物象和事象的感发与触动,借助于联想、想象等心理功能的作用的产物。主体在神与物游的过程中,超越了物象本身的局限,消除了物与我的界限,从而获得了生生不息的创造力。作为主体依托于现实物象而凝神观照的产物,象外之象是一种无中生有的创造,是对审美时空的优化与拓展。物象或事象及其背景等是具体的,有限的,而象外之象则是朦胧的,从有限趋向无限,具有空灵剔透的特征。在此基础上,象外之象与实象浑然为一,与主体的情意有机融合,共同构成了作为有机整体的意象。这不仅使得物象所蕴含的生机与活力得以充分展现,也使得主体的内在情感和外在物象的关系更加密切、更加和谐。

在当代美学学者中,朱志荣具有建构独树一帜的美学理论的强烈愿望。他对待中西方的思想资源均较为慎重,并认为当代中国学者不能作为西方学者的跟随者,对西方美学应结合当代中国实际予以转化、创造。对于中国古代美学,朱志荣出版有《中国艺术哲学》等著作;他还对《周易》、《文心雕龙》等著作的意象观进行了系统研究,主张应在尊重古人本来面目的基础上予以现代性转化和创造。因此,朱志荣本人在这方面进行了长期的独立探索,重视从审美活动和艺术创造的角度讨论意象创构问题,并注重从具体问题出发建构美学理论。

总之,朱志荣的意象创构论美学,是当代中国美学理论建设中的重要创获,是中国学者参与世界美学建设的成果之一。朱志荣从意象概念和意象创构的具体问题出发,将对意象的讨论从艺术领域扩展到整个审美领域。当然,这一美学理论尚处于建构过程中,还存在

---

① 朱志荣:《论意象创构中的象外之象》,《文艺理论研究》2020 年第 1 期。

一些可商榷的地方。例如，朱志荣过于强调审美意象的体道功能，在某种程度上剥夺了审美意象的本质属性；朱志荣关于意象本体的看法有一定的创新性，但意象创构与意象本体的关系等，目前论述还不清楚；同时，朱志荣认为"意象是美的本体"，又认为"美是意象"，加以置换即"意象是意象的本体"或"美是美的本体"，在逻辑上还不太周延；他对美学意象范畴进行扩容，把从中国古代诗词、书画领域里常用的"意象"范畴拓展到整个美学领域，乃至拓展到全球视野中，都是需要进一步加以论证的。相信在未来的建构中，这些问题都会得到解决。

论"美是意象"

周文姬

　　"美是意象"这个命题中,美对应的是意象,先撇开意象,那么"美是什么"的"是"是如何"是"或什么是"是"呢? 朱志荣先生在他的意象创构说中提出"美是意象",在得到肯定的同时也遭到质疑。"美是意象"作为元美学范畴,此文有必要对"美是意象"进行分析探讨,以此来提出对"美是意象"的理解。

"美是意象"的本体论、认识论
与存在论问题

　　朱志荣在意象论中直接强调"美是意象"是具有本体意义的美学范畴。那么,这里不妨从美的界定出发去探讨"美是意象"。柏拉图的《大希庇亚篇》中不断提出美是什么,比如美是恰当,美是健康、长寿等等,柏拉图的美即"美的理念",与王柯平说的心灵诗学相关,在审美实践中囿于"道德理想主义倾向"的"善的理念"之中。可见,对美的追思最后归依在善之下,与道德范畴产生了本质性的关系。孔子对美与善的论述在《论语》中共有十二处论美,十二处主要指向外观美和美即善。余开亮在考证孔子论美中认为孔子的美善合一观是一种内在价值的结合①。这点上,朱志荣遵循了孔子的美善合一,在论及善、德性时,他认为"审美意象常常不是纯粹的美,而更多的是包含真、善等内容的依存美。美的最高境界与真和善是高度统一的"②,从而把美的诠释诉诸到主体素养等更大的范畴。在朱氏看来,审美与道德、认知融合在一起,审美判断与道德和认知判断并不冲突,审美意象因此不可能是纯粹的而更多是丰富多彩的。意象的生成过程与认知有关,而审美判断离不开认知中个体的知识与德性的影响。这一点上与宗白华所提倡的"宗教的、道德的,审美的,实用的溶于一象"③持相同的观点。另外,朱氏在《论中华美学的尚象精神》中以先秦儒家的比德说,孔子的比德,康德的美与德性的关系,《世说新语》的人物品评等来论证"象"中的"德";并且以《周易》的"以通神明之德,以类万物之情"来阐释审美意象中主体与世界的关系④,这种带有与天地相连的"德"在朱氏的审美意象中得到详细诠释,审美意象体现了物我统一,主体的生命精神与宇宙的生命精神融合为一,同样,他认为老子的"道"中体现了宇宙的生生之德(天地之大德)来阐释"意象以象显道,以象体道,体现处宇宙的生命精神。"⑤"美是难的"在国内也引起不断的争论,比如岳友熙提出并不能因为美是难的就否定美的本质,认为要从认识论思维转到关系本体论上来,由此认为认识美的本质就是主体与审美客体在审美过程中所产生的一种和谐关系的性质状态⑥,这在某种程度上与朱氏的审美意象有相似之处。朱氏的"美是意象"以观物语天地之德思维彰显了主

① 余开亮:《孔子论'美'及相关美学问题的澄清》,《孔子研究》2012年第5期。
② 朱志荣:《论审美活动中的意象创构》,《文艺理论研究》2016年第2期。
③ 宗白华:《宗白华全集》第1卷,合肥:安徽教育出版社1994年版,第611页。
④ 朱志荣:《论〈周易〉的意象观》,《学术月刊》2019年第2期。
⑤ 朱志荣:《再论审美意象的创构—答韩伟先生》,《学术月刊》2015年第6期。
⑥ 岳友熙:《根源性美学歧误匡正之匡正:"美是难的"并非等于"美的本质是伪命题"——兼向李志宏教授请教》,《湖南社会科学》2015年第3期。

客体之间的交融关系,显然既包含了审美过程中的和谐关系,同时又超越这种和谐关系走向物我两忘的审美境地,意象就是这种审美的物质与非物质的内容形式合一的生成。也就是说,在"美是什么"这点范畴讨论上,参照柏拉图的美以及衍生的美与德之关系,朱氏在"美是意象"的美是一种关于大德的美,这里的德与道相通,也是在这点上,确定了"美是意象"在本体论上与认识论之间建立关联,即朱氏以大道大德来建立美的本体论,由此,意象的认识论也与大道大德有着实质性的关系。

纵观学界对朱志荣意象说的探讨,其主要质疑在于"美是意象",认为"是"限定与界定了"美",并且把美等同于意象,也就是说美等于意象。意象在朱志荣的探究中,他认为"'美是意象,'"(《再论审美意象的创构—答韩伟先生》),这里的美在朱氏的论证中建构在主体感物动情,物我交融的审美范畴的基础上。我与他者的交融如果以二元形而上学来分析,涉及的是我与他者的关系问题,我与他者的并存比如黑格尔的主奴说,自我是他者的拉康精神分析学说,我与他者传统的对立说,这几个方面并不能聚焦到物我交融的物我混沌状态,但又非后现代的共同体状态,尽管这些视点更多的是指向认识论范畴,但正如朱氏所提到的,意象指的是审美意象,审美本身离不开认识论,正如中西方审美的差异跟各自对世界的认识与关系有关。

朱氏在建构"美是意象"说过程中,如许多学者所论,建构了一个中西融会贯通的具有中国性的世界美学。比如淘水平所论的朱志荣的意象说有六处重要的贡献与创新。简圣宇认为朱志荣'意象创构论'对一些重要概念的阐述是目前美学界力最具系统性和学科性的。在推动中国古典美学的现代转化领域,他的贡献毋庸置疑。[①] 何光顺则把朱志荣的意象动态本体论归入现象本体论,同时对美是意象

---

① 简圣宇:《当代语境中的"意象创构论"—与朱志荣教授商榷》,《东岳论丛》2019 年第 1 期。

提出质疑,认为其是全称判断式表达,并且质疑是否能涵盖非东方地区的审美活动的特征。① 美是意象呈现了美的本体论概念,但朱氏遭到学界质疑也是在于这句划破美学史的命题,被认为这个命题意味着普适性,就如简圣宇认为"'意象创构论'须思考其适用范围问题"②。显然,这里,"美是意象"的本体论与普适性是这个命题的探究所在。

朱志荣在界定美是意象时,"我认为'美是意象',意象就是美及其呈现……我把审美意象堪称美学的元范畴,对美进行了本体论的界定,同时也是一种审美价值的判断,是体用合一的本体论与价值论的统一。"③显然,朱氏明确了"美是意象"是一种本体论的界定。同样的本体论思想比如"意象创构是一种本体论思想,同时体现了情感价值尺度。因此,审美意象创构的研究,既是本体论,又是价值论。"④为了区别于通常对美的界定,朱氏强调说某物是"美的",是一种审美表述而非本体界定。而对于把意象而非意境作为美的核心范畴,主要基于他对意象范畴的本体特质和其特定意义的理解以及意象范畴对于美学本体的可阐释性。⑤ "意象是一个生动活泼、动态生成的本体,它在创构过程中体现了宇宙的生命精神,也即体现了道。"⑥可以看出,"美是意象"指向本体论概念,呈现了动态特质,意象本身也呈现了动态特征。郭建勇在批评朱氏的美是意象本体论时认为朱氏同时使用存在论与本体论概念,认为他在本体的意义上去理解存在。实际上叶朗的"美在意象"已被学界认为引入了存在论概

---

① 何光顺:《意象美学建构:本体论误置与现象学重释》,《清华大学学报(哲学社会科学版)》2018 年第 4 期。

② 简圣宇:《当代语境中的"意象创构论"—与朱志荣教授商榷》,《东岳论丛》2019 年第 1 期。

③ 朱志荣:《再论审美意象的创构—答韩伟先生》,《学术月刊》2015 年第 6 期。

④ 朱志荣:《再论审美意象的创构—答韩伟先生》,《学术月刊》2015 年第 6 期。

⑤ 朱志荣:《再论审美意象的创构—答韩伟先生》,《学术月刊》2015 年第 6 期。

⑥ 朱志荣:《再论审美意象的创构—答韩伟先生》,《学术月刊》2015 年第 6 期。

念。在这点上,纵观朱氏的意象论著作,我认为,正如朱氏所说的"意象作为美的本体是动态生成的"那样,"美是意象"在进行本体界定的同时,也引入了存在论的范畴,这在他的《论审美活动中的意象创构》《再论审美意象的创构—答韩伟先生》《论意象的特质及其现代价值——答简圣宇等教授》三篇中都有具体探讨。另一方面,也有学者认为朱志荣在美是意象说方面主要从主客体之间的宏观方面来论证,而在意象论研究如何在艺术、美学等方面展开需要进一步深入,这方面简圣宇、陶水平都有提及。可见,对于这些现象与问题的质疑必须回到朱志荣的"美是意象"上。而学者们提到的普遍论没有具体细化在朱志荣论著意象中确实存在,首先,"美是意象"这个命题就呈现了一种普遍论的语言能指。没有具体细化正如简宇圣所提到的"'意象创构论'需要寻找自身切入审美研究的最佳

角度,分步骤思考'意象'这一中国传统美学最具代表性的概念究竟有哪些核心价值尚待挖掘深化……"①。因此,这里有必要对美是意象进行具体思考。

"美是意象"涉及到本体论与存在论,那么"美是意象"中的"是"并非简单的判定词,而是艺术哲学上的一个范畴界定,这就涉及到是态学问题。另外,对中国美学来说,朱志荣建议从存在论上去对待审美问题,强调体验而不是对客体进行概念性的认识,"体验"使得主客融为一体,才能走向物我契合的境地。而对存在论来说,"主体就在世界之中,自然与我是一种亲和关系,审美意象只在诗性思维中呈现,而不是认识论上的主客观之间的反映关系。"②这里朱氏把中国意象的审美活动与创构过程划入存在论范畴,在这点上,与海德格尔的"是"论产生了关联。在探讨"美是意象"中朱氏所说的"意象"是"审美意象","意象是审美活动创构起来的,是

①　简圣宇:《当代语境中的"意象创构论"—与朱志荣教授商榷》,《东岳论丛》2019 年第 1 期。
②　朱志荣:《再论审美意象的创构—答韩伟先生》,《学术月刊》2015 年第 6 期。

生命体验和创造的结果。其中既呈现了事物的本来面貌，也包含着人的主观感受，是情景融合的产物"①。可见，朱氏的意象是主客体并存的状态呈现，而这在某种程度上与海德格尔的"是"有着关系。朱氏的"美是意象"中的"是"因为注重在审美意象上，并非在于客体的艺术意象，而在于主客体的动态过程。此外，不得不提的是，很多学者认为中国哲学并不存在是论，2004 年《学术月刊》第 2 期刊出的《走出对西方哲学的依傍》的编者按中就认为："本组笔谈以学界对西方传统哲学的核心'是论'（本体论）研究的进展为基点，指出无论从形式还是内容上看，中国传统哲学都不存在'是论'的特征。"②这里，许苏民提出质疑，认为系词"是"在中国哲学中都有直接出现，他以孔颖达论《易》此展开论证，认为诸如注重实事求是是中国哲学的探求本真的基本态度，"是"论一直存在于中国哲学中。"美是意象"源自中国文化中的知识体系，朱志荣的美—是—意象中的"是"显然是美学上的问题，那么这里的"是"显然不是简单的判断词，而应该是"是"论中的"是"，也就是，对美的本原的探索，如果按照《墨子·小取》以"所以然"规定"是"，那么"美是意象"在于意象使其美之所以成为其为美。同时"美是意象"涉及美与"是"关系的本体论问题。

如上所述，"美是意象"与海德格尔的存在论产生了关联。海氏存在论意义上的"是"在于让人恢复原初的视野，从而才能进入真正意义上的"是"，而不是柏拉图为代表的传统是论。比如在这段论述中，"此是的'本质'就在于它的存在，这与《墨子》中的"所以然"具有相似之处。比如，"在这种是者身上可以体现出来的那些特征一个如此这般'看上去'现有的是者所现有的'性质'，而是它的种种可能的是之方式，并且仅此而已。这个是者的所有此是首先乃是是。因此，

①　朱志荣：《再论审美意象的创构—答韩伟先生》，《学术月刊》2015 年第 6 期。
②　许苏民：《澄清中西哲学比较中的几点误解》，《中国社会科学评价》第 2018 年第 1 期。

我们用来表示这个是者的名称，即'此是'，并不表达它是什么，比如桌子、房子、树木，而是表达这个是。"①另外，海氏在后来引入"我"之维度，建构了此是的基本状态即"在-世界-中-是"，得出"此是就是它的展示状态"②，这里"是"在于如何是。对应"美是意象"，在于如何是意象，这也正是回应美是意象如何是美的问题，所以以海氏存在论对话"美是意象"并不矛盾，反而有助于进一步打开美是意象的探讨范畴。美之所是并非传统是论中的"是"者所指向的确定性的范畴，也就是意象如何是美，而这种关于"美是意象"的是论确实也是建构"美是意象"作为普适性观念的首要解决的问题。

美是意象的如何—是和什么—是意味着"在—世界—中—是"或者说在—世界—中—是如何—是。也就是说，美的展示状态是意象，美的本质就在于它的存在，意象是美的存在的展示状态。如何是美在于如何让意象的存在状态回到其所是的状态，按照海氏的说法，此是比所有其他是者具有多重优先地位在于其本体与本体论方面以及作为所有本体论方面的可能的本体论方面的条件，因此，"跟任何其他实体相比，此是其结果就是首先要从在本体论方面去质询的实体。"③这一点，我认为朱氏的"美是意象"对美的本体论追寻本质上与海氏的本体质询是类似的。由此，在"美是意象"上，如何让美在世界中是"是"的状态，在于从本体论上去质询意象。意象的是之状态回应了美的存在状态。也就是说，美是通过意象之是来解蔽其美的本体与本体论方面的存在状态。而且，海氏把是与真相联系，真通过是呈现，真的本质就是这种是，这是此是的特征，所有的真与此是之

---

① Martin Heidegger, Being and Tine, Trans. John Macquarrie & Edward Robinson, Blackwell, 1962, P68.（中文翻译摘自王路，原文参考来自英文译文）

② Martin Heidegger, Being and Tine, Trans. John Macquarrie & Edward Robinson, Blackwell, 1962, P133.

③ Martin Heidegger, Being and Tine, Trans. John Macquarrie & Edward RobinsonBlackwell, 1962, , P34.

是相关,解遮的真就是一种属于此是的是①,那么,在美是意象中,按照海氏的真与是关系,意象是此是,是通过是来表达,美的真通过意象得以展示,也就是说,有了意象,才有美的真。由此,如何是意象是揭开美的真的途径,也能解开什么是美,才能回到"是"上,才能构成美的本体论层面上的理论建构。

彭锋在论及艺术作品呈现写意背后的哲学启示时认为回到事物本身,以"不是之是"来阐述艺术家作品,"回到事物本身"就是"此是"或者"是",因为"'事物本身'就是事物在跟我们刹那遭遇时,我们还没来得及用某种'眼光'来观看它时,它的兀自'在场'或'显现',它显现的是它的全部可能性,而不是某一种可能性。"②显然,"是"的方式乃是"回到事物"。而在物我遭遇的刹那间,主体的主观情意还没有来得及判断之时,这里分不清是原先的纯然的事物撞击了主体,还是主体的澄明状态撞击了物,物我交融,不是康德的物自体概念。在这点上,朱志荣一直在追寻回到事物本身的是之过程,专门以《论意象创构的瞬间性》来强调这种回到事物本身的审美体验,以直觉、物我贯通、神合体道、虚静、观物取象、妙悟、目击道存等方法来论述"如何—是"。③ 在朱志荣的美是意象论之前,高名潞也试图探寻艺术之是的问题,提出意派理论,通过意来探寻如何是意,什么是意,提出不是之是④。高氏一再强调"不是之是"是一种世界关系的体现,是一种思维方式,反再现,强调非确定性,你中有我我中有你。鲁明军对此进行了批评,认为高氏尽管提出"不是之是"论,其用意是要超越西方传统意义上的"是"论,即"不是",但意派最终陷入范畴论⑤。意派

① Martin Heidegger, Being and Tine, Trans. John Macquarrie & Edward Robinson, Blackwell, 1962, P270.
② 彭锋:《"不是"之"是"—戴士和油画的写生之境与写意之维》,《文艺研究》2009 年第 2 期。
③ 朱志荣:《论意象创构的瞬间性》,《天津社会科学》2017 年第 6 期。
④ 高名潞:《意派论:一个颠覆再现的理论》,桂林:广西师范大学出版社 2009 年版,第 154—162 页。
⑤ 鲁明军:《"意"与"是":古今诗学视域中的当代艺术——以"意派"为中心》,《美术研究》2011 年第 2 期。

呈现了海氏式的言说,但由于其一元论的叙事模式,从学理上终究显示了一种认识论的言说,并没有回到"不是之是"上。与此对照,朱志荣的"美是意象"在命题上显示了一种是论的本体言说,然而,这个命题是否让意象成为美其所是呢,是否陷入范畴论的可能呢?

"美是意象"中的意象

"美是意象"如前所说,如要回到"是"论上,那么探索的是如何是意象,在阐述如何是意象的过程中则如何成为美本身,让美成为其所美。

从西方美学的普适性来看,是论从中世纪统一到笛卡尔把柏拉图的理念置换成人思维中的观念,从而使得是论与认识论产生了关联。接着从康德的是论与时空和经验取的关联到黑格尔建构的封闭的范畴体系的是论,显然,形而上学关注所是之是,忽略"是"本身,从而走向概念化思维方式,是论与普遍主义以及相应的普遍知识的渊源性关系使得自身走向中心论。到上世纪六十年代,桑塔格以反对阐释、艺术爱欲学、风格说试图让艺术走出西方二元思维下的是论,回到"是"的世界,但最终因为极端形式而走向虚无。相比之下,"美是意象"以"是"和"意象"直接介入,在与存在论取得关联的同时,是否处在西方再现论下的审美意象呢? 显然,这里其归结点在于如何是意象。

首先,朱志荣在"意象"说中对"意"的阐述并非精深详细的探讨,整个意象说从审美意象出发,这势必以主体为中心去建构意象理论,主体论在朱氏的论证中因此也占据了重要位置。然而,如果"美是意象"是一个本体论命题,那么势必要解决"是"—"意象",势必对"意"与"象"进行探究。"意"在朱氏意象说中的论证以情意为主,比如"而所谓意,主要指想象力统合下的情理统一,其中的意,体现了情感体验的独特性和意味的深刻性,包含着丰富的文化意味。"①"所谓意,其中当然也包含"理",以情理交融为基础。"②另外,意象"并非"意"与"象"的简单相加,而是"意与象的组合具有不同的交融关系"③。在这段"意"与"象"交融关系的论述中,朱氏以情意作为"意"的主要基质,或者如他所论,意与情意情理有关,让想象作为意与象的粘合剂。但在朱氏的意象说论著中,并未详细探讨意与象的关系,以及关于"意"的探讨。总的来说,朱氏对"意"并没有专门的论述,只是散见在意象的探讨中。尽管在《〈文心雕龙〉的意象创构论》中对言、象、意进行结构性的论述,但在代表朱氏自己思想的几篇重要文章中,并没有对"意"进行专门性论述,而只是侧重如前所提的主体的情意情理方面。

"意"离不开言、象,言象意在中国传统文论中一直被探究;而对西方美学来说,尤其对 20 世纪的分析美学来说,美学与语言问题存在着本质性的关系,这在维特根斯坦的早期与晚期都可见其端倪,从早期"可说"的图像论意义观到后期"不可说"的游戏论意义观,彰显了从语言本体到人本体的研究历程④,显然,西方美学始终离不开语言维度。而中国传统美学却在于去语言,忘言。《道德经》从开篇到第二、五、五十六章等都提到语言对人与认识世界的限制。庄子的"天地有大美而无言"同样表达了语言对美的限制。魏晋言意之辩中的言不尽意说对中国佛教思想产生直接影响,支遁将言不尽意引入佛教,后来的顿悟与之有直接相关联,而僧肇更在《不真空论》中以"名实无当,万物安在?"表达了言的放弃,忘言内得。由此,诉诸于意象说中的"意"同样与言不尽意之意相关。

---

① 朱志荣:《论意象的特质及其现代价值——答简圣宇等教授》,《东岳论丛》2019 年第 1 期。
② 朱志荣:《再论审美意象的创构—答韩伟先生》,《学术月刊》2015 年第 6 期。
③ 朱志荣:《再论审美意象的创构——答韩伟先生》,《学术月刊》2015 年第 6 期。
④ 谢萌:《从'不可说'看维特根斯坦前后期意义的演变》,黑龙江大学硕士论文 2011 年。

　　朱志荣在意象说上也不断提到言不尽意,但把意象纳入审美范畴则侧重于情意情理维度,比如"意与象交融为一,正是主体的情意与主体所体悟的物象、事象和拟象的浑然一体"①,无疑,朱氏中的"意"是艺术语言之下诉诸的主观情感与心理呈现,这是处于语言之中又超越语言限制的"意",在论意与象时,认为"意"中的情感起到关键作用:"从审美的角度讲,'意象'一词,其中的意是有特定含义的,是指包含着情理交融的主观情意,而不能简单地望文生义,不能简单地理解为'意'之象。"②尽管高名潞的意派之意与朱氏意象之意有着差异,但中间都诉诸于言不尽意,意派之意却并未特别论及情感之维。但朱氏的情感并非起着决定作用,而是作为人与世界关系中的一种状态呈现,比如"外物对审美主体的感发是主客体生命之间的呼唤和应答,是两者生命节律的同态互动"③,他指出:"审美意象在本质上就是主客体生命之间的往复交流,而不是主体一己情感的肆意宣泄。"④这里,朱氏把意象放在审美范畴和生命哲学维度之中,"意"因此与审美范畴与生命哲学发生了关联,但朱氏并没有深入探究"意"。且不论意象之意—象绕不过魏晋玄学中的言意之辩,从词源学说去考证"意",也能感知意象中的想象与西方文艺学中的想象有明显差异。我对"意"进行过词源学分析,通过对意的发生学考证以及相关的论证,认为"意""即与真理有关的向本质探索的一维,与主体体验有关的一维,与境界空间中的共在世界有关的一维,对于意的概念必然囊括上面所述"。⑤ 因此,言意关系中的意并不仅仅是情意

①　朱志荣:《论意象与意境的关系》,《社会科学战线》2016 年第 10 期。
②　朱志荣:《论意象的特质及其现代价值——答简圣宇等教授》,《东岳论丛》2019 年第 1 期。
③　朱志荣:《〈文心雕龙〉的意象创构论》,《江西社会科学》2010 年第 1 期。
④　朱志荣:《〈文心雕龙〉的意象创构论》,《江西社会科学》2010 年第 1 期。
⑤　周文姬:《意派之"意"》,《南京艺术学院学报(美术与设计)》2015 年第 3 期,"即与真理有关的向本质探索的一维",应该改成"即与真有关的向本质探索的一维"。

情理,而是指向更深更广的范畴,正如樊波在梳理意与象之间的关系①,两者的复杂关系正表面了"意"本身的丰富性。在这点上,朱氏没有去具体探讨"意"这个范畴的美学意蕴,单从主体体验去付诸于意,难免使得意象创构陷入主体存在论之嫌疑。

其次,在朱志荣看来,"我从物象的角度把意象分为自然、人生和艺术意象,也是从感性形态的角度进行划分的。意象以象为基础,其象是物象、事象及其背景与象外之象统一,凭借想象力与情理交融,神与物游,故可境生于象外。"②"对物象的直觉体验包含着自然规律和社会法则,比如黄金分割比例,比如对称规则,意象中体现着和谐的原则,但这只是体验和判断的基础。"③"意象是有层次的,我们对自然物象的领会是有层次的"④。"在审美活动中,物象和事象作为中介,吸引感知,从而激发物我妙会。"⑤"一方面,物象、事象艺术品和本身对人而言具有趣味性。主体的心灵以虚静为基础,对物象、事象和艺术品及其背景进行能动体悟"⑥"物象不是作为物质对象而存在的。主体所面对的感性物象、事象或艺术品,是指其感性形态,而非物质实体本身"⑦,显然,朱氏的物象是作为一个客体世界,与郭象中的物性不同。郭象的《庄子注》中明显地呈现了物性论物自体的观点,强调万物生命的本体即生生,万物有其性分,具有自知、自能、自为、自用的自然本性;圣人无心、无知、无情、无迹,顺万物之性,而使物各得其用。⑧这里,不妨理解成,圣人的无心与顺万物之性,实际上在于让万物回到物自体状态,如果说心带有个人认知的局限与主观,不如去心、去知、

① 樊波:《中国绘画的思想构成以及思想渊源》,《美术》2019年第6期。
② 朱志荣:《再论审美意象的创构——答韩伟先生》,《学术月刊》2015年第6期。
③ 朱志荣:《再论审美意象的创构—答韩伟先生》,《学术月刊》2015年第6期。
④ 朱志荣《再论审美意象的创构—答韩伟先生》,《学术月刊》2015年第6期。
⑤ 朱志荣:《论审美活动中的意象创构》,《文艺理论研究》2016年第2期。
⑥ 朱志荣:《论审美活动中的意象创构》,《文艺理论研究》2016年第2期。
⑦ 朱志荣:《论审美活动中的意象创构》,《文艺理论研究》2016年第2期。
⑧ 张二平:《郭象〈庄子注〉的物性论》,《商丘师范学院学报》第34卷第7期。

去情,返回到生命的本然状态,借用郭象对《齐物论》中的"至人之心若镜,应而不藏。"所注的"夫鉴之可喜,由其物情,不问知与不知,闻与不闻,来即鉴之,故终无已。若鉴由闻知,则有时而废也。若性所不好,岂能久照? 圣人无爱,若镜耳。"①圣人如果带着主观性去对待世界,则会使得心与物受到遮蔽。圣人的无心、无知、无情在于其心回到本真状态,从而与物性之间产生一种感应关系,即郭象的感应论。20世纪60年代的物派艺术则呈现了郭象的物性论与海德格尔存在论概念下物的物性存在构成的一个物自体世界。诚然,朱氏提到以物观物从而创造了让意象呈现物自体的可能,但主体说中的主体落实到每个个体时,实则以我观物,而取象中的取包含了选择、概括、提炼、改造、抽象等,取象中也体现了主体的情意与趣味,并且以己度物,可见在整个观物取象中,不同的主体所关联的意象创构意味着不同的审美境界,由此,朱氏的物象则是作为审美活动的客体对象,失去了物自身的诗性与实存,如果具有意象性,也是在主体视觉下建构的物的意象。

其三,事象是否也如朱志荣所论的囿于意象之下呢? 事象是中国诗学的核心概念,有其自身的宗谱系发展,国内学者对事象至今也做了一定的研究②。比如詹安泰、方同义、许建平、齐海英、辜正坤、周剑之等从不同角度论述与建构了事象理论。事象具有随机性、运动性、叙述性、历时性特质,事象是在时间矢量上存在的流动状态,而意象显现的是共时性特质。周剑之认为意象说适合于唐诗,用意象说去检验宋诗则并不适合,因为宋诗是中国诗歌叙事脉络中的重要阶段,更呈现出事象与事境的特点,由此她提出事象可以作为建构古代叙事诗学的理论体系。③ 而且,不是所有的诗歌都是由情感来表

---

① 郭象注 成玄英疏:《南华真经注疏》,北京:中华书局2008年版。
② 徐小蒙:《诗学事象研究综论》,《石家庄铁道大学学报(社会科学版)》2019年第2期。
③ 周剑之:《从"意象"到"事象":叙事视野中的唐宋诗转型》,《复旦学报(社会科学版)》2015年第3期。

达的,事象所对应的事境与意境也有很大的差异,比如苏轼的《题西林壁》并非建构在主体情感说上,周剑之论证咏史诗的事境则有别于意境。

至此,如果从意象中的意、物象、事象来分析,"美是意象"有待进一步探讨,否则无法建立元美学范畴。必须要提的是,朱志荣的美是意象说中的主体说,主体说中的主体身份、情感、瞬间性这些被详细论述,那么主体说在美是意象说中起到何种作用呢?

"美是意象"与主体说

主体说在朱志荣的意象创构说中占据关键性的位置,那么主体说是否在如何—是—意象中起到建构作用呢? 纵观朱志荣的创构意象说,朱志荣对于主体的关注在于突出主体的能动性与积极性。"主体以象媚道,以神法道,欣赏者由耳目与象相遇,体神而存道。目击道存,实现了形下与形上的贯通合一。"[①]显然,进入意象创构状态的主体并非一般的主体,而必须具有一定的前提条件:物我贯通。正如朱氏所说:"审美意象的创构,是主体对物象、事象和艺术品及其背景的领悟,在物我贯通中获得意味。其中感性具体的象与形上的道是贯通的,一体的。"[②]。这里,贯通所涉及的必然是人即主体,而主体的物我贯通实际上遵循了中国哲学中对道探索中"如何是我"的呈现。比如郭象的《庄子注》的圣人观与物的关系,这里的物可以延申为美学中的象与意,而具有庄子中的物性观必须是对应于圣人这样的主体。在这点上,联系中国意象知识论构成的重要部分即庄子思想与美学,那么不难理解朱氏意象美学中的主体具有超越性意识,陶水平对此提出质疑,认为在审美活动中,主体之情并非简单地等同于

---

① 朱志荣:《论审美活动中的意象创构》,《文艺理论研究》2016 年第 2 期。

② 朱志荣:《论审美活动中的意象创构》,《文艺理论研究》2016 年第 2 期。

大化流行、万物一体、生生不息的宇宙生命情调和生命精神。①

朱氏以道为参照,对主体是一种圣人式或者至人的理想化设置。比如"在意象创构中,包含着真、诚,包含着道的体验,起到一种'自适其适'的效果……欣赏主体依性创化的创造精神,同样是道的体现。主体通过直觉、灵感乍现,刹那间豁然贯通,进入瞬刻即永恒的境界。"②意象创构中所包含的真、诚必然涉及到主体在此刻求真求诚的态度,道的体验意味着主体对真的体验,因为只有在"道"中才能体验"自适其适"的自由。刹那间/瞬间即永恒与中国哲学中的以物观物有关,只有让万物回到其本然的状态,才能体验"道"瞬间即永恒,而这就意味着主体必须具有能动性和超验精神,诚如朱氏所说的观物取象。而具有观物取象能力的主体也并非一般的普通人,这里的主体必须通过"道"去感悟体悟去观物取象。也就是说,这里的主体对于道已经有了一定的认识,甚至具有了道思维,只有具备道思维的主体,才能物我贯通,也是在道思维的状态下,主体的创造性产物才是意象性的,因为意与道相通,象的前提是观、虚静。而朱氏在意象创构的瞬间性中提及主体的耳、目、心一体与万象相会,应目与会心同时发生,这里的应目与会心就是一种观,这种观意味着审美活动瞬间性的产生,是一种直觉活动,是整体的体悟性的内观,是澄怀观道之观。朱志荣指出"观主要包括仰观俯察。在审美活动中观就是一种体悟,通过瞬间的灵感,主体获得审美的体验、判断和创造。"③瞬间性因此与观有着关键性的直接关系,而意象的创构是圣人至人式的主体在审美活动中瞬间达成的。这里,其实建立了一个意象创构的往复循环状态:具有道思维的主体意味着向圣人接近,圣人无心无

①　陶水平:《意象论与中国当代美学研究——以朱志荣意象创构论美学为例》,《社会科学辑刊》2015 年第 5 期。

②　朱志荣:《论审美活动中的意象创构》,《文艺理论研究》2016 年第 2 期。

③　朱志荣:《论中华美学的尚象精神》,《文学评论》2016 年第 3 期。

情无意，与道相通，静观万物，万物成象，此象即意。在这个层面上，我认为，"是"的主体具有了片刻的圣人至人的特征，圣人至人主体构成意象本体论的必不可少的条件，并且，同时，正因为主体在意象创构过程中的主导作用，实际上，朱氏选择意象而不是意境作为美的本体论阐述也正是因为主体的存在。当然，不同的主体所呈现的艺术意象也有所不同，但如用"美是意象"的命题来判定，那么这里的"美是意象"跟个体的意象创构存在着各种差异，也就是说，"美是意象"一种普适性与本体性的前提是主体须接近圣人状态，具有一气贯通的道思维。

那么，"美是意象"如何成为美的本体之所在？一方面，朱志荣以"道"为主要实践途径建构意象本体论，另一方面，以主体引入主体论范畴来建构意象，使得很多学者认为朱氏的意象建构说陷于主客二元之分，认为主客统一于意象建构并无创新。然而，朱氏在引入主体能动性与创造性的同时，把意象扩展到审美意象，这就意味着把静止固化的古典美学范畴中的意象放在一个动态变化的范畴中。主体的引入意味着实践维度，同时意味着人与这个世界的关系问题。主体虚静、神思、体悟、养气，而这些背后以"道"为本，在物我交融中达到神合气合觉天尽性参赞化育的境地，这意味着让主体去掉自我意识，进入无我，让我回归到自然境地，达到神合气和，只有这样，才能让世界如其所是，可见，朱氏的主体概念从本质上有别于西方主体性概念。朱氏把主体与圣人、无、道并置，是无主体的主体，同时是对世界超越式的审美主体，在实存与虚空中游走，强调无我的主体建构，由此，使得"美是意象"回归到一种德勒兹式的生成的美。这里，朱志荣实际上在"美是意象"这个命题中以"道"思维方式试图给出"是"本身，而在这点上，至今为止，几乎没有学者去阐释美是意象中的"是"问题。

进而,朱氏强调了主体的感物动情,以及主体在审美活动中的移情等,乃至专门一篇《意象创构中的感物动情论》来强调意象中的情感的关键性因素,这里与朗格的情感说不同,朗格的感情诉诸的是人类的普遍情感,是对生命、情感和内在现实的认识,这种情感是从概念上去认识,其包含逻辑结构与概念知识,这是一种情感概念,而按照朗格对艺术的界定:"艺术是人类情感的符号形式的创造"①,那么,对照朗格的生命形式是艺术的本质显现,中国的意象说显然以生命哲学为主要精神内涵,这与中国哲学以生命哲学为精髓有关。②中国意象的情感并非一种概念和认识,而是一种内心写照与内在感受。尽管朗格认为她的情感也是一种内心写照与内在感受,但由于建立在逻辑结构与概念知识上,与中国意象的情感有交集的地方同时存在着差异。两者都强调了情感的重要性,朗格的普遍性情感与意象中的情感具有某一方面的共性,比如在观物取象时具有的情思则是人类的普遍情感而非个人的具体情绪和情感。而在意象中的"兴"、"感"则是具体中的情感,由兴、感上升到某种与天地相联的情感之中。这里的情感并非单单人类普遍性的情感,而更具有超越自我,融入世界,无我忘我之情,可谓无情之情。这点在朱氏的意象论中处处皆在,无情之情在于通神得神。在朱氏动情说中,情思、情意、动情、情怀、情景交融、情感体验、触物起情、言情托情起情之于赋比兴,经历"感知-动情判断-创构"过程的意象,朱氏意象中的情既有普遍之情,又有个人感怀之情,也有超越性与日常性的瞬间之情,更有富有诗意的情思情怀,这里的情感并非把情感作为概念去认识,而是主体与世界之间相摩相荡的一种状态表达。

---

① 朗格:《情感与形式》,北京:中国社会科学出版社1986版,第51页。

② 《周易》的"生生之为易";王振复、陈立群在《中国美学范畴史·导言》第一卷,山西教育出版社2009年版中论及天人合一中的"一"为生命;戴兆国:《儒家生命哲学的四重维度》,《中国哲学史》2013年第2期,与许士密的《道家生命哲学的现代诠释》,《社会科学辑刊》2002年第6期都论及儒道生命哲学;另外,宗白华,朱良志都探讨了中国文化中的生命精神。

　　同时,朱氏一方面强调了意象的活动是一种诗性思维,另一方面以尚象思维、物我契合来表达意象的思维特点。"①在这一层面上,正如王树人论及的"我象思"②,我象思不受概念思维限制,中止概念思维,充满生命力与创造力。但朱氏在论及意象时认为意象"是主体在审美活动中所形成的心象"③,"意象源自心象……意象在主体的心中孕育、创构而成,是一种心象,是物象、事象和拟象在心中与意交融为一铸就的。作为一种心象,意象是动态生成的胸中之竹。"④心象在朱志荣意象说中有其自身的复杂性。朱氏在谈到意境中的境时说"境更偏向于主观体验,是心象整体效果的显现。"⑤在《〈文心雕龙〉的意象创构论》中提及"在后人眼中,意象只有通过言辞传达凝定成物化形态,才被接受,认可为意象,否则只是心象。"⑥在《论〈周易〉的意象观》中,"以主体的情性与万物的情性相贯通,物我在生命深层的贯通,从而生成心象。心象是万物的投射,是自我的映照,有同气相求的特征,有同气相求的特质"⑦。这里心象呈现了矛盾体的两面性,从而让"美是意象"面临着陷入主体情感说的危险。

　　总之,美是意象说站在主体的无我和圣人之境上建构意象,这意味着把美放置在宇宙观视域之下,在这点上可以让物象回归到物之所为物的状态,即以物观物下的物之存在状态,但主体情感说以及朱氏强调的情意情理与无我与圣人之境存在着矛盾,尽管通过瞬间即永恒来解决意象概念上的元范畴,但情感说在朱氏的主体(创作者与欣赏者)中占据着关键性作用,主体审美创构的意象只能囿于主观性

①　朱志荣:《再论审美意象的创构—答韩伟先生》,《学术月刊》2015 年第 6 期。
②　王树人:《回归原创之思》,在此书中,王树人提出王树人认为象思维之象是生生不已,是原发创生之象,南京:江苏人民出版社 2005 版。
③　朱志荣:《再论审美意象的创构—答韩伟先生》,《学术月刊》2015 年第 6 期。
④　朱志荣:《论意象与意境的关系》,《社会科学战线》2016 年第 10 期。
⑤　朱志荣:《论意象与意境的关系》,《社会科学战线》2016 年第 10 期。
⑥　朱志荣:《〈文心雕龙〉的意象创构论》,《江西社会科学》2010 年第 1 期。
⑦　朱志荣:《论〈周易〉的意象观》,《学术月刊》2019 年第 2 期。

范畴中,这就使得意、事象、物象无法统一于意象范畴中。尽管朱氏提及意象的诗性思维、想象力、空灵可以让意象富有超验与超越性,但是,圣人至人主体说以及相应的以物观物理论上可以建构"美是意象",而实践中落实到个体主体中时,则呈现了"美是意象"的矛盾性。因此,我认为,"美是意象"元美学的成立前提是建立在无我与圣人之境,但如果诉诸于物象、事象、意、象外之象,主体说视域下建构的意象则不能完全解决"美是意象"中关于美的本原问题,其普适性特征只能放在一定的范畴中才会让意象成为美其所是。

"意象"范畴的当代阐释与创构"意象美学"

——兼论朱志荣"美是意象说"及与之相关的质疑

苏保华

当代意象理论研究重点由意象范畴研究转向意象美学建构,既是研究视角和方法的转换,也是对意象范畴的价值重估,更涉及美学理论体系中核心内容的实质性蜕变。在意象范畴研究转向意象美学研究的过程中,朱志荣的《审美理论》堪称标志性成果之一。他的"意象美学"不是一般意义上所指的关于意象的美学研究,而是指称实践存在论的意象美学体系。朱志荣在这本书中提出"美是意象说"后,既得到不少学界同行的充分肯定,也引发出一些质疑。在笔者看来,一方面,"美是意象说"可以视作朱志荣意象创构论美学体系的最简明的概括,是他长期从事中西美学研究所形成的具有总结性的理论命题,并且包含着其独特的理论切入角度、论证逻辑和丰富内涵。另一方面,当前美学界不少学者对这个命题褒贬不一也并非意气之争,背后隐含着严肃而重要的学理问题,即由意象范畴研究转向意象美学体系建构何以可能,意象美学能否做到理论自洽,意象能否统摄中国古典美学里的其他范畴,所有这些问题都值得我们进一步辨析和探究。

一、"意象"的延展性：从范畴研究向
美学建构的转向

当代意象理论研究先后出现过三次重心转移。第一次转移出现于 20 世纪 80 年代初，是从西方文艺学、美学转向中国美学。主要表现为注重学术传承，充分吸纳和借鉴前辈学者（如闻一多、朱光潜、宗白华、钱钟书等人）的意象研究成果，重新梳理和辨析意象范畴的内涵、特征、流变，确认"意象"为中国美学、文艺学之基本范畴。第二次转移出现于 20 世纪 80 年代后期至世纪末，是从意象范畴的平行研究、交叉研究逐步转向确认意象为美学、文艺学之中心范畴。由1984—1986 年出现的美学、文艺学方法大讨论肇始，自觉地应用西方美学、文艺学方法来研究意象范畴，从而拓宽了研究视野和思路。1998 年之后，基于对二十世纪中国美学百年的反思和批判，建构新世纪中国美学成为美学研究者的现实使命，一批长期从事意象理论研究的学者深刻反思认识论视阈下二元对立给意象研究带来的种种弊端，尝试在学科层面上重新审视意象的适用性和普遍性，这样就带来了意象研究重心的第三次转移，即由之前的意象范畴研究转向包含总体性的"意象美学"或意象文艺学研究。对应于意象研究重心的三次转移，自二十世纪 80 年代开始，国内意象理论研究也大体经过了三个发展阶段：1981 年至 1988 年是意象理论研究的奠基期；1988—1998 年，是当代意象研究的拓展期；1998 年之后，意象范畴研究开始转向意象美学建构，我们权且称之为意象研究的转向期。

在第一个阶段，重心在于意象范畴研究如何从西方理论遮蔽下"走出来"，进而续接中国古典美学的血脉。国内美学界对于意象范畴的重视是从关于形象和形象思维讨论延展出来的。1978 年王元化讨论刘勰《文心雕龙·比兴》时，借用意象来讨论形象思维问题，认为意象是表象和概念的综合。一年后,赵毅衡发表文章探讨意象派与中国诗歌的关系,引用到费诺罗萨的观点,认为"中国作家在纸上写的是组合的图画……这样中国诗就彻底地浸泡在意象里,无处不意象了"①,文中所使用的"意象"可以视作对诗歌形象性的另一种表述。陈一琴也指出:"'形'、'兴象'、'意象'这三个概念,的确是我国诗论史上一组最基本的形象范畴。"②与此同时,皮朝纲、袁行霈等则强调了意象是中国古代文艺理论和美学理论中固有的范畴。真正回归到古代文论和古典美学语境来探讨意象问题的,是敏泽的《中国古典意象论》。他指出:"对于意象,我国的美学和文学理论批评史上有过很多的、以至精辟的论述。""意象论有两个历史的源头:《周易》和《庄子》。""中国的意象理论所要求的,绝非'曲传'一个'抽象意义',而是通过作者心灵、情感浸染、重新组合过的物象。""意象的问题,虽然在我国提出得很早,但它的引起广泛注意,并趋于比较成熟的时期,却在明清。"③此外,他还初步辨析了意与象、意象与物象、意象与意境之间的关系。可见,该文被许多意象研究者视作当代审美意象研究的开山之作,绝非偶然。

在意象理论研究的奠基期,主要取得了三方面成就。其一,确立了意象范畴的中国美学身份,与西方语境中的意象、象征、形象区别开来。其中陈良运、洪毅然等人针对意象与形象、意象与意境所进行的辨析,有助于拨正之前意象研究的西化倾向,也是之后陶文鹏、杨匡汉等从不同角度讨论意象与意境差异的理论先声。其二,胡伟希、刘文英、高楠等人从思维角度研究意象取得了一定进展。其三,在尚不太多的专题研究中包含了一些新观点,这些观点与后来的意象理

① 赵毅衡:《意象派与中国古典诗歌》,《外国文学研究》1979 年第 4 期。
② 陈一琴:《形象·兴象·意象——古代诗论中几组形象范畴考辨之一》,《福建师大学报(哲学社会科学版)》1981 年第 1 期。
③ 敏泽:《中国古典意象论》,《文艺研究》1983 年第 3 期。

论体系建构存在着内在关联。如卢永璘对《文心雕龙》意象论的研究,认为:"所有形态之'文'(形文、声文、情文),统统都是'道之文'。""他的'原道'论,即是主张一切事物的"文"(彩),都是该事物所含的本质及其规律的外化形式。""'情'、'志'、'理'、'意'等等。它们内涵各有侧重而又相互关联,共同组成了'文心论'中'心'这一理论层面。"①这种主客相融于心的阐释,已暗含了意象的本体意义。又如,叶朗认为王夫之对于诗歌意象论"是从他的现量说直接引出来的","达到了前人所不曾达到的深度"②。

在第二阶段,研究的重点在于拓宽意象范畴的研究视野,加大研究深度,最终确立意象在中国古典美学范畴谱系中的核心位置,努力用意象范畴来贯通或统摄整个中国美学的范畴谱系,为意象范畴研究转向意象美学研究做了很好的铺垫。一是重视横向比较,深入辨析意象与其他古典美学审美范畴的异同。二是重视对于意象范畴的历时性梳理、发掘和概括。三是凸显学科之间的融合,在跨学科视阈下重新审视和剖析意象范畴。由此逐渐形成了意象研究的五大板块,即意象的观念研究、范畴(形态或范式)研究、思维研究、跨学科研究、文学艺术研究。由于意象的观念研究、思维研究和跨学科研究亦可纳入广义的意象范畴研究,故而意象研究实则包含了两个维度,即在理论层面研究意象范畴与在实践层面研究意象应用。这个阶段结束的表征体现为对于意象范畴重要性的确认,亦即视意象为美学、文艺学的核心概念、元范畴或审美活动的"基元"。

值得注意的是,这个阶段在专题研究上取得了更加丰富的成果,尤其在对《周易》、老子、刘勰、司空图、明前后七子、王夫之等意象观的研究,可谓新见叠出。意象理论专题研究为之后意象范畴研究向意象美学体系建构奠定了理论基础。汪裕雄《审美意象学》

---

① 卢永璘:《刘勰的"文"论和"意象"论》,《北京大学学报(哲学社会科学版)》1987 年第 10 期。
② 叶朗:《王夫之的美学体系》,《北京大学学报(哲学社会科学版)》1985 年第 2 期。

(1993)和《意象探源》(1996)完成和出版堪称这个阶段最重要的收获。两部专著一论一史,都"从美学走向文化学,走向对中国文化的历史考察"①。在《审美意象学》中,汪裕雄提出了自己对于意象的完整阐释:"美感起于对审美对象——美的事物或现象的直接观照。感知所得的表象,经由想象的作用,被再造,被重组,渗入主体的情思,融汇进主体的理解,就是审美意象。"②作者显然是把意象置于美感领域来加以把握的,但在思路中融汇了克罗齐的"直觉即表现"、文学理论的形象论、美学上对郑板桥"眼前之竹""胸中之竹""笔下之竹"的界定。其中对于"主体的情思"和"主体的理解"的区分,是对于意象主体性内涵的扩展。在审美对象上区分美的事物和美的现象,也是一个很精辟的见解,这使他所讲的感知表象与之前人们习惯讲的"物象"有所不同。也使审美的这个定义梳理的大致线索即直接观照——感知表象——想象再造——主体情思着眼于把审美心理和意象生成糅合为一体,因而,他在书中把意象分为"知觉型审美意象"和"想象型审美意象",前者强调审美的非功利性和共同美感,后者偏向于审美的"宣泄"功能和美感的个体差异。这个思路实际上暗含了打通中西美学壁垒、承接中国审美文化传统的双重目的。《意象探源》一书则是从历时性层面探析"意象"何以成为中国审美心理的基元,从而为《审美意象学》的观点提供了审美文化史佐证。

程琦琳曾经讲:"中国美学体系的完成,相对西方美学来说,有独特的建构体系的方式。西方美学是建理论立范畴,而中国美学则是建范畴立理论。"③在某种程度上,汪裕雄的《审美意象学》作为"建范畴立理论"的典范,成为了意象美学建构的先照。与此同步,不少学

---

① 汪裕雄:《意象探源》,合肥:安徽教育出版社1996年版,第417页。
② 汪裕雄:《审美意象学》,沈阳:辽宁教育出版社,1993年版,第12页。
③ 程琦琳:《中国美学是范畴美学》,《文艺理论研究》1992年第4期。

者确认了意象范畴在中国美学范畴谱系中的核心位置,认为意象是中国美学的中心范畴。如陈望衡认为:"意象是中国美学的中心范畴。"①朱志荣讲到:"审美意象是审美理论的研究核心。"②乔东义指出:"中国古典美学是以审美意象等范畴为中心的美学。"③叶朗指出:"在中国古典美学中,意象是一个标示艺术本体的概念。"④

第三个阶段的研究重心由意象范畴研究转向意象美学建构。客观地讲,意象范畴研究与意象美学建构是良性互动、互为因果的关系,前者是后者的基础,后者是前者的引申和升华。正因为有众多学者积极投身于意象范畴研究,在意象起源、内涵、结构、类型、功能、价值等方面形成了系统性成果,并普遍视意象为中国古典美学的基本范畴,才促使叶朗、夏之放、汪裕雄、朱志荣、陈伯海、施旭升、黎志敏、邹元江、李青等一批学者自然而然地由意象范畴研究转向创构意象美学、审美意象学,意象文艺学或意象诗学。创构意象美学与意象范畴研究既密不可分,又有本质区别。创构意象美学是认定意象为中国美学核心概念、元范畴或审美基元,并以此为理论前提,以意象作为贯穿于美、美感和美的创造三大美学领域的一条红线,最终达到在本体论论层面建构中国美学体系的目的。

二、"意象"的普适性:对"意"与"象"的整体把握

在中国古代话语体系中,意象这一术语存在着多种用法。如王充在《论衡》中提出的"礼贵意象",讲的是伦理文化意象,刘勰在《文心雕龙·神思》中提出的"窥意象而运斤"主要指文章构思过程中形

① 陈望衡:《〈周易〉对中国意象理论建构的重要贡献》,《学术月刊》1993 年第 3 期。
② 朱志荣:《审美理论》,敦煌文艺出版社,1997 年版,第 126 页。
③ 乔东义:《孔颖达的易象观与审美意象的建构》,《哲学研究》2011 年第 4 期。
④ 叶朗:《现代美学体系》,北京大学出版社,1999 年版,第 107 页。

成的心理意象,明代前后七子侧重讨论的是文学意象,清代王夫之使用的意象则更接近于今天我们所讲的审美意象。无论是在何种层面上使用意象范畴,意象范畴都不是在纯粹形而上层面对有无、虚实、主客等关系的静态概括,而是与人的审美活动休戚相关。正如朱志荣所讲:"审美意象中包含了主体审美活动的成果,主体与对象的审美关系最终凝结为审美意象。审美意象就是我们通常所说的美。"①显然,他所讲的意象不同于审美心理过程中形成的知觉表象,而是涵盖了从哲学、美学以及审美实践三个维度对意象做出的阐释。也正是在三个维度上,意象与其他古典美学范畴之间形成了一种"同质异构"的关系,这种"同质异构"关系既拓展了意象范畴的普适性,也奠定了意象美学理论自洽的基础。换言之,意象之所以被视为中国美学的核心范畴,根本原因在于它能够体现中国审美文化的精髓,而不是用它来取代其他中国美学范畴。

意象之所以成为意象美学的逻辑起点,首先是因为意象在中国哲学和中国美学之间起到了一种勾连作用。换言之,在哲学层面,"意象"包含了双重指向,既指向形而上的"道",也指向形而下的"器"。对意象观念的概括最早出于《周易》之易象。比较甲骨卜辞与《周易》卦辞、爻辞,可以看出由殷商之相信鬼神(如五方之神)到周代之崇奉阴阳五行,象学之精神实际上已经自天国被拉回到人间。尽管如《汉书·艺文志》中说:"《易》道深矣,人更三圣,世历三古。"由于时代久远,我们已不可能具体辨析《周易》如何借象喻手法来图释宇宙和人生的变化规律,但可以肯定的是,后人通过诠释《周易》的意象观念,使之具有了哲学本体论意义,并最终将之渗透到美学领域。

在先秦诸子的时代,诠释《周易》影响最大的是《系辞传》。《系辞传》显然是把《周易》纳入了儒家的礼乐文化系统,是关于《周易》"立

---

① 朱志荣:《审美理论》,兰州:敦煌文艺出版社,1997年版,第126页。

象"的价值论。《系辞传》说:"圣人立象以尽其意,设卦以尽情伪,系辞焉以尽其言,变而通之以尽其利,鼓之舞之以尽神。"①这就提出了后世影响甚大的两个命题:立象尽意和设卦尽情。就这两个命题的内涵而言,涵盖了儒家诗教、礼乐中和的观念,亦包含了"诗无邪"、乐不失其正而尽善尽美的儒家审美观。朱志荣曾指出:"中国古代的文学作品是以意象为中心的。这是中国文学表意性特征及其自觉意识的推动所决定的。"②钱钟书先生曾就"易之三名"加以梳理阐释③,强调的也正是这样一个意思。总之,经过儒家对于《周易》的重新诠释,《周易》已经完成了由卜筮之书向哲学著作的转变,《周易》包含的意象观具有了伦理学本体的性质。当然,在儒家易道观念的统摄之下,《周易》的"意"与"象"也是可以被纳入"中和"论之中的。

至魏晋玄学时代,玄学家开始以道家思想为基本立场,对《周易》进行了再阐释。《老子》中讲,"道""视之不见"、"听之不闻"、"搏之不得"(《老子》第十四章),说明"道"不是可以直接诉诸知觉的实体,就此老子提出了"大音希声""大象无形"这两个与意象直接相关的命题。到庄子那里,就更加直接地说:"道不可闻,闻而非也;道不可见,见而非也;道不可言,言而非也。知形形之不形乎! 道不当名。"(《庄子·知北游》)老、庄的这些观点都给玄学家阐释《周易》提供了重要的理论资源。所以王弼在《周易略例·明象》说:"象者,出意者也;言者,明象者也。尽意莫若象,尽象莫若言。言生于象,故可寻言以观象,象生于意,故可寻象以观意。意以象著,象以言著。故言者所以明象,得象而忘言;象者,所以存意,得意而忘象……"④从词源学角度考察,王弼所说的"言""象""意"原本皆有特指。"尽意莫若象",意

① 《全本周易》,北京:北京出版社,2009 年版,第 350 页。
② 朱志荣:《中国文学艺术论》,太原:山西教育出版社,2000 年版,第 13 页。
③ 见钱钟书《管锥编》,北京:中华书局,1979,第 1 页。
④ 《王弼集校释》,楼宇烈校释,北京:中华书局,1980 年版,第 609 页。

思是说《周易》中的卦和爻最适合表达圣人之意和天道人事;"尽象莫若言",是说《周易》中的卦爻辞及后来的易传最适合解释《周易》的卦和爻。不过,王弼把"言""象""意"作为一个整体来加以讨论本身又是具有创造性的。王弼并未局限于《易传》中"立象尽意"的观点,而是使用逆向思维,由此引出"言不尽意"的命题,这就触及了意象的本体论,从而对后来中国美学产生了深远影响。之后南北朝时钟嵘的《诗品》讲"言有尽而意无穷,兴也",唐代司空图的《二十四诗品》里讲"超以象外,得其环中""不着一字,尽得风流",无不受到王弼的启发。

其次,在美学层面,"意象"同样包含了两个维度,即内在无形的主体情意和来自外在对象的感性形式之象。毋庸置疑,不同于西方美学本体论和认识论语境下对于"美"的逻辑演绎,无论是朱志荣提出的"美是意象",还是叶朗提出的"美在意象",抑或皮朝刚讲的"艺术即意象",都是着眼于中国的审美观念、审美实践和审美文化语境。他们对于美的界定既不同于柏拉图的"美是理式",也不同于黑格尔的"美是理念的感性显现",还不同于克罗齐的"艺术即表现"。一些人以为只有在西方语境下的本体论、认识论或者心理学层面对于"美"加以逻辑概括才算是真正的美学,其实质是用西方美学来否定中国美学,与当年黑格尔认为中国没有哲学的看法犯的是同样的错误。

内在无形的主体情意和来自外在对象的感性形式之象在审美活动中得以相融无间,也就是朱志荣所讲的"在客观的物象、事象及其背景的基础上,主体通过主体的感知、动情的愉悦和想象力等能动创构诸方面创构审美意象。"[①]如果仅止于此,那么意象的创构过程还没有真正突破所谓的审美静观。朱志荣进一步阐述了自己的观点,认为"审美意象作为美的本体,是生成的,不是预成的,是主体能动创

---

① 朱志荣:《论审美意象的创构》,《学术月刊》2014 年第 5 期。

构的结果。它不仅在个体审美活动中瞬间生成的,而且是社会的,是族类乃至人类在审美活动中历史地生成的,个体的审美活动依托于社会整体"。这样就把个体审美活动与审美实践的社会历史性巧妙融为一体,从而使意象创构成为融审美历时性与共时性为一体的独特生命体验。就历时性维度而言,意象的创构过程包含了历时性的演变和发展,也融汇了共时性的多元辐射与个别呈现。在历时性维度上,由神到人再到觉醒的审美个体,分别构成了意象内涵发展的三个阶段。在神鬼崇拜之中,祭器与图腾是最主要的意象表现形式;在人的伦理文化中,礼器与音乐是最重要的意象表现形式,礼象不只是代表一种上下、尊卑、贵贱的等级秩序,还意味着一种稳定、美好、圆满的生活存在方式;在觉醒的审美个体那里,人格与情感表征则促使新的意象群开始生成。在共时性维度上,审美意象的创造主体可以是民族共同体,也可以是特定的群体,当然多数情况下是审美个体。当民族共同体作为创构主体时,意象就成为承载审美文化传统的审美意象。它既可以具有较为固定的诗性伦理内涵,如以玉比德的文化传统;也可以隐喻生命繁衍滋生的男女欢爱,如以鱼象征生殖男女的隐喻习惯;还可以成为吉祥寓意的直接象征,如紫气祥云、松柏翠竹、春草春花等。当特定群体作为创构主体时,意象往往成为其集体意识的象征,如士大夫眼中的山、水、梅、兰、莲、菊、竹、玉等。当审美个体作为意象的创构主体时,意象则呈现更大的精神自由性与情感独特性,如《庄子》笔下的畸零之人,阮籍笔下的大人先生,陶渊明笔下的世外桃源,谢灵运笔下的池塘春草,江淹笔下的怅然南浦,等等。

再次,在实践层面,"意象"既是工具实践间接的精神成果,也是审美实践的动态呈现。"审美意象就是审美活动中所产生的'意中之象',是主体在审美活动中,通过物我交融所创构的无迹可感的感性形态。其中的'意',是主观的情意,也不同程度地融会着主体的理解,其中的'象',是情意体验到的物象和主观借助于想象力所创构的虚象交融为一。意与象合,便生成了审美活动的成果——情景交融、虚实相生的意象,包含意、象和象外之象三个方面的内容。"①一方面,朱志荣所讲的"象"是"情意体验"与"想象力"形成合力的结果,而不是外在于人的纯客观之象,由此可知,他讲的"物我交融"的"物"也就不是外在于人的自在之物;另一方面,朱志荣所讲的"意"既包含"主观情意"(既成的情和思),也包含了"主体的理解"(生成的情与思),所以也就不是与世界隔绝的所谓心本体。正如马克思所言:"从理论领域说来,植物、动物、石头、空气、光等等,一方面作为自然科学的对象,一方面作为艺术的对象,都是人的意识的一部分,是人的精神的无机界,是人必须事先进行加工以便享用和消化的精神食粮;同样,从实践领域说来,这些东西也是人的生活和人的活动的一部分。"②当"植物、动物、石头、空气、光等等"作为自然科学的对象成为人的意识的一部分时,其感性形式呈现的主要就是符合客观规律的那一部分;我们可以称之为非审美意象;而作为艺术的对象在审美实践中呈现时,其感性形式就会呈现符合审美规律的部分,也就为审美主体创构审美意象奠定了基础。而就整个实践领域来看,所有外在于人的对象都只是因为成为"人的生活和人的活动的一部分",才具有了意义和价值。

三、"意象"的本体性:意象美学对于二元对立的超越

在某种程度上,对于朱志荣创构论的意象美学的误读并非空穴来风,根本原因在于有些学者习惯于把西方美学的"已然"视作中国美学的"必然",把西方美学中的逻各斯中心主义统摄下的独断论看

---

① 朱志荣:《中国审美理论》,北京:北京大学出版社,2005年版,第155页。
② 马克思:《1844年经济学哲学手稿》,《马克思恩格斯全集》第42卷,北京:人民出版社,1979年版,第95页。

作是建构中国美学体系唯一有效的途径。比如,我们知道费希纳曾经把美学划分为"自上而下的美学"和"自下而上的美学",并且,这种划分成为"自上而下"的古典美学转向"自下而上"的现代美学的一个节点。但我们只要细读一下朱志荣的《论审美意象的创构》《中国审美理论》等文章和著作,就会发现,朱志荣的意象美学很难归入自上而下的思辨美学或者自下而上的心理实验美学,而是通过"意象"来融合形而上的道和形而下的器,进而在审美活动的存在状态中打通理性与感性、个体与群体、历史与当下、哲学与美学之间的壁垒。这就怪不得会受到来自主张"自上而下"和"自下而上"的研究者的双重攻讦。

比如,主张自上而下的学者讲:"'美是意象'的观点混淆了美与美的对象、美的观念之间的界限。""早在古希腊柏拉图那里便已经有所体现,在《大希庇阿斯》篇中柏拉图分析了'什么是美'和'什么东西是美的'这样两个有联系但又绝不可混淆的命题,'美本身'和'美的事物'分别属于两个截然不同的领域。同时,诸如'恰当为美'、'有益为美'、'快感为美'等认识属于美的观念,这与'美本身'也不是一回事。"①主张自下而上的人则这样讲:"朱志荣教授提出的'中国美学体系的建构应该以审美意象为中心,是一种意象创构的本体论美学',是将美与美感混淆了,将审美与创美混淆了,将形象思维与审美心理混淆了。"②我认为,来自上述两个方面的批评恰恰说明国内美学界在对关于美学的学科定位、研究对象及美的本质等方面依旧存在着认识误区,也表现出一部分学者对于中西方美学现代化进程的忽视或者轻蔑。

在美学学科定位上,可以分为两个层面。第一个层面是就人类知识体系进行划分,美学属于人文科学;第二个层面是在人文科学内

① 韩伟:《美是意象吗?——与朱志荣教授商榷》,《学术月刊》2015年第5期。
② 曹利华:《美学的学科性质——兼与朱志荣教授商榷》,《美与时代(下)》,2012年第7期。

部进行划分,美学属于哲学。事实上,国内不少美学教材也是这么做的。如叶朗的《美学原理》:"美学是一门人文学科","美学是一门理论学科、哲学学科","美学是一门交叉学科"①;朱立元主编《美学(修订本)》:"美学是关于审美现象的综合性的人文学科","美学作为哲学分支学科,是一门理论学科"②。周宪的《美学是什么》:"美学属于哲学,哲学属于人文学科,因此美学也属于人文学科。"③划定人文学科和哲学这两个圈子的确也可以消除人们对于美学的一些曲解,当年黑格尔在《美学》中也做过类似的工作④。但我们不能忽略的是,美学真正的独立却是在广义的哲学内部发生的。换言之,美学是通过与认识论和伦理学疏离、特别是通过区分与逻辑思辨认识论的差异而获得独立的。正因如此,也有一些教材编者反对把美学纳入哲学,如刘叔成等认为美学"不是哲学的附庸,它有自己的研究对象,应该是一门独立的学科"⑤,张法《美学导论》也提出了类似看法。

我们接着看朱志荣对于美学的学科定位。简而言之,包括了三个判断:审美理论(美学)是一门人文学科,是一门研究人文价值的科学,是一门研究审美现象的科学。他认为"审美对象与审美主体所构成的审美关系便是审美理论研究的出发点,在审美关系中起着主导作用的审美主体是审美理论研究的重要内容,在对象的审美潜能的基础上,由主体心灵创构的审美意象即通常所说的美,乃是审美理论的核心。"⑥这段话是朱志荣的意象美学的立论基础,也是被误解最多的地方,还是上面提及的来自两个方面指责的交汇点,因此,这段文字包含的一系列观点是否成立就成为了关键所在。

---

① 叶朗:《美学原理》,北京:北京大学出版社,2009 年版,第 28 页。
② 朱立元主编:《美学(修订本)》,北京:高等教育出版社,2006 年版,第 25—26 页。
③ 周宪:《美学是审美》,北京:北京大学出版社,2002 年版,第 18 页。
④ 参见黑格尔《美学》,朱光潜译,北京:商务印书馆,1979 年,第 8—11 页。
⑤ 刘叔成,夏之放,楼昔勇:《美学基本原理》,上海:上海人民出版社,2001 年版,第 16 页。
⑥ 参见朱志荣《中国审美理论》,北京:北京大学出版社,2005 年版,第 16—17 页。

　　就美学学科定位而言,鲍姆嘉通及其《美学》具有标志性,那么我们不妨先以鲍姆嘉通为例加以辨析。鲍姆嘉通把哲学分为逻辑学、伦理学和美学三个分支,同时指出"美学作为自由艺术的理论、低级认识论、美的思维的艺术和与理性类似的思维的艺术是感性认识的科学"①。表面看来,鲍姆嘉通是用"感性认识"范畴把美学牢牢捆在了哲学的战车上,以达到对于古典逻辑思辨哲学的补苴罅漏,实际上,却包含了另外一重意思,就是通过这样一种划分来让美学与传统意义上以探求真理为唯一宗旨的哲学(逻辑分辨界限以上的认识论)分家。而后一个意思正是我们之所以把鲍姆嘉通的《美学》出版视为美学学科独立之标志的原因所在。鲍姆嘉通当然没有专门讨论意象问题,但我们细读他的《美学》,会发现,朱志荣意象美学的学科定位、研究内容以及理论核心的确立,在思路上与鲍姆嘉通其实是暗合的。(见该书第18—19页,着重号为笔者所加)理解鲍姆嘉通所讲的"美"是什么,重点在理解他讲的"感性认识本身的完善"究竟指什么。感性认识是依靠逻辑不能分辨的"表象的总和","逻辑不能分辨"可以指直觉,也可以指"统觉";这种"表象的总和"是"事物和思想的美","事物和思想的美"是指直觉或统觉与对象在意识中融合而呈现出的美;这种美不同于认识本身的美,也就是说这种美不等于认识的深刻或者别致;这种美也不同于对象和材料的美,因为它是在意识中呈现的对象,是经过直觉或统觉加工过的对象;对象和材料能否成为"美",关键在于"想",这种"想"就是直觉或统觉与意识里的对象(即物象)结合而形成的"表象"。② 朱志荣意象论里讲的"主体的感知、动情的愉悦和想象力"类似于鲍姆嘉通所讲的"思想",朱志荣讲的"物象、事象及其背景"类似于鲍姆嘉通所讲的"事物",朱志荣讲的"创构"类似于鲍姆嘉通讲的"想"。在他的《中国审美理论》第一章第

①　鲍姆嘉滕:《美学》,北京:文化艺术出版社,1987年版,第13页。
②　上列观点由鲍姆嘉滕《美学》第18—19页析出。

一节"审美活动的本质"里列入"美在客观说的误区""美在主观说的误区",对其他两派观点不再展开讨论,也可以看出他的意象美学的理论逻辑是与鲍姆嘉通相通的。两者的不同在于,鲍姆嘉通旨在"考虑一切可能的美的感性认识所共有的、无所不包的和放之四海而皆准的美的概念",力主扬弃"美的无数个特殊性和细节"[①];朱志荣的意象美学则立足于审美活动中的意象创构,故而在意象之中审美主体与审美对象是相融无间的,他所讲的"美是意象"在强调概念普遍性的同时,也兼容了"美的无数个特殊性和细节"。由此可见,上述两篇商榷文章把柏拉图的"理式"等同于鲍姆嘉通"感性认识"本来就是一个常识错误,以这种常识错误为出发点,借以批判朱志荣的意象美学,则更是错上加错。

　　朱志荣的意象美学是立足于当下的崭新的实践存在论美学体系,远非鲍姆嘉通的美学观可以完全涵盖,当然也不同于朱光潜的"主客观统一论"视阈下的意象理论。韩伟在文章中讲:"上世纪50、60年代,中国当代美学史的第一次"美学大讨论"开始,这场讨论的核心问题属于本体论范畴……对中国美学研究的贡献则是不可抹杀的,到了80年代,美学研究者的兴趣开始转移到存在论、方法论层面……"实际上这种看法没有搞清楚美学与认识论之间的区别,也没有搞清楚认识论与存在论的差异。五十年代美学大讨论主要是论争"美的本质"的问题,即"美是什么"的问题,对于"美是什么"的直接回答应该是一个命题,而不是一个范畴。韩伟这里讲的"本体论范畴"大概指的是"本质的美"或者柏拉图意义上的"美的理式"(或称美本身)。即便如此,我们也应注意,五十年代探讨的"美的本质"绝不能等同于柏拉图所谓外在于客体和观念的"美的理式"。何况,当时主要还是在认识论范围内讨论美的本质,而不是在本体论层面展开思

---

① 鲍姆嘉滕:《美学》,北京:文化艺术出版社1987年版,第19页。

考,故而综观当时的语境,"本质的美"属于认识论范畴,而非本体论范畴。朱光潜的"主客观统一说"主要是在认识论范围内讨论意象问题,而朱志荣意象美学则主要是在实践存在论(即实践本体论)层面来展开研究的。

在朱志荣看来,"审美意象在客观的物和主观的心之间得以统一。审美的主客之间,既是一种关系,也是一种状态。物我在审美活动中是一种创造性的统一,是一种创构。美是在审美活动中,由主体在心中使物我交融能动创构而成的。"①由此可见,朱志荣意象美学的哲学基础是实践存在论,而不是主客二分的认识论。他认为意象是在审美实践中动态生成的,而主体通过审美静观来呈现预成的对象。朱志荣意象美学的意义在于纠正了认识论框架下主客对立的弊端。只要我们把意象美学置于实践存在论视阈下加以考察,不难发现,拿朱志荣的意象美学与康德、克罗齐、朱光潜进行比较,其实没有什么意思。就理论的根本立场而言,康德、克罗齐、里普斯、朱光潜等只能算朱志荣意象美学的"远亲",而中国的易学、庄学、禅学顿宗、李泽厚的实践美学以及西方的杜威实用主义美学、海德格尔的存在论美学等等倒可以视为朱志荣意象美学的"近邻"。比如,杜威借"经验"化解"心"与"物"的二元对立,海德格尔借审美抵达澄明之境,与中国古典意象思维的家数并非毫无可比性。海德格尔所讲:"一个时代既把一倏即逝的东西与用两手抓得到的东西认为是现实的,它就难免认为追问是'对现实陌生的',是值不了多少的东西。"②至少,能够在一定程度上昭显朱志荣创构论的意象美学所具有的当代价值。

综上所述,由意象范畴研究转向意象美学体系建构,是中国美学研究深化的表征之一,是对既往意象研究成果的整合和理论提升;意

---

① 朱志荣:《也论朱光潜先生的"美是主客观统一说"——兼论黄应全先生的相关评价》,《清华大学学报(哲学社会科学版)》,2013 年第 3 期。

② (德)海德格尔《形而上学》,北京:商务印书馆 1996 年版,第 205 页。

象之所以能够覆盖中国美学的整个历程,根本原因在于它能够代表中国审美文化的精髓,建构意象美学并不是用意象范畴来取代其他中国美学范畴;朱志荣的意象美学观涵盖了中国哲学、美学以及审美实践三个维度,具有理论体系的严谨和张力;意象美学在学科层面上具有创新意义,既是对于中西方美学资源的打通,更是对二元对立的机械认识论美学的超越,意象美学建构凸显了中国美学象喻思维和以虚为美的传统和特色。

感悟　判断　创造

——朱志荣意象创构内在机制论

马鸿奎

　　建构中国美学话语体系是当代美学研究的重要历史任务。从中国古典美学思想中汲取资源是完成这一历史任务的必由之路。意象,作为中国古典美学的核心范畴,一直以来受到学界的普遍重视。挖掘中国古代意象理论的丰富资源,促进其现代转化,形成当代审美意象理论,是建构中国美学话语体系的重要方面。朱志荣对此着力颇深。在借鉴西方理论、挖掘古典资源、考察当下审美实践的基础上,朱志荣提出意象创构论美学思想。以"意象"为核心,意象创构论美学实现了由范畴研究到理论建构的转变。作为当代审美意象研究的最新成果,这一理论系统地呈现为意象本体论、意象生成论、意象境界论以及艺术意象论等内容。其中,对意象创构内在机制的揭示,既是意象创构论的逻辑起点,同时也奠定了整个理论体系的基础,受到朱志荣的重点关注。藉此,本文意在对朱志荣关于意象创构内在机制的论述加以评析,以揭示其重要的理论价值。

一、意象创构论的提出

　　审美活动以意象创构为核心,意象创构的基本规律决定审美活动的本质属性。朱志荣对意象创构作了深入而细致的分析,清晰地揭示出意象创构的整个过程,继而建构起系统的意象创构论美学。关于意象创构内在机制的论述作为其核心内容,贯穿于整个意象创构论美学之中。因此,对意象创构内在机制的分析,有必要对意象创构论美学的理论背景加以考察。

意象创构论的提出,不仅是意象理论发展的历史趋势使然,同时也是当代意象美学建构的必然要求。历史地看,意象创构论是意象美学研究的最新成果。朱志荣曾说:"我对审美意象的阐述,是对前辈的继承和发展,是'接着说'。"①"意象"是中国古典美学的核心范畴。意象思想滥觞于《周易》,南北朝时,刘勰首次将"意象"作为审美范畴加以使用。自此,对"意象"的重视便贯穿于中国古典美学史之始终。近代以来,王国维、朱光潜、叶朗、汪裕雄等学者意识到意象理论在美学研究中的重要地位。王国维所言之"意境"即是意象的境界;朱光潜试图融合中国传统的意象思想和克罗齐的意象观;叶朗借鉴现象学的方法,提出具有现代形态的"美在意象"说;汪裕雄则更重视从心理情感的维度对意象加以审视,在美感体验中讨论意象的生成。在此基础上,审美意象研究受到学界的普遍重视。

审美意象理论的发展逐渐呈现出由范畴研究向理论建构的范式转变。朱志荣的意象创构论美学,可视为是这一研究趋向的具体体现和最新成果。参照西方现代美学体系,立足于中国古典美学资源,意象创构论不只是对"意象"范畴的分析和梳理,而是在此基础上,以"意象"为核心的理论建构。这一理论突显出意象在审美活动中的本体论地位,意在从美学原理层面系统地揭示审美活动的基本规律。朱志荣指出:"中国美学的研究应该以审美意象为中心,是一种意象

---

① 朱志荣:《再论审美意象的创构——答韩伟先生》,《学术月刊》2015 年第 6 期。

创构的本体论美学。"①围绕对意象创构活动的全面阐述,系统性的中国美学话语体系呼之欲出。事实上,早在 1997 年,朱志荣就在《审美理论》(再版名为《中国审美理论》)中明确提出"审美意象是审美理论研究的核心。审美意象中包含了主体审美活动的成果,主体与对象的审美关系最终凝结为审美意象。审美意象就是我们通常所说的美。"②可见,在他看来,审美意象具有美学本体论的核心地位。基于这一核心地位,朱志荣认为,"审美活动就是意象创构的活动,审美活动的过程就是意象创构的过程。"③在此意义上而言,既然美学以审美活动为研究对象,而审美活动本质上又是意象创构的活动,那么,美学研究自然要以意象为核心。"意象何以可能"、"意象具有怎样结构和属性"、"意象与其他美学范畴之间有何联系"等等就成为美学研究面对的主要问题。

在逻辑上而言,"意象何以可能"当是审美意象研究的中心问题。只有弄清楚在审美活动中,审美意象能否生成、如何生成的问题,审美意象的相关研究才具有理论上的合法性,对相关问题的思考才得以具体展开。朱志荣看到了这一问题的重要性。他所提出的意象创构论首先要解决的就是"意象何以可能"的问题。基于主体在审美活动中的主导作用,朱志荣将这一问题置于主体的维度加以考量。"意象何以可能"的问题,在主体维度上而言就是:意象是如何被创构出来的。他的意象创构论正是对这一问题的正面回答。为此,朱志荣撰写了《论审美意象的创构》(《学术月刊》2014 年第 5 期)、《再论审美意象的创构》(《学术月刊》2015 年第 6 期)、《论审美活动中的意象创构》(《文艺理论研究》2016 年第 2 期)、《意象创构中的感物动情论》(《天津社会科学》2016 年第 5 期)、《论意象创构的瞬间性》(《天

---

① 朱志荣:《论继承传统建构中国美学体系》,《美与时代》2012 年第 2 期。
② 朱志荣:《审美理论》,兰州:敦煌文艺出版社 1997 年版,第 126 页。
③ 朱志荣:《论审美意象的创构》,《学术月刊》2014 年第 5 期。

津社会科学》2017 年第 6 期）等多篇论文，对意象创构的过程作了全面而深入的探讨。

此外，对"意象"概念的分析，也需要落实到对具体创构过程的考察之中。朱志荣指出，意象是意与象交融统一的结果。这里所说的象"包括物象、事象及其背景作为实象，也包括主体创造性的拟象，特别是在实象基础上想象力所创构的虚像"①；这里所说的意，"主要是指主体的情意，包括情、理和情理的统一，包括情感和意蕴。"②象一端的实象和拟象具有着潜在的审美价值。只有在审美活动中进入主体的视野，与主体之意相契合交融，以象显意，它们潜在的审美价值才能被现实化。同样，意一端的情和理，也只有被投射于象之上，与象相融合，以意统象，才能获得审美意义上的抒发与表达。可见，意象绝非是意与象的简单相加，而是二者融会贯通"化合"而成的结果。这种"化合"建基于中国哲学"天人合一"的思想境界和"立象尽意"的尚象精神。立足于此可以看到，不同视角下的"以象显意"与"以意统象"实际上是一体之两面，所描述的是同一个过程。而只有通过这一过程，作为美之本体的意象才能够生成。意象的生成，在主体维度上而言，也就是意象创构。对这一过程的理论阐述构成意象创构论的核心内容。

朱志荣正是在提出其意象创构论思想的过程中，揭示出了意象创构的内在机制。他指出：意象创构发生于审美直观的瞬间，是感悟、判断和创造的动态统一。③ 只有把握了意象创构的内在机制，才能认识到意象在审美活动中的现实性和必要性，以之为核心的理论大厦才具有稳固的基础。因此，对意象创构内在机制的揭示在意象创构论美学中具有核心地位。

---

① 朱志荣：《论审美意象的创构》，《学术月刊》2014 年第 5 期。
② 朱志荣：《论审美意象的创构》，《学术月刊》2014 年第 5 期。
③ 朱志荣：《论审美活动中的意象创构》，《文艺理论研究》2016 年第 2 期。

二、意象创构中的感悟

基于对审美活动的分析考察,朱志荣提出,作为审美活动的意象创构是一种"感物动情"的"感悟"。"感悟"之"感"包含着感知和感兴两层涵义。在朱志荣看来,意象的创构"首先是主体通过视听感官对物象、事象及其背景的感知。"①他指出,"在审美活动中,物象及其背景与心灵的交融是通过感知而在心中完成的。"②美学在诞生之初被称为感性学。在最基础层面上,审美始于对外物形象的感知。外物所提供的感性刺激是意象创构的必要条件。中国古典美学的"感物说"明确揭示出这一重要因素,可视为是意象创构的发生学原理。《礼记·乐记》从音乐创作的角度描述了感知对于审美的发生学意义,称"凡音之起,由人心生也。人心之动,物使之然也。"③音乐创作的前提是人心有所感,人心有所感的缘由是受到外物的刺激。正如陆机《文赋》所言"遵四时以叹逝,瞻万物而思纷。悲落叶于劲秋,喜柔条于芳春"④。时光流逝、万物变迁、秋风落叶、春风拂柳,种种外在事物的刺激是意象创构得以发生的前提。

然而,仅有外物的对感官刺激还不够。"'感'既包括对外物的感知,又包括感知时心有所动。"⑤朱志荣指出,"意象的创构常常来自外在物象在瞬间对主体的即兴感发。"⑥这里所说的"即兴感发"不只包括物象对于主体的感性刺激,而且还包括主体内在情感的兴发。

①　朱志荣:《论意象的特质及其现代价值——答简圣宇等教授》,《东岳论丛》2019 年第 1 期。

②　朱志荣:《也论朱光潜先生的"美是主客观统一"说——兼论黄应全先生的相关评价》,《清华大学学报(哲学社会科学版)》2013 年第 3 期。

③　陈澔注:《礼记》,上海:上海古籍出版社 2016 年版,第 424 页。

④　杨明:《文赋诗品译注》,上海:上海古籍出版社 1999 年版,第 4 页。

⑤　朱志荣:《论意象创构的瞬间性》,《天津社会科学》2017 年第 6 期。

⑥　朱志荣:《论意象创构的瞬间性》,《天津社会科学》2017 年第 6 期。

对外物的感知只是意象创构的必要条件,而非充分条件。除了外在的感官刺激之外,意象创构还须有主体情感之兴,是为感兴。朱志荣对"感兴"的解释是"所谓感兴,即由感而兴,主体感动于内,兴发于外,但感和兴是同时发生的。"①他进一步解释到:"人心经由视听感官感悟自然,感于物而动喜怒哀乐之情"②,"作为审美的思维方式,兴便是偶然的触发,审美的感悟遂在瞬间达成。兴是超越是非利害的一种自由心态,能触物感发,唤起情感。"③对此,《文心雕龙》的描述是"人禀七情,应物斯感"④。禀,即先天禀赋;情,即情感反应。这句话意在指出人具有产生情感反应的能力。没有外物刺激的状态下,人处于"喜怒哀乐之未发"的状态。当受到一定的感性刺激时,相应的情感就会被激发。

"感悟"之"感"强调主体的情感因素,而"感悟"之"悟"则强调的是意象创构中的理性成分。朱志荣认为"在意象的创构中,主体感物所动之情,通常不是简单的自然情怀,而是包含着理的情理交融的情。"⑤"感悟"之"悟"所指的正是这种融于情中的理性认知。在对"感物动情"所展开的分析中,朱志荣指出"这种情理关系在一定程度上体现了社会理性与个体感性的矛盾统一。"⑥区别于逻辑推理和概念分析,这种被称为"悟"的理性认知是在感性直观中,对对象本质的直接把握。创构意象的感性直观"体现着基于理性,又超越理性和逻辑的特征,在情感体悟中积淀着理性的成分,以先天的、本能的、瞬间无意识的形式呈现出来。"⑦虽然美学曾被命名为"感性学",但是审

---

① 朱志荣:《论意象创构的瞬间性》,《天津社会科学》2017年第6期。
② 朱志荣:《意象创构中的感物动情论》,《天津社会科学》2016年第5期。
③ 朱志荣:《论意象创构的瞬间性》,《天津社会科学》2017年第6期。
④ 刘勰:《文心雕龙》,中华书局1985年版,第8页。
⑤ 朱志荣:《意象创构中的感物动情论》,《天津社会科学》2016年第5期。
⑥ 朱志荣:《意象创构中的感物动情论》,《天津社会科学》2016年第5期。
⑦ 朱志荣:《论意象创构的瞬间性》,《天津社会科学》2017年第6期。

美并非是纯粹感性意义上的"刺激-反应",其中蕴含着一定的理性因素。朱志荣指出"感性、理性,只是对主体心态的形式区分,实际上两者不是绝然无缘的,感性形态之中融会着理性内容。"①意象创构的瞬间虽如"羚羊挂角,无迹可求"、"不涉理路,不落言筌",然而,却"尚意兴而理在其中","非多读书,多穷理,则不能极其至"②。就审美而言,理性认知因素作为意象创构的前提而存在,并以前意识的方式融入到整个感性直观之中。李泽厚、刘纲纪在讨论中国美学思想基本特征时,曾说"(中国美学)始终不把直觉(直观)与认知绝对分割,认为两者是可以而且应该统一起来的。"③事实上,"直观与认知的统一"并非是中国审美意识的独特之处,而是人类审美活动的普遍规律。朱志荣对这一普遍规律的描述是"在意象的创构活动中,我们对物象的直觉体验包含着自然规律和社会法则。"④正是在此意义上,维科将审美直观视为是一种"诗性智慧",马克思称"感觉在自己的实践中直接成为理论家"⑤,胡塞尔甚至提出"本质直观"的概念。这些均是对审美直观中"悟"的描述。

意象创构中的"感"与"悟"、"情"与"理"是不可截然二分的。朱志荣指出"主体对外物作感同身受的同情体验,或由象而感意,或因意而成象,使感知、体悟浑然为一。"⑥"感"与"悟"、"情"与"理"统一于创构意象的审美直观之中。他强调"所谓意,其中当然也包含'理',以情理交融为基础……在审美活动中,理是不着痕迹的,与情相伴,与象融为一体。"⑦主体对"象"的感知和感兴始终与包含着

① 朱志荣:《中国审美理论》,北京:北京大学出版社 2005 年版,第 46 页。
② 严羽:《沧浪诗话》,北京:中华书局 1985 年版,第 6 页。
③ 李泽厚 刘纲纪:《中国美学史·先秦两汉卷》,合肥:安徽文艺出版社 1999 年版,第 26 页。
④ 朱志荣:《再论审美意象的创构——答韩伟先生》,《学术月刊》2015 年第 6 期。
⑤ 马克思:《1844 年经济学哲学手稿》,北京:人民出版社 2000 年版,第 86 页。
⑥ 朱志荣:《论审美活动中的意象创构》,《文艺理论研究》2016 年第 2 期。
⑦ 朱志荣:《再论审美意象的创构——答韩伟先生》,《学术月刊》2015 年第 6 期。

"意"的理解和认知相交融。审美意象正是在这种"象与意合"的感悟中生成的。具体而言,当物我相遇,外在物象刺激主体的感官,主体由此而获得杂多的感性材料。在情感力量的推动下,主体运用想象力对所获的材料进行"塑形"。这种想象力对感性材料的"塑形"既不是镜子式的反映,也不是杂乱无章的拼合,而在一定"规范"下展开的。提供这种"规范"的,正是主体对外物的理性认知。在理性认知因素的规范下,想象力对感性材料的"塑形"既有选择和舍弃,也有补充和变形。这一过程以无意识的形式发生于审美直观的瞬间。我们只有在之后的反思中,才能对这一心理过程加以分析。重要的是,这种对杂多感性材料瞬间性的"塑形",正是意与象相合的心理过程,其结果便是意象的生成。

三、意象创构中的判断

审美活动有其价值追求,因而是一种价值活动。如果说对"感悟"的分析揭示出意象创构心理活动的内在结构,那么,关于"判断"的考察,则更多地立足于价值论的维度而展开。朱志荣认为,作为审美活动的意象创构,表现为一种价值判断的过程。他指出,"审是一种判断,而判断是有价值尺度的。我们感受、欣赏美的时候叫审美,判断之中有精神价值的衡量,而趣味就是一种价值。我们通常说某物是'美的',是对物象与事象潜在审美价值和特征的表述。"[①]外在物象、事象仅具有潜在的审美价值,只有在意象创构的过程中,这种潜在的审美价值才得以现实化。

为了阐明意象创构的价值属性,我们有必要厘清"价值"和"判断"的基本内涵。"价值"这一概念揭示的是主体与客体之间"需求与

---

① 朱志荣:《再论审美意象的创构——答韩伟先生》,《学术月刊》2015 年第 6 期。

满足"的关系,标志着价值客体对于价值主体的意义。而"判断"所指的是一种思维的基本形式,即对对象的属性或对象间的关系进行肯定或否定的断定。"价值判断"指的是对客体能否满足主体需要所作的断定。客体满足主体需要,我们便做出肯定的判断:客体对于主体是有价值的。否则,便做出否定的判断。审美价值判断正是在此意义上而言的。

关于人类精神生活的价值取向,人们常用"真、善、美"加以概括。区别于"真"的认知价值、"善"的伦理价值,"美"指向一种情感价值。我们说的"审美价值"在很大程度上指的正是情感价值。这种情感价值具体表现为:审美活动能给人带来精神性的审美愉悦。正是由于这种积极情感的存在,人类才对美的事物趋之若鹜。无论是促进人际和谐,还是维护社会稳定,抑或是提高道德境界,这些审美功能的实现,始终建立在其情感价值的基础之上。若不能从感性直观中获得审美愉悦,审美活动的其他功能也将无法得到实现。正是在此意义上,朱志荣充分肯定了意象创构给人带来的精神愉悦。他说"审美意象诞生的过程,是主体以象达意,以象交流,因象而获得感性愉悦的过程。"[1]意象创构论视野下,审美活动凸显出"是其所是"的内在的情感价值。在朱志荣看来,感悟中的"感物动情",实际上"就是审美主体在愉悦中获得感化"[2]。意象创构的过程正是审美情感价值生成的过程。而这一价值的生成是通过审美判断来实现的。因此,在价值论维度上,意象创构表现为一种审美价值判断。"美的特征体现在'审'上,汉语中'审'就有判断的意思。"[3]意象创构作为审美活动,是对对象审美价值的判断。对象能给人带来审美愉悦,那么它就具有审美价值,就是美的;不能给人带来审美愉悦,那么它就不具有

① 朱志荣:《论审美意象的创构》,《学术月刊》2014年第5期。
② 朱志荣:《意象创构中的感物动情论》,《天津社会科学》2016年第5期。
③ 朱志荣:《论审美活动中的意象创构》,《文艺理论研究》2016年第2期。

审美价值,就不是美的。我们无法想象一种无涉审美愉悦的审美活动。正是在此意义上,朱志荣明确指出"物象、事象和艺术品及其背景对人而言具有趣味性……审美活动是一种诗意的体验,体验即享受,即抒发情怀,是在享受中创构意象"①,"主体在感悟对象时,瞬间以兴起情,以情会物,通过想象力的迁想妙得,获得畅神的愉悦。"②

那么,意象创构中审美价值的实现何以可能呢? 具体而言则是,意象创构中的审美愉悦从何而来呢?

朱志荣首先强调了主体维度上审美理想的重要性。他认为,"审美活动作为审美意象的创构活动,通过审美理想作判断"③,"意象创构作为审美活动彰显了主体的审美理想,通过主体运用审美理想进行价值判断……(审美理想)是审美判断和评价的尺度。"④物象和事象及其背景具有潜在的审美价值。当它们进入审美活动之中,被主体所感知,主体以审美理想为标准展开情感判断。对象符合审美理想的要求,主体便产生愉悦的情感反应,这也就意味着,物象和事象及其背景潜在的审美价值被现实化,审美活动的内在价值得以实现。

朱志荣考察了审美理想、审美需要和审美价值判断的关系,认为"符合审美理想,满足审美需要,在判断中体现价值"⑤,"外在物象、事象和艺术品及其背景在主体感知和心灵判断中,具有精神价值,满足了主体的感官需要和精神需要。"⑥树立理想本身就意味着对实现理想的需求,因此可以说,理想本身就是一种高层次的需要。在此意义上,审美理想在根本上而言也是一种审美需要。或者说,审美理想是审美需要的最高形态。愉悦之情源于主体需要的满足。当审美需

①　朱志荣:《论审美活动中的意象创构》,《文艺理论研究》2016 年第 2 期。
②　朱志荣:《论意象创构的瞬间性》,《天津社会科学》2017 年第 6 期。
③　朱志荣:《论审美活动中的意象创构》,《文艺理论研究》2016 年第 2 期。
④　朱志荣:《论审美活动中的意象创构》,《文艺理论研究》2016 年第 2 期。
⑤　朱志荣:《论审美活动中的意象创构》,《文艺理论研究》2016 年第 2 期。
⑥　朱志荣:《论审美活动中的意象创构》,《文艺理论研究》2016 年第 2 期。

要获得满足,审美愉悦便油然而生。

　　审美需要是现实需要的在精神层面的升华。朱志荣将审美需要的历史根源追溯至人类之初制造和使用工具的生产实践活动中。"远古的人们通过实用工具的使用和加工积累了造型能力……从粗糙的工具逐渐走向精细,器形也日益丰富,从中体现了强烈的节奏感和韵律感,不仅满足了使用的功能,而且还满足了精神的愉悦。这种精神的愉悦,逐渐走向审美,从而使实用功利得以升华。"[①]正是在制造和使用工具的生产实践活动中,诞生了精神性的审美需要,以及满足这一需要后的审美愉悦。可见,对意象创构中审美愉悦的考察还应该落实到现实生活经验之中。朱志荣认为,作为意象创构的审美活动是"对已有生命体验的二度体验"[②]。他以"回味"来命名这种"二度体验"。他说"意象的创构还包括对不在眼前或耳旁的情景的回味。审美活动中的意象创构,不仅体现在活动当下的时空中对审美活动场景的物象、事象和艺术品的体验,而且还体现在审美主体对于不在当下,没有面对物象、事象和艺术品及其背景的时候,对于时过境迁、曾经经历过的审美情景愉悦的主体回味中。……其中有情有景,情景交融,在脑中呈现出意象,引发共鸣。这些审美的场景被珍藏在记忆里,由触媒激发、诱导而回味,使主体深受感动,在回味中由景生情。人们感慨往事,会情不自禁地回味其中的情景。审美活动中的回味乃是审美活动主体离开了现实的时空,以审美经验为基础,对已有生命体验的二度体验。"[③]审美愉悦正产生于这种"二度体验"下意与象的契合之中。能触发这种"二度体验"进而引起审美愉悦的事物便具有审美价值。在意象创构论视野下,审美判断的这种价值属性得到突显。

---

① 　朱志荣:《中国审美理论》,北京:北京大学出版社,2005 年版,第 139 页。
② 　朱志荣:《论审美活动中的意象创构》,《文艺理论研究》2016 年第 2 期。
③ 　朱志荣:《论审美活动中的意象创构》,《文艺理论研究》2016 年第 2 期。

四、意象创构中的创造

朱志荣认为,作为审美活动的意象创构,是一种富有创造性的生命活动。蒋孔阳曾提出"美在创造中"这一命题,认为"美的特点就是恒新恒异的创造。"①朱志荣在其基础上"接着说",将审美活动视为一种主体能动的创造性活动。值得注意的是,朱志荣在意象创构的意义上论证了审美活动的创造性。或者说,他将审美的创造性落实到意象创构之中。

朱志荣区分了"审美对象"与"审美意象"。他认为"审美对象是具有审美价值的对象,但审美对象本身只具有审美价值的潜能,只有通过主体经由物态人情化、人情物态化的审美体验,才能创构出审美意象,从而完成审美活动的过程。"②具有本体性的审美意象并非是现成的"审美对象",而是审美活动的最终成果。这一成果是在翕辟成变的审美活动中,创构而成的。

朱志荣指出"审美的创造包括器物的创造和文学艺术的创造,取象于自然物象和社会生活中的事象,在此基础上主体能动地进行拟象,并且借助于想象力进行象的组合和创造。"③作为审美活动之核心的意象创构,在客观物象的基础上创造出了新的感性形态。想象力在其中发挥着关键作用。朱志荣十分重视意象创构中想象力的能动作用,称"意象贵新,审美意象中包含着创造,包含着主体的能动元素。"④想象力是能动创造的源泉,主体凭借想象力对作为实象的物象和事象进行"加工",对物象的不同部分进行"强化"或"弱化",进而

---

① 蒋孔阳:《蒋孔阳全集》第三册,上海:上海人民出版社 2014 年版,第 123 页。
② 朱志荣:《中国审美理论》,北京:北京大学出版社 2005 年版,第 56 页。
③ 朱志荣:《论中华美学的尚象精神》,《文学评论》2016 年第 3 期。
④ 朱志荣:《论审美意象的创构》,《学术月刊》2014 年第 5 期。

在心中创造出一个全新的意象。需要注意的是,这种"强化"或"弱化"并不是随机进行的。在瞬间的感性直观中,融入了主体对对象本质的认知。因此,被"强化"者,乃实象中能凸显对象之本质的部分;被"弱化"者,乃实象中次要或者是无关紧要的部分。如此一来,对象的本质特征便突显于所创构的意象之中,即所谓的"度物象而取其真"。正是在此意义上我们可以说,作为审美活动之成果的意象是事物本质的感性显现。这种感性显现不同于客观物象,而是在客观物象基础上的重新创造,即所谓"胸中之竹"已不是"眼中之竹"。

意象创构的创造性在艺术创作中得到集中体现。朱志荣指出"艺术意象通过艺术语言把心中创构的审美意象,创造性地物态化了。"①艺术创作是意象物态化的过程。艺术品是审美意象的物态化呈现。刘勰对这一过程的描述是"寂然凝虑,思接千载,悄然动容,视通万里;吟咏之间吐纳珠玉之声;眉睫之前舒卷风云之色。"②面对客观物象,艺术家凭借丰富的想象在无限的时空中自由创造,迁想妙得,形成独特的意象,进而通过娴熟的技艺将其物化为"珠玉之声"、"风云之色"。朱志荣注意到了这一创造性活动中情感的重要性。他认为,正是"在情感的推动下,主体处于亢奋状态,促成了'神与物游'、'应目会心'的物我契合"③。与科学创造、理论创新不同,艺术创作中的意象创构以情感为动力,认知、理解、意志等心理功能在想象力的运作中融合统一,一个全新的意象由此而得以生成。艺术家通过一定的材料和技术,将此意象物态化,独特的艺术作品便得以呈现。可见,艺术作品的创新性正源于意象的创造性。

未止于艺术创作,艺术欣赏也体现出意象创构的创造性。如前

①　朱志荣:《中国审美理论》,北京:北京大学出版社 2005 年版,第 180 页。
②　刘勰:《文心雕龙》,上海:中华书局,1985 年版,第 38 页。
③　朱志荣:《中国艺术哲学》,上海:华东师范大学出版社,2012 年版,第 48 页。

所述,艺术创作使艺术家创构的意象物态化为艺术作品。以此艺术作品为对象的审美欣赏,同样也是意象创构活动。朱志荣指出,"艺术品是艺术家审美活动的结果,其中的意象是审美活动的物化形态,同时又是欣赏者审美活动的前提和基础,吸引着主体体悟意象,抒发情怀,体现了主体的再创造。"①面对艺术作品,欣赏者的情意受到感发。此情意与艺术品的感性形态,两相交融,在欣赏者心中再次创构成审美意象。需要注意的是,欣赏者受艺术品感发而创构的审美意象不同于艺术家创作时创构的审美意象。在欣赏过程中,欣赏者结合自己独特的体验和理解,从自身的角度对艺术品进行感悟,得到的是一个新的意象。朱志荣称这一过程为"再创造"。就艺术欣赏中的意象创构而言,"每一位欣赏者的审美欣赏都是一次再创造……对于艺术作品中意象的欣赏来说,艺术意象的接受是一种创造,一种创造性还原。艺术家创造的优秀艺术意象富有再创造的张力。欣赏者'因象而求意',得意而不忘象,使艺术家所创构的意象在心中再造性地复活"。②

值得注意的是,意象创构的创造性还体现在对主体的重新塑造之中。朱志荣认为,"每一次的审美活动不仅仅作为主体的一种精神享受,同时参与了主体自我的造就。"③也就是说,以意象创构为核心的审美活动重新塑造了主体的自我意识。这种重新塑造也可以视为是一种"创造"。在意象创构中,主体不再为日常琐事而费心,而是以"虚静"的心态投入到审美的"自由游戏"中。不仅"悦耳悦目"、"悦心悦意",更重要的是,意象创构还发挥着"悦志悦神"的作用。志,指主体的道德意志;神,指主体的精神生命力。对于主体的"创造"正是在"悦志悦神"意义上而言的。朱志荣表示"这是

---

① 朱志荣:《论审美活动中的意象创构》,《文艺理论研究》2016 年第 2 期。
② 朱志荣:《论审美意象的创构》,《学术月刊》2014 年第 5 期。
③ 朱志荣:《论审美意象的创构》,《学术月刊》2014 年第 5 期。

审美创造的一种巅峰状态,从而使主体超越了时空的束缚,进入到自由的境界。"①在意象创构中"心"与"物"融合统一的瞬间,主体站到更高的层面审视自身。他所体验到的"物我同一"或者说"天人合一"是一种独特的高峰体验。这种高峰体验超越了意象创构的瞬间性,对主体的整个人生都会产生积极的影响。叶朗将这种积极的影响视为是美学研究的根本价值所在。他说"美学研究的全部内容,最后归结起来,就是引导人们去追求一种更有意义、更有价值和更有情趣的人生,也就是引导人们去努力提升自己的人生境界。"②在儒家看来那就是"孔颜乐处",在道家看来那就是"自然无为"。朱志荣将意象创构对主体的重新"创造"描述为"审美意象的创构,正是主体自我实现的途径,由彻悟进入通透的境界,进入圆融通达的境界。"③经过物我交融的意象创构,主体对事物以及整个世界有了新的认识、新的体验,此间,心灵受到洗礼,精神得到陶冶,境界得以提高。美育之重要正在于此。美育正是意在通过审美对人重新塑造的功能而实现其目的。正是在此意义上,蔡元培提出"以美育代宗教",李泽厚主张在"情本体"意义上"建立新感性"。只有落实到意象创构上,审美活动重新塑造主体的精神价值才得以清晰呈现。

　　朱志荣系统地揭示出意象创构的内在机制:意象创构是感悟、判断和创造在瞬间的有机统一。在意象创构的瞬间,"感悟、判断和想象创造是浑然一体的"④。对意象创构内在机制的揭示,有力地回答了"意象何以可能"这一关键问题,进而为意象创构论美学的建构奠定了基础。只有阐明审美活动中的意象创构是可能的,而且是必然

①　朱志荣:《论意象创构的瞬间性》,《天津社会科学》2017 年第 6 期。
②　叶朗:《美学原理》,北京:北京大学出版社 2009 年版,第 16 页。
③　朱志荣:《论审美活动中的意象创构》,《文艺理论研究》2016 第 2 期。
④　朱志荣:《论意象的特质及其现代价值——答简圣宇等教授》,《东岳论丛》2019 年第 1 期。

的,我们才能在意象创构的意义上来理解和阐释审美活动。朱志荣对意象创构内在机制的论述正是对这种可能性和必然性的揭示。基于此,以意象为核心的中国美学话语体系才得以可能。

论朱志荣的审美意象创构思想

李　新

20世纪以来,朱光潜、宗白华、叶朗、汪裕雄等人都注意到意象在中国美学思想中的重要地位,并借鉴西方心理学、现象学等现代理论和方法,从不同的角度,对意象范畴及其现代性作出了各自的阐释。朱志荣关注意象问题二十余年,近些年更是倾心研究,并以意象创构论为基础,发表了一系列相关论文。他在前贤的基础上"接着说",从主体创构和对象生成的角度,对意象的内涵及其创构机制作出了深入、系统的阐释,提出了"意象创构论"思想,从中体现了他对意象的现代价值转型的看法和尝试。这些观点在学界引起了一定的反响,毛宣国、韩伟、简圣宇、郭勇健、何光顺等教授从"意象"范畴的内涵、意象创构论和本体论、意象论的现代价值等方面提出了一些商榷的意见,客观上推动了朱志荣对"意象"论阐释的完善,但其中对朱志荣意象论的理解依然有一些差异和值得商榷的地方。本文不揣浅陋,择取朱志荣的审美意象创构论思想进行探讨。

一、意象创构论的基本内涵

朱志荣的意象创构论是立足于中国传统美学思想基础之上的,他将意象看成是主体情意与客观物象在当下的审美活动中相互化合所生成的新的有机整体，是有着物我双方基因的"新生儿"，而不是意与象相加或简单交融的组合物。他认为"意象从客体的角度讲，是一种生成，而从主体的角度讲，则是一种创构"①，也就是说，朱志荣分别从主体和客体角度，对意象创构的过程作出了不同方面的阐释。

朱志荣将意象看成是主体在审美活动中感悟、判断、创造的成果，提出了意象创构的内在运行机制，超越了朱光潜等人仅仅强调意象突发性的传统观点。朱光潜先生在《诗论》中把瞬间创构意象的现象称为"灵感"。他说："全诗的境界于是象灵光一现似地突然现在眼前，……这种现象通常人称为'灵感'。"而这"灵感"就是"直觉"、"想象"，"也就是禅家所谓'悟'"②，叶朗认为"全诗的境界"就是意象③。宗白华先生则用"涌现"来表达这一瞬间："景中全是情，情具象而为景，因而涌现了一个独特的宇宙，崭新的意象。"④朱、宗两位先生注意到了审美活动中意象呈现的突发性。朱志荣并没有停留在这一点上，他在分析审美实践和中国古代美学思想的基础上，结合外在事物与主体生理、心理的相互作用，提出"在客观的物象、事象及其背景的基础上，主体通过主体的感知、动情的愉悦和想象力等能动创构诸方面创构审美意象"⑤，体现为"感悟、判断和创造的统一"⑥，从中揭示了审美意象创构的内在机制。

朱志荣将意象看成是物象、事象等在个体当下的审美体验中动态生成的结晶。汪裕雄曾在《审美意象学》中从审美发生学和心理学出发，提出了审美意象的生成性。他认为"审美意象的诞生，就应当放在人的历史生成之中来考察"⑦，审美意象是族类和个体的审美心理、审

①　朱志荣：《论审美活动中的意象创构》，《文艺理论研究》2016 年第 2 期。
②　朱光潜：《朱光潜全集》3，合肥：安徽教育出版社 1987 年版，第 52 页。
③　叶朗：《美学原理》，北京：北京大学出版社 2009 年版，第 56 页。
④　林同华主编：《宗白华全集》2，合肥：安徽教育出版社 2008 年版，第 360 页。
⑤　朱志荣：《论审美意象的创构》，《学术月刊》2014 年第 5 期。
⑥　朱志荣：《论意象的特质及其现代价值——答简圣宇等教授》，《东岳论丛》2019 年第 1 期。
⑦　汪裕雄：《审美意象学》，北京：人民出版社 2013 年版，第 49 页。

美能力发展到一定阶段的产物。与汪裕雄先生不同,朱志荣重视探究意象在具体的审美实践中的生成性,提出:"物象经过感知、判断和创构而生成意象。"[①]即意象是在主体的审美活动中动态生成的。意象"不仅在个体审美活动中瞬间生成,而且是社会的,是族类乃至人类在审美活动中历史地生成的,个体的审美活动依托于社会整体"[②],体现为个体瞬时性和社会历史性的统一。意象在个体生成中时新时异,不仅主体从中不断获得愉悦(或不愉悦)的情感,也为社会审美经验不断增添新的因素。意象生成后,在历史中层层积淀,又指导和影响个体的审美实践。这一循环生成的特性,有效地揭示了意象生生不息的生命精神。意象的生成论在一定程度上完善了意象创构理论。

朱志荣从主体和对象角度对审美意象的创构展开论述,实则两者是依托于主客体间的审美关系,在个体当下的审美活动中同时实现的。"意象创构的过程是通过主体积极能动的作用而生成的过程"[③],两者是一体两面的关系。朱志荣提出:"整个审美活动都是一种意象创构的活动。"[④]他将审美活动看成是主体与对象的审美关系的具体展开和动态表现,审美关系凝结为充满意蕴、富有活力的审美意象,这就突破了将审美意象看成是静止的、实体化的审美对象的观点,"突破了以往审美意象研究只重历史性维度而缺乏个体性视野的局限"[⑤]。在审美活动中,审美关系由审美主体和审美对象共同组成,两者是交融为一、缺一不可的,其中主体发挥主导地位和作用。他提出:"审美意象是主体由触物起情,感悟通神,体物得神而创构……彰显了主体的创造精神。"[⑥]主体在意象创构的整个过程中发挥着积极

①　朱志荣:《论审美意象的创构》,《学术月刊》2014 年第 5 期。
②　朱志荣:《论审美意象的创构》,《学术月刊》2014 年第 5 期。
③　朱志荣:《论审美意象的创构》,《学术月刊》2014 年第 5 期。
④　朱志荣:《论审美意象的创构》,《学术月刊》2014 年第 5 期。
⑤　王怀义:《朱志荣意象创构论美学析疑》,《艺术探索》2011 年第 5 期。
⑥　朱志荣:《论审美意象的创构》,《学术月刊》2014 年第 5 期。

的能动性，其中情感、审美判断和想象力起到关键作用。

审美意象创构的主体是个性与共性的统一，具体体现为个体、族类的审美经验和审美理想的生成。主体间生理、天赋等先天因素存在高低差异，在后天的发展中，人生遭际和心理发展各不相同，造就了主体的审美素养和审美理想高低不同，表现在审美意象创构中，则是基于主体的体验、感受和评判，"体现了个体的独特情怀"①。即在个体的、具体的审美活动中动态生成的审美意象，因人、因时也各不相同。所以，此时看花与彼时看花，生成的花的意象是不同的。为什么"月是故乡明"？就是因为离乡的伤感与对故乡的思念，在主体赏月时涌上心头，瞬间生成了故乡明月的审美意象。另一方面，个体又离不开社会历史的发展。审美意象虽然是个体在每一次的审美活动中瞬间生成的，但也是在"审美活动诞生和变迁的历程中生成的"②。"主体的审美能力正是在千万次审美实践即创构中生成和丰富的，其中包含了历史文化的积淀。"③即审美意象的生成呈现为历时性的特征。个体生成的审美意象也借助文学艺术、工艺品等得以长久保存和代代传承，逐渐积淀为时代、族类，乃至整个人类的审美经验。主体在接受外来文化和时代精神感发的基础上，不断创构新的审美意象。朱志荣把这一过程归结为"物与我翕辟成变的过程"④，表现了审美意象的社会历史生成性。例如从古至今，梅、兰、竹、菊等物象在历史的长河中不断丰富和积累，逐渐形成了固定的意象模式，现代人在创构它们的意象时，则会"无意识"地联想到这些意象模式。

总之，朱志荣将审美意象放置于个体当下的审美活动中，将主客

---

① 朱志荣：《论意象的特质及其现代价值——答简圣宇等教授》，《东岳论丛》2019 年第 1 期。
② 朱志荣：《论意象的特质及其现代价值——答简圣宇等教授》，《东岳论丛》2019 年第 1 期。
③ 朱志荣：《也论朱光潜先生的"美是主客观统一"说——兼论黄应全先生的相关评价》，《清华大学学报》2013 年第 3 期。
④ 朱志荣：《论审美意象的创构》，《学术月刊》2014 年第 5 期。

体交融合一的审美关系作为审美意象产生和存在的前提，从主体和客体角度提出了审美意象创构过程的两个方面。从主体的角度来说，意象是主体感悟、判断和能动创造的成果；从客体角度来说，意象是物象等在感悟、判断和创造中动态生成的，这两个方面是一体两面的关系。主体在意象创构中发挥主导地位和价值，体现了个性与共性的统一。这也影响了审美意象的创构，使其呈现为个体瞬时性和社会历史性的统一。

二、意象创构论的内在机制

朱志荣认为客观物象、事象、艺象及其背景只具有潜在的审美价值，主体的感悟力、判断力、创造力在审美活动中发挥着主导作用。主体在感悟和判断中，观照自心，并通过创造意象满足自己的创造欲，达到自我实现的目的。感悟是主体对客观物象的感受和颖悟；判断是主体对对象审美价值的评价；创造是主体借助想象力对创造欲的满足。"感悟、判断和想象创造是浑然一体的"[1]，构成了意象创构论的内在运行机制。

第一，朱志荣重视感悟在意象创构中的核心位置，感物动情是感悟的主要组成部分。他认为，"感悟"最能体现中国古代美学思想中的观照方式，其中包含体验、体悟的涵义，是对万物情态的同情体验，更是主体对万物的情感移注。首先，他认为感悟须以虚静的审美心态为前提。在物我适然相触之时，主体"摒除主观欲念和成见，保持内心的清静，'万虑洗然，深入空寂'，以空明寂静、澄心凝思的心灵去涵容、体悟其中的生命精神"[2]，即主体须物我两忘，以无功利的审美心态直观外物。"忘我"是即是摒除欲念，照见自

① 朱志荣：《论意象的特质及其现代价值——答简圣宇等教授》，《东岳论丛》2019 年第 1 期。
② 朱志荣：《中国审美理论》，上海：上海人民出版社 2019 年版，第 54 页。

我本性的平和状态,从而达到"无听之以耳而听之以心,无听之以心而听之以气"①的境界;"忘物"是忘却外物的认知和实用功利属性。如此才能在物我适然相触之时,触先感随,激发主体的审美情感。其次,感于物而动体现了物我双向交流在审美意象创构中的基础地位。外物是外在的自然事物和社会生活的统一;主体所抒之情包括情、理及两者的交融统一,构成主体之"意"。具体表现为外物对主体即兴感召和激发时,主体对外物的抒情,以心映照外物,从而消除物我对立,实现二者的交融合一和灵气贯通。再次,主体动之以情,升华对象及其背景,"物之神"与"我之神"猝然相遇之际,激发了物我生命精神的共鸣和融通。此时,主体处于"高峰体验"的瞬刻,是其心映万物,并自由、自觉地畅游万境的瞬刻,于瞬间见永恒,并"体现了物我间深层的生命共通"②。这是一种应目会心的瞬间直觉体验,不涉及丝毫的认知成分和理性概念,主体从即景会心的体验瞬刻,进入物我交融的无差别境界。由此可见,朱志荣立足于中国独特的审美体验方式,将感悟作为意象创构的前提和动力,并贯穿意象创构活动的始终,体现了中国古代重感悟和天人合一的审美思维方式。

第二,朱志荣将审美判断引入审美意象的创构活动中,认为"主体对意象的能动创构,是一种基于审美经验的价值判断"③,这有助于揭示感悟中的理解成分,是贯通感悟和创造的关键。朱志荣认为审美判断不同于认知判断和道德判断,而是"一种不经过概念对对象感性形态的直觉判断"④,表现为"无目的而合目的,无功利而合功利,超越功利又暗含功利"⑤。他并不是机械地引入"判断"范畴,而

---

① 郭庆藩:《庄子集释》,王孝鱼点校,北京:中华书局1961年版,第147页。
② 朱志荣:《意象创构中的感物动情论》,《天津社会科学》2016年第5期。
③ 朱志荣:《论意象的特质及其现代价值——答简圣宇等教授》,《东岳论丛》2019年第1期。
④ 朱志荣:《论意象创构的瞬间性》,《天津社会科学》2017年第6期。
⑤ 朱志荣:《论审美意象的创构》,《学术月刊》2014年第5期。

是深入分析和理解"观照"、"妙悟"、"顿悟"等中国古代审美范畴,揭示出其中隐含的审美判断的因子。如他指出"美的特征体现在'审'上,汉语中的'审'就有判断的意思",[①]"观物取象"的观和取中也都有审美判断的因素[②]。这里的理解与理性思考的理解不同,是一种不涉理路的、当下的、突如其来的审美感知和直觉判断。在审美意象的创构中,审美判断是"一种从感官到心灵的体验与感受,一种基于主体情意的评价。"[③]主体以即时的感悟为基础,以个体的审美经验和审美理想为尺度和依据,对对象的潜在的审美价值进行判断,作出肯定性和否定性的评价。个体审美经验和审美理想在审美实践中不断生成和发展,体现了个性与共性的统一,也就使得审美判断体现出历时性的特点。

第三,在审美意象创构理论中,主体借助想象力,创造和调动象外之象,实现审美意象的创造,高度体现了主体的能动性和创造精神。朱志荣提出:"主体通过想象力在意象中体现了创造功能,这种创造功能使得主体的意与客体的象的统一获得无穷的生命力和博大的形态特征,使意象在独特性的基础上具有广泛的适应性和永久常新的魅力。"[④]由此可见,想象力和创造力在意象创构活动中发挥着至关重要的作用。朱志荣提出,在审美活动中,主体不仅通过想象力,使内心与外境相符合,同时还受外在物象、事象的感发,凭借想象力,超越当下的时空,积极调动以往的审美经验,有选择地回味不在眼(耳)前的情景往事,创造出象外之象。这一无中生有的象外之象有效地拓展了物象、事象和艺象的外延,并与物象共同作为意象创构的感性基础,更有效地促进物与我、情与景的进一步有机交融,创造

---

①　朱志荣:《论审美活动中的意象创构》,《文艺理论研究》2016 年第 2 期。

②　朱志荣:《论〈周易〉的意象观》,《学术月刊》2019 年第 2 期。

③　朱志荣:《论意象的特质及其现代价值——答简圣宇等教授》,《东岳论丛》2019 年第 1 期。

④　朱志荣:《中国审美理论》,上海:上海人民出版社 2019 年版,第 215 页。

出超越当下的物象、事象和主体之意的崭新的审美意象,并赋予其无限的显现。

主体凭借想象力创造意象的过程,是主体满足创造欲和自我实现的过程,并给主体带来了审美的愉悦和心灵的解放,凸显了意象创构理论的审美价值和现实意义。朱志荣提出:"审美活动中的意象创构不仅让主体从物象及其背景中获得全身心的愉悦,主体的情怀得到充分的抒发,更让主体的心灵在创造中不断更新,不断升华和超越。"①在意象创构中,创造是实现主体创意,体现主体创新性的最重要的阶段,是主体凭借想象力,在心中呈现出崭新的感性形态的阶段,具有恒久的创新性。朱志荣还将这一能动创造延伸到艺术意象的创造阶段,体现为主体借助娴熟的艺术技巧和相应的物质媒介,以有限表现无限,创造出突破了象(外在之象和审美意象)本身、具有象征性的艺术意象,同样是发挥主体能动性和满足主体创造欲的重要方式。

总之,朱志荣将"审美判断"引入意象创构理论,提出了"感悟、判断、创造"瞬间有机统一的内在机制。这三个方面,只是逻辑上的先后划分,在意象创构中,感悟包含有判断和创造,并贯穿于意象创构的始终;主体基于感悟展开审美判断,又在判断中实施创造;而想象创造贯穿于感悟和判断中,是感悟和判断的必然呈现,三者是浑然一体、瞬间完成的。这一瞬间是"超越了现实的具体时间,体现为主观的时间,并且与具体空间及其背景相结合"②,是一种自由的主体性的审美瞬间,具有当下性和即时性。在此瞬间,主体凭借审美的心态直击审美对象的内在本质,并反复沉吟、体味,于瞬刻完成心与物、情与景的统一与化合,创构出体现主体和对象生命精神的、具有情感价值属性的、崭新的意象。

---

① 朱志荣:《也论朱光潜先生的"美是主客观统一"说——兼论黄应全先生的相关评价》,《清华大学学报》2013 年第 3 期。
② 朱志荣:《论意象创构的瞬间性》,《天津社会科学》2017 年第 6 期。

三、意象创构论的本体观

朱志荣基于本体的传统内涵，把审美意象看成是美的本体，是从本到体动态生成的，确立了审美意象的本体意义。主体借助审美尺度对对象的审美价值作出的审美判断，在意象本体生成中发挥重要作用，体现了本体与价值的统一。

朱志荣将"本体"看做是本源、体性和体貌的统一体，是从本到体的生出和从体到本的回归，蕴含着无穷的生命力，不同于西方的本体论。朱志荣认为"中国古代的'本体'不是西方的'*Ontology*'"①，前贤起初借用"本体"一词来翻译 *Ontology*，但用 *Ontology* 来限制本体的原初内涵是不恰当的。"本体"一词在中国早已有之，如东汉荀爽在注《否》卦时，已经提出了"本体"这一概念。②《文心雕龙·熔裁》"立本有体，意或偏长……规范本体谓之熔"③。已经具有本源和体性的内涵，是"立本有体"的关系。朱熹提出"以本体言之，则有是理，然后有是气，而理之所以行，又必因气以为质也。"④，以"本体"来解释理和气的关系。这些都说明中国古代的"本体"内涵深刻而富有中国特色，与西方的 *Ontology* 的内涵存在较大差异。朱志荣所用的"本体"的内涵是："本是本源、根源，体是有具体形态的体系，本源与体系相统一。"⑤本体既有本，又有体，还是"本源、体性和体貌的统一"⑥。由此可见，一方面，"本"是生成和发生的根源，具有时间性；

---

① 朱志荣：《意象论美学及其方法——答郭勇健先生》，《社会科学战线》2019 年第 6 期。

② 李鼎祚辑：《周易集解》，北京：中华书局 1985 年版，第 83 页。

③ 周振甫：《文心雕龙今译》，北京：中华书局 2013 年版，第 294 页。

④ 朱熹：《朱子全书》6，朱杰人等主编，上海：上海古籍出版社；合肥：安徽教育出版社，2002 年版，第 934 页。

⑤ 朱志荣：《再论审美意象的创构——答韩伟先生》，《学术月刊》2015 年第 6 期。

⑥ 朱志荣：《意象论美学及其方法——答郭勇健先生》，《社会科学战线》2019 年第 6 期。

"体"是由本生出的存在的整体,具有空间性,本体是时空合一的。另一方面,"本体"还体现为从本到体的动态生成过程。因而,朱志荣提出的本体观是动态的、多样性的和生成性的,这就与绝对的、静止的、永恒的 Ontology 存在明显不同。朱志荣基于本体的传统内涵来诠释审美意象的创构,是对当下中西美学范畴形态反思的结果,有助于清楚地说明意象的动态生成及其与美的关系。

朱志荣把审美意象看成是一个生动活泼、动态生成的本体,体现了个性与共性、瞬时性与历时性的统一,不同于从静态的本质论的角度看待意象的本体性。叶朗先生曾提出:"意象是美的本体,意象也是艺术的本体。"①与叶朗先生侧重从 Ontology 的角度论证意象的本体地位不同,朱志荣认为的意象的本体意义,是指审美意象是物象经过感悟、判断和创造,从本到体动态生成的。他认为当前的物象、事象和艺象等感发主体,并借助主体的审美经验和审美理想,生成包含有主体情意和对象之象的感性形象——有着双方基因的崭新的生命有机体,即审美意象。审美意象一旦生成,则化瞬间为永恒,转化为个体的审美经验,影响主体的审美理想,参与并促成下次的审美意象的生成。个体的审美经验又会积淀为族类和社会的普遍的审美经验和审美理想,影响后代人的审美实践和意象生成。可以说,意象既是本,也是体,是本与体的统一体,同时意象生成的过程又体现了从本到体的动态过程,这就确立了意象的本体意义。朱志荣基于中国传统的本体观,揭示了意象正是在由本到体、循环往复的生成中,不断地更新和发展,从而促进了主体与社会的审美经验的积累和丰富,也使得主体的审美理想不断提升。

朱志荣将意象作为是美的本体,对意象和美的关系作出了阐释,对于理解意象在中国古代美学思想体系中的核心地位,以及建

---

① 叶朗:《美学原理》,北京:北京大学出版社 2009 年版,第 55 页。

构中国美学思想体系,都具有重要的理论价值和意义。他在 1997
年出版的《审美理论》一书中就有意象与美的关系的论述:"审美意
象就是我们通常所说的美。"①他认为美和意象是审美活动中生成
的,美的动态生成过程包含于审美意象的生成过程。朱志荣提出:
"意象是关于美的本体形态的指称……主体感物动情,通过神会妙
悟能动创构而成审美意象,包含着美的动态生成的过程。"②。美是
主体基于个体经验(个体积累的意象)和历史经验(族类积淀的意
象)对审美对象进行审美价值判断的结果,也就是说,意象是美的动
态生成中最重要的基础和根源。美作为抽象的精神性成果,"是意
象中所呈现的特质"③,是无法感知和呈现的,但可以通过意象得以
实现,即意象是美的感性呈现的载体。这就是说,意象之本即是创
造美的本源,意象之体即是美的感性体现,意象的动态生成过程即
是美的动态创造过程。

　　朱志荣认为,意象在从本到体的生成中,以物象对主体的价值关
系为基础,包含了主体基于审美尺度对对象的情感价值判断,体现了
本体观与价值论的统一。物象、事象和艺象等都具有潜在的、非现实
的审美价值,它必须与主体发生审美关系,并在"符合主体体验的趣
味、满足了主体的身心需要时,才是具有审美价值的"④。在审美意
象创构中,主体基于审美经验和审美理想对对象的审美价值展开正
面的或负面的价值判断,生成新的审美意象的价值。审美尺度是审
美理想的表现,是在个体和人类长期的审美实践中形成和发展的,其
中包含了主体的审美价值标准。主体审美尺度的变化,影响主体在
创构意象时对对象潜在审美价值的评判,因而审美价值也具有时代

---

① 　朱志荣:《审美理论》,兰州:敦煌文艺出版社 1997 年版,第 126 页。
② 　朱志荣:《再论审美意象的创构——答韩伟先生》,《学术月刊》2015 年第 6 期。
③ 　朱志荣:《意象论美学及其方法——答郭勇健先生》,《社会科学战线》2019 年第 6 期。
④ 　朱志荣:《中国审美理论》,上海:上海人民出版社 2019 年版,第 51 页。

性和民族性的差异。这就是说,对象的审美价值是"千百年来在人与对象的关系中逐步形成的"①。由此可知,物象潜在审美价值的实现,是包含在物象生成意象的过程中的,体现了本体观、生成论和价值论的统一。在审美意象的本体生成中,意象价值是不断生成和发展的,从而使主体不断实现和超越自身的审美理想和精神价值,进而提高人生境界,促进人的全面发展。

总之,朱志荣立足于传统思想,返本开新,将本体看作是本源、体性和体貌的统一体,把意象看成是美的本体,是物象、事象和艺象在感悟、判断和创造的过程中,从本到体动态生成的,体现了个性与共性、瞬时性与历时性的统一。在此过程中,包含了主体对对象的情感价值判断和意象的价值生成,体现了本体与价值的统一。朱志荣基于传统思想中的本体观,论证了审美意象的本体地位,揭示了审美意象在美学思想体系中的基元地位,具有重要的理论价值。

四、意象创构论的特征

朱志荣立足于中国传统美学思想和审美实践,在借鉴西方意象和美学思想的基础上,提出的审美意象创构理论具有鲜明的理论特征。这一理论凸显了动态性的特征,突破了传统的"美感是美的反映"的反映论观点,在思维方式上体现了强烈的生命意识,在论证方法上具有鲜明的现代性特征。

朱志荣的意象创构理论强调意象是主体能动创构和对象本体生成的结晶,凸显了动态性的特征,突破了从预成的、客观的或静态的角度来看待审美意象的观点。他认为,审美意象的创构以主客体在当下审美环境中即时形成的审美关系为基础,是主体积极发挥主观能动

① 朱志荣:《中国审美理论》,上海:上海人民出版社 2019 年版,第 22 页。

性,结合审美经验和审美理想,对对象作出情感价值判断,凭借想象力得以实现的。主体的生理和心理是不断发展和变化的,其审美经验和审美理想也是在审美实践中不断丰富和积累的,同时审美对象中潜在的审美价值随着主体审美尺度的变化而变化。因此,意象创构的过程呈现为一种时新时异的动态发展的创造过程。每次创构的意象也是同中有异、大同小异的,是动态的、富有活力的。他还提出物象、事象和艺象等是在动态的审美活动中,经过感悟、判断和创造生成审美意象的,体现了从本到体的动态生成性。审美意象创构理论的动态性特征,很好地体现了审美意象创构的内在肌理和运行机制的特点。

在审美意象创构论中,朱志荣将美和美感看成是统一的,突破了传统的"美感是美的反映"的反映论观点和"美感等同于美"的观点。持反映论观点的学者认为,美存在于现实的客观对象中,美感则是美的主观感受和反映,美是先于美感而存在的。与此不同,高尔泰曾经将美感与美等同,提出:"美和美感,实际上是一个东西。"①朱志荣认为这两种观点都是片面的,偏离了以主客体交融统一的审美关系为基础的审美活动。他提出"美感和美本身是统一的"②。朱志荣把审美意象作为美的本体,把美看成是在意象的创构中动态生成的,提出:"通常所说的'美',在学理上既非指具有审美价值潜质的审美对象,也非纯主观的审美感受,而是指情景交融、物我为一的审美意象,是建立在物我间所构成的审美关系的前提下的,是审美活动的成果。"③可以看出,他把审美对象和主观的审美感受统一起来,从审美意象的角度谈美。朱志荣认为美感的全部内涵应"包括心理因素和社会历史因素,而其核心内涵应该是以情感为中心、想象力为动力的

① 高尔太:《论美》,兰州:甘肃人民出版社1982年版,第3页。
② 朱志荣:《也论朱光潜先生的"美是主客观统一"说——兼论黄应全先生的相关评价》,《清华大学学报》2013年第3期。
③ 朱志荣:《中国审美理论》,上海:上海人民出版社2019年版,第53页。

综合心理功能。"①在朱志荣看来,美感不同于快感,其核心内涵是主体的审美感受功能,具有个体差异性和社会共同性的特征。在审美意象的创构中,主体在审美感受时,会根据当时的心境对对象展开即时的价值判断,促进意象和美的生成;生成的美又会影响主体的审美感受,两者是相互成就的,是统一于审美活动中的。朱志荣兼顾审美对象和主体审美感受两个方面,将美和美感统一于审美意象的创构中,具有一定的理论价值。

朱志荣的审美意象创构理论在思维方式上体现了强烈的生命意识。无论是主体的感物动情、情感价值判断和想象创造,还是意象的本体生成过程,以及艺术意象的创造阶段,都体现了他对生命意识的重视和强调。一方面,朱志荣将审美意象的创构过程看成是"以气合气的生命体验"②,创造了充盈着主体生命意识和宇宙生命精神的审美意象,体现了主体生命对象化和客体生命主体化的双向交流和物我生命的有机融合。其中感物动情"反映了个体生命节奏与对象的感性生命的贯通"③,是一种蕴含着虚实结合、动静相谐的生命体验。想象创造中也"体现出神完气足的生命精神"④。朱志荣还将整个审美意象的创构看成是主体进入崭新生命境界和体道的重要方式,凸显了审美意象及其创构与造化之道的贯通。另一方面,朱志荣把审美意象看成是从本到体动态生成的有机体,"本"是本源,是一种对意象的来源和本根的历时性追溯和反观,"体"是体性和体貌,是充盈着生命力的存在和现象,意象作为"本体",体现了时空合一的、源源不断的发展性,蕴含了生生不息的生命力和无穷的创造力,强调了意象并非无本之木、无源之水,而是不断生长的、活的生命有机体,这就使得审美意象创构

---

① 朱志荣:《中国审美理论》,上海:上海人民出版社 2019 年版,第 35 页。
② 朱志荣:《中国审美理论》,上海:上海人民出版社 2019 年版,第 137 页。
③ 朱志荣:《中国审美理论》,上海:上海人民出版社 2019 年版,第 217 页。
④ 朱志荣:《论审美意象的创构》,《学术月刊》2014 年第 5 期。

理论体现出鲜明的生命色彩和强烈的生命意识。可见,朱志荣将审美意象提高到了体悟生命价值和意义,"进而达到一种物我浑然为一的无差别的体道境界"①的高度,沟通了意象与生命境界和道的境界,有力地论证和凸显了审美意象在中国古代美学思想中的核心价值。

朱志荣的审美意象创构理论在方法论上体现了现代性特征。他重视灵活化用方法以实现审美意象的当代价值,认为"中国古代的意象思想研究应该借鉴西方的理论及其方法"②,但是在以西方理论为参照时,要避免削足适履地浅化和歪曲中国古代思想资源。朱志荣不仅从逻辑上提出了意象创构中的现代性的问题,而且在审美意象创构的论证过程中自觉地加以实践。首先,朱志荣重视中国古代优秀的美学思想资源,深入探究其内涵和外延,发掘其现代价值,以之为当代审美理论的源头活水。如他对"感悟""生命意识"等中国古代独特的思维方式的吸收和借鉴;基于本体的传统内涵,阐释意象的本体意义和价值等,都体现了他对传统美学资源作返本开新式地尝试。其次,在审美意象创构理论中,朱志荣重视西方现代美学的思想和方法。如吸收现象学方法的合理成分、借鉴"审美判断"范畴等,反思中国古代的思维模式和美学思想,提出了感悟、判断、创造瞬间统一的创构机制,体现出中西互补共存和融通的全球化视野,为中国古代审美思想和意象思想注入了新的活力,凸显了"意象"范畴在中西美学交流中的重要价值。再次,朱志荣还重视审美意象对现代艺术的有效性,他用审美意象统筹审美范畴,重视意象创构中的价值因素,将"丑"作为美的负价值③,纳入审美意象的独特性能和价值中。这就

① 朱志荣:《论意象创构的瞬间性》,《天津社会科学》2017年第6期。
② 朱志荣:《意象论美学及其方法——答郭勇健先生》,《社会科学战线》2019年第6期。
③ 朱志荣提出:"为了对审美价值进行全面研究,审美理论还研究具有审美负价值的丑,以便从反面进行比较;而且丑本身也时常与审美意象交融为一,参与了审美意象的建构,既增强了审美意象的效果,又使审美意象呈现出纷繁复杂的形态。在广义上,丑是与审美意象的总体相对应的。"朱志荣著:《中国审美理论》,上海:上海人民出版社,2019年,第25页。

论证了现代艺术中抽象的、丑怪的、荒诞的艺术形象同样可以产生审美意象,有效地拓展了审美意象在当代艺术实践中的广度和外延,推动了审美意象理论的现代性转型。朱志荣提出的审美意象创构理论是在借鉴中国传统思想的基础上,有效吸收和化用西方思想中的优秀理论,并结合了当代的审美实践和艺术实践,是意象理论现代转型的有效尝试和重要成果。

朱志荣在审美意象创构理论中提出意象是主体能动创构和对象本体生成两种方式,凸显了动态性的特征。他兼顾审美对象和主体的审美感受,将美和美感统一于审美意象的创构中,突破了美感是美的反映的说法。朱志荣的意象创构理论,强调主体的生命体验和意象作为有机生命体的本体生成,在思维方式上体现出了强烈的生命意识和生命精神。

总而言之,朱志荣重视传统意象思想资源,确立了主体在审美意象创构中的主导地位,并与当下中西方的审美实践、艺术实践和现代学科形态等相结合,提出了审美意象创构理论。他把意象作为美的本体,从创构论角度提出了审美意象是主体基于主客体间的审美关系,在审美活动中感悟、判断和创造的成果;从生成论的角度探究意象的本体生成,体现了意象生成的个体瞬时性与社会历史性、本体观与价值论的统一,确立了意象的本体意义。朱志荣的意象创构理论具有鲜明的动态性特征,在思维方式体现了生命意识,在方法论上凸显了现代性,是实践意象现代价值转型的有效尝试和重要成果,推动了建构以意象为核心的中国特色美学思想体系的进程,对中西方美学思想的沟通具有一定的理论价值和意义。

以意统象，以象显意

——朱志荣审美意象观述评

王中栋

　　自 20 世纪 80 年代末以来，经过汪裕雄、夏之放、叶朗、胡雪冈、朱志荣等学者对中国古代美学中意象理论的广泛讨论，确立了以"意象"为核心概念、为元范畴的美学研究范式，也反映了中国美学研究视角与学理方法的转换，从而推动了中国美学的现代转型。其中，朱志荣在深入挖掘中国传统美学资源的基础上，通过对意象理论的重新阐释，形成了具有独创性的意象美学思想，引起了学术界的关注和争鸣。可以说，"美是意象"命题作为一种中国美学话语体系的创新，既推动了意象思想的现代转型，也是对西方美学话语的积极回应，具有重要的历史意义。对此，本文将从意象发展的历史语境出发，对朱志荣"美是意象"的基本思想进行评述。

一、意象范畴的界定

　　早在 1997 年出版的《审美理论》一书中，朱志荣就对"意象"进行了阐释，他认为："审美意象是审美理论研究的核心。审美意象中包含了主体审美活动的成果，主体与对象的审美关系最终凝结为审美意象。"①显然,他所讲的意象不同于审美心理层面的知觉表象,而是由主体的创造力与对象的审美潜能共同成就的。意象绝不是纯客观的、机械地模写自然物象,也不是纯主观的、形而上的意向性活动,而与人的审美活动休戚相关。在他看来,意象既包含"意"的深刻性,又具有"象"的丰富性,两者之间相摩相荡,共同构成了一个完整的意象体系。

就意象的构成要素而言,朱志荣认为意象中的"意",就是意象的灵魂,是审美活动的根本动力。"意"最初的含义是指人的心理活动内容或精神,乃心之所动而未形者也,如意向、意愿、意志、意念等。在此基础上,"意"亦可理解为意造、意料、意度等心理活动状态,主要指主体的情意、精神和趣味在审美活动中的综合性体现。对此,朱志荣援引朱熹关于意的论述:"情是动处,意则有主向。如好恶是情,'好好色,恶恶臭',便是意。"②并指出,"意"不只是主体情意的直接映射,还反映了主体精神的价值取向,包含着情与理的交融,使情有了深厚的文化意蕴。在审美活动中,理之于情,如"水中盐,蜜中花"③,是不着痕迹的。理与情相伴,与象融为一体,而想象力使之融合在一起,这就基于理而又超越了理。④ 这就是说,意象是主体以意统象,通过神会妙悟能动创构而成的。尽管"意"始终以感性的形态而存在,但其来源既有感性的,也有理性的,两者相契相融。这一论断,不仅突破了一切审美情感都来自感性的传统观念,也提升了此前意象范畴研究的理论高度,具有重要的学理价值。

与此同时,朱志荣又指出意象中的"象",则是意象的前提,是审美活动的基础。意象以象为形,以象显意,意则灌注其中。⑤ "象"不

①　朱志荣:《审美理论》,兰州:敦煌文艺出版社,1997年,第126页。

②　(宋)黎靖德编:《朱子语类》第一册,王星贤点校,北京:中华书局1994年版,第96页。

③　钱钟书:《谈艺录》,北京:生活·读书·新知三联书店,2001年,第660页。

④　朱志荣:《再论审美意象的创构——答韩伟先生》,《学术月刊》2015年第6期。

⑤　朱志荣:《中国审美理论》,上海:上海人民出版社,2013年版,第217页。

仅包括外在的物象、事象及其背景，而且还包括主体能动的拟象，两者共同构成了意象创构的重要内容，具有激发主体审美情感的潜能。由此，他通过对《周易·系辞上》："圣人有以见天下之赜，而拟诸其形容，象其物宜，是故谓之象"①思想的论述，明确指出天下万物在主体审美感知之前统称为客观物象，在审美感知之后才上升为审美层面的意象。换句话说，《周易》当中的"卦象"是用来表现物象变化和事象更迭的表意之象，它既是明理尽意的手段，也是审美创造的载体，更是具有象征意味和类比思维的审美意象。在朱志荣看来，这种融入了主体情感的意中之象，是对客观物象的拓展与超越，而非审美活动以外的自然之象。意象之所以具有"含蓄无垠"的思想意蕴，就在于意象所追求的是现实物象与象外之象的有机统一，要透过拟人化的方式使人与象的内在生命得以贯通，在有限的意态中传达出无限的意味。实际上，这既反映了中国古人法天象地、妙肖自然的审美意识，也与取象赋形、制器尚象的审美体验方式密切相关，是中国传统尚象精神的具体体现。

朱志荣认为，我们在对意象进行理论分析时，有时候把它分成"意"与"象"两个方面，但实际上两者无法分离，它们始终共存于一个有机整体当中。就审美活动而言，主体情感与客观物象的自然为一，也就是心与物、情与景、主体与客体的浑然为一，体现着"意与象合"的和谐原则。没有意融于象、象合于意的融会贯通，就不会有审美意象的诞生。因此，他强调："从主客观两个角度来解读意象本身没有错，关键是要看到在审美活动中主客体是双向交流，彼此融合的，而不是相互对立的关系。"②也就是说，我们既要肯定物象的感性形态，又要强调主体的内在理想，意象是客观规律和主体意趣的统一。但需要注意的是，朱志荣之所以从主客两个方面来论证意象范畴，是出

①　黄寿祺，张善文：《周易译注》，北京：中华书局，2016年版，第487页。
②　朱志荣：《中国审美理论》，上海：上海人民出版社，2013年版，第50页。

于理论思辨和行文表述的需要。在他看来，意象深受中国古代哲学中"天人合一"的思维方式和生命意识的影响，体现了古人对自然万物审美感知的直觉意识。物我同一、情景交融乃是意象的最基本的特征。① 他的意象审美观也正是在此基础上建立起来的。

关于意象的理解，朱志荣还提出，意象作为一个具有普遍意义的审美范畴，必然涉及到意象和形象的关系问题。在中国古代的文学艺术批评中，"形象"一词之所以没有"意象"运用得广泛，关键就在于意象是以主体的"意"为主导的，强调主观情意和感性物象的有机统一，是审美主体应目会心、以形写神的心灵创造。为此，他进一步论述说："'形象'中的'形'和'象'，都是指客观因素，是同义语素构成双音合成词，意义偏在客观的外在物象或事象，自然和社会生活中的客观物象和人物，也被称为'形象'。而'意象'中的'意'则指主观因素，'象'则指客观因素，是由两个主客相对的语素合构成双音合成词。"②这表明，"形象"不仅是指自然物象的形貌特征，还包括小说、戏曲、绘画等艺术中的人物和事象。在他看来，自然物象可以作为创构意象的基础，那么人物形象和事象同样可以作为创构意象的基础。③ 或者说，艺术中的人物形象和事象作为具有感性特征的审美意识形态，它并不是对客观事物的照相式反映，而是倾注了艺术家的情意和理想，并伴随着艺术家的审美创造。概言之，艺术形象就是一种具有审美品格的特殊"意象"，即审美意象。由此可见，朱志荣从学科建设的角度和审美的事实出发，将艺术中的"形象"统一到"意象"中是符合实际的，也是完全必要的。他打破了传统观念中我们对于形象和意象之间既定关系的片面认知，更加明晰地推重意象范畴的价值和意义，为当代中国文学和艺术研究提供了新思路。

① 朱志荣：《中国文学艺术论》，太原：山西教育出版社，2003年版，第48页。
② 朱志荣：《论意象的特质及其现代价值——答简圣宇等教授》，《东岳论丛》2019年第1期。
③ 毛宣国：《"意象"概念和以"意象"为核心的美的本体说》，《社会科学辑刊》2015年第5期。

　　为了更好地阐明意象的内涵，朱志荣又进一步对意象范畴在中西美学思想中的差异性作出了明确的界定，他认为："意象在中国传统美学思想中具有基础性作用，中国传统的意象本身就具有浓厚的美学意味，它与西方美学中的意象（imagery）显然有着一定的差别。"①具体而言，中国传统的"意象"强调对主体内在心境的探寻和对感官体验的传达，它既还原了客观物象的本来面貌，又记载了主体观照自性的审美状态，给人以超然物外的情感体验。相比之下，虽然西方美学中的"imagery"同样以感性形象来表情达意，但它更注重对物象形态的描述、反映与再现，较少涉及意象背后所蕴含的生命精神，进而缺乏一种具有超越性的宇宙意识。在某种程度上，"imagery"又常常与"image"（形象）、"representation"（表象）、"icon"（语象）等概念相混淆，是一个语义范围和指代对象较为模糊的范畴。② 如意象主义代表休姆所说，意象就是"记录轮廓分明的视觉形象"③，他不仅重视对物象形态的模仿，还强调视觉的直观性，突出意象描绘的精确性。事实上，这与中国传统的意象理论中"重感悟、重体验"，追求"言外之意""味外之旨"的基本内涵仍有很大的区别。对此，朱志荣从不同的文化背景出发，通过对中西方意象美学逻辑关系的考察，不仅揭示了中国传统的意象范畴独特的审美意蕴，同时也避免了理解上的分歧与偏差，有利于促使中西美学的对话。

　　总之，朱志荣立足于中国传统的美学资源，对意象的基本内涵和审美特质进行了新的阐释，深化了我们对于意象范畴的认识。在他看来，意象是意与象相互依存，共同创构而成的，是主体体察万物、审美观照的结果。一切在自然物象和心中之象的基础上经过人心营构

① 朱志荣：《再论审美意象的创构——答韩伟先生》，《学术月刊》2015 年第 6 期。
② 毛宣国：《"意象"概念和以"意象"为核心的美的本体说》，《社会科学辑刊》2015 年第 5 期。
③ ［美］雷内·韦勒克：《现代文学批评史》第 5 卷，章安祺，杨恒达译，北京：中国人民大学出版社，1991 年版，第 219 页。

而创造出来的、体现着人的情感意趣的形象,都可以称为意象。或者说,意象的高妙之处就在于"言不尽意则立象以尽意",它既能够使主体的内在情意在直觉感受中得以感性呈现,又能够赋予客观物象以丰富的审美价值和意义,从而实现审美经验与创造精神的融合为一,为意象研究拓展了新的理论视野和发展路径。

二、意象的本体诠释

中国传统的本体论思想由来已久,从阴阳相合而万物化生开始,古人就重在强调人与宇宙间深层的生命共通,主体之情能动地与外在物趣相互交流,在物我感应中生成美的体验。也正是在此基础上,朱志荣从本体论的角度对意象展开论述,并指出,审美意象是主体在审美活动中通过物我交感所创构的无迹可感的感性形态,也就是"我们通常所说的美。"①在他看来,审美意象并不是美的对象,抑或美的属性,而是美的本体,是"体用合一的本体论与价值论的统一"②。意象的基本意蕴就是让丰富复杂的审美形态得以呈现,使主体在自我超越中获得自由的审美体验,从而指向对本体之道和人生境界的精神追求。

首先,朱志荣将审美意象作为审美理论研究的核心,并明确提出,美就是审美意象,是"审美意象中所呈现的一种特质"③。关于美的理解,他极力反对将美视为一个"单纯的物质实体"或者"抽象的逻辑概念"的看法,而是主张"美既具有对象的条件,也具有主观的能动创造,是虚实相生的结果。"④或者说,审美对象以主体的情感意识为

---

① 　朱志荣:《中国审美理论》,上海:上海人民出版社 2013 年版,第 207—208 页。
② 　朱志荣:《再论审美意象的创构——答韩伟先生》,《学术月刊》2015 年第 6 期。
③ 　朱志荣:《意象论美学及其方法——答郭勇健先生》,《社会科学战线》2019 第 6 期。
④ 　朱志荣:《中国审美理论》,上海:上海人民出版社 2013 年版,第 43 页。

中介，是由主体在心中完成的，但这并不能抹杀对象潜在的审美价值。比如，我们欣赏梅花，实际上是梅花作为客观物象之于我们主体价值的关系，并不是主体对花的颜色、形状等物质属性所做出的简单的生理反应，而是一种带有生命情感的体验与创造。[①] 他又补充说道，"这朵梅花是美的"，只是主体对梅花的审美判断，这里的"美的"是判断的结论，是一个形容词，而不是梅花作为美的本体形态。[②] 这表明，梅花的作为美的本体形态，是梅花的感性形象在主体的审美活动中所创构的审美意象，而不是日常生活中的评价性语言。也正因如此，朱志荣强调："美的本质的探讨，应该消解为审美关系、审美活动和审美意象这三个问题，归根结底，应该透过审美关系和审美活动去探讨审美的本质。"[③]他进而将对美的追问转换成了对于审美意象的探寻。

其次，朱志荣认为，意象作为一个具有本体意义的审美范畴，是从本到体的，是一个动态生成的本体。具体一点说，"本"是本源和根源，"体"是体性和体貌。本源是历时性的，本性是空间性的，本源与体性相统一，体现了时空合一的关系。[④] 在中国古代的本体思想中，"本"与"体"是密不可分的，"本"不仅生成"体"，并且不断地生成"体"，两者共同构成了一个独特的、充满生命的有机整体，并从中体现了"造化与心源的统一，宇宙与心灵的统一，物与我的统一，现实与理想的统一"[⑤]，一切审美活动也都在这个有机整体中得以发生。正是在此意义上，朱志荣提出，意象不是认识的结果，而是基于主体对自然、人生和艺术的体验，经过情与景的融合，在心中能动创构而成

① 朱志荣：《也论朱光潜先生的"美是主客观统一说"——兼论黄应全先生的相关评价》，《清华大学学报（哲学社会科学版）》2013年第3期。
② 朱志荣：《意象论美学及其方法——答郭勇健先生》，《社会科学战线》2019第6期。
③ 朱志荣：《中国审美理论》，上海：上海人民出版社，2013年版第53页。
④ 朱志荣：《再论审美意象的创构——答韩伟先生》，《学术月刊》2015年第6期。
⑤ 朱志荣：《中国艺术哲学》，上海：华东师范大学出版社，2012年版，第62页。

的感性审美形态。审美活动的目的,就是要摆脱物象形态的约束,在物理世界之外建立一个充满意蕴和情趣的感性世界。在这个感性世界中,既有物质属性,又有精神属性,并在物质和精神的交互影响下,造就了审美意象。所以说,中国传统的意象思想中不存在物质性与精神性的对立,其本身就是对主客二元对立关系的超越,这与中国传统美学所提出的"天人之际,合而为一"①"天地与我并生,而万物与我为一"②等思想也是一以贯之的,均说明了意象作为美的本体的价值与意义。

再次,在朱志荣看来,"审美意象一本万殊,由物我交融而体现了象、神、道的有机统一"③。象、神、道浑然一体,共同组成了意象的基本结构。在审美的意义上,"象"以形和器为基础,同时又超越了形和器,故如《系辞上传》所言:"见乃谓之象,形乃谓之器"④。"象"并不是物质性的实体,而是主体对客观物象的体验与反应,呈现为空灵剔透的状态。这种凝聚了内在生命节奏和外在感性形态的审美意象,不仅反映了人情物态化、物态人情化的审美特征,同时也体现了主体的独特发现和创造精神。因此,审美活动的过程,乃是主体抒情畅神的过程,更是主体体物得神、以象传神的创造过程。诚如朱志荣所说:"主体以心映象,以神相会,由象悟神,都包孕着主体和物象、事象与艺术品的生命精神。"⑤在意象创构中,"神依象而生,象因神而全"⑥,象与神一气贯之,才能妙合自然。换句话说,这种象与神的关系,实际上也就是一种体用关系,即主体以感性之象为本,以内在之神为用,心神与万象相会,从而使审美意象有了强烈的感染力。在此

---

① 张世亮,钟肇鹏,周桂钿译注:《春秋繁露》,北京:中华书局,2012年,第369页。

② 陈鼓应注译:《庄子今注今译》,北京:中华书局,1983年,第71页。

③ 朱志荣:《论审美活动中的意象创构》,《文艺理论研究》2016年第2期。

④ 黄寿祺,张善文:《周易译注》,北京:中华书局,2016年版,第497页。

⑤ 朱志荣:《论审美活动中的意象创构》,《文艺理论研究》2016年第2期。

⑥ 朱志荣:《中国艺术哲学》,上海:华东师范大学出版社,2012年版,第84页。

基础上，朱志荣又补充说道，为了准确地传达意象的神思意蕴，主体既要入乎其内，与万物同化为一，又要出乎其外，突破现实时空的局限，经由物我生命的贯通，使物我之神均得以升华和超越，最终才能契合于超然物外的生命之道。

第四，朱志荣通过对意象与"道"之间关系的考察，又将主体心灵和宇宙之道结合起来，为审美观照与生命精神架起了一座桥梁。他认为："主体以象媚道，以神法道，欣赏者由耳目与象相遇，体神而存道"①其中，"道"作为"中国古人对本体的总结与概括"②，乃是审美活动的终极指归。中国传统思想中的"道"，是一种无形无相、又无所不在的万物本源，蕴涵着生生不息的宇宙规律。这也说明，道就无法以理性认知和逻辑推理而获得，而要采用"神与物游"的体验方式，在审美活动中才能真正的得以把握。故而，道寓于意象之中，又"体现了万有的生命精神"③。在审美的意义上，人与自然作为客观、真实的自在之物，存在着异质同构的对应关系，能在物我交感中进入到万有一体的永恒境界。主体对万物的自然本性和价值规律的体悟，反映了主体在瞬间对宇宙本体和生命之道的了悟，而道正是起主宰作用的生命精神的根源。也就是说，意象中所蕴含的无限生机与活力，不只是主体之神与对象之神相互交融的结果，更是主体澄怀观道、由象体道的具体表现。主体在意象创构的过程中臻于"物我两忘"的精神境界，既获得了意广象圆的审美效果，也彰显了主体理想的人生境界。因此，朱志荣指出，唯有主体求返于心无挂碍的原初体验，于静观寂照中体悟宇宙内部的生命节律，从而与天地万物融为一体，才能进入神合体道的境界。

总之，朱志荣将象、神、道作为意象的本体结构和思想根源加以看

①　朱志荣：《论审美活动中的意象创构》，《文艺理论研究》2016 年第 2 期。
②　朱志荣：《再论审美意象的创构——答韩伟先生》，《学术月刊》2015 年第 6 期。
③　朱志荣：《再论审美意象的创构——答韩伟先生》，《学术月刊》2015 年第 6 期。

待,强调物我以神相会,以象显神,以神体道,具体而微地论证了意象与美的本体之间的关系。在他看来,意象是一种生动活泼的"美的本体形态",它植根于宇宙之道与主体心灵的契合之中,具有融合形而上的道和感性具体的象的双重属性,体现了天道与人道的统一。从这一点说,"美是意象"论不仅突破了传统认识论中将意象等同于审美对象的看法,同时也实现了"美的本体"从实体化向动态生成论的思维转换,有助于我们更为深入、准确地理解意象的价值内涵和审美功能。

三、意象的能动创构过程

在朱志荣看来,意象作为中国传统美学的重要范畴,是审美活动中物我双向交流的产物,而不是一个永恒不变的实体对象,它是生成的,而不是预成的。[①] 因此,他格外重视意象的能动创构问题,并在数篇论文中反复强调,"审美即创造",意象由心与物象的动态交融创造而成。"意象创构的过程,是主体通过直观体悟,进行判断,诱发想象,满足创造欲,力求自我实现的过程"[②]。简言之,意象从客体的角度来看是生成的,从主体的角度来看则是创构的,是"主体创意的呈现"[③]。审美活动就是要超越物质实体之外构建一个理想化的意象世界,使无限的意蕴获得充分的表现。

首先,朱志荣明确提出:"主体对外物作感同身受的同情体验,或由象而感意,或因意而成象,使感知、体悟浑然为一。"[④]其中,赏心悦目的审美对象作为感发主体情意的触媒,能够在主体观物取象、立象尽意的过程中释放出无限的创造潜力。所谓"观"和"取",就是主体对

① 朱志荣:《论审美意象的创构》,《学术月刊》2014 年第 5 期。
② 朱志荣:《论意象的特质及其现代价值——答简圣宇等教授》,《东岳论丛》2019 年第 1 期。
③ 朱志荣:《论审美活动中的意象创构》,《文艺理论研究》2016 年第 2 期。
④ 朱志荣:《论审美活动中的意象创构》,《文艺理论研究》2016 年第 2 期。

外在物象的审美观照，由包蕴在物象之中的生机而获得情感的激发，使得"主体超越于自身的身观局限而获得心灵的自由"[1]。在这一过程中，"情由物所感发，物又在主体的观中打上了情感的烙印"[2]，反映了由物象到感官到心灵的一气相贯、内外交通。这就是说，无论是触景生情，还是借景抒情，主体都要以外物的感召为基础，由视听感官的直觉体验而转向主体生命的心灵体悟，进而才能引发主体与对象的情感共鸣。正因如此，朱志荣强调，"主体对物象、事象及其背景生意的贯通，应目之中有感知，会心之中有体验"[3]。这种贯通全身心的生命体验，既包含着"感知与情感的统一"，也包含着"物与我的泯然合一"，在感物动情中体现了宇宙大化的生命节奏和韵律。究其实质而言，意象的创构是以情与景、意与象的感应互动为核心的，主体在瞬间以虚静之心映照万物，通过万物也可以照见自性，心物之间水乳交融、豁然贯通。可见，朱志荣将审美关系置于一种动态、发展的语境中加以考察，充分肯定了意象生成的复杂性和多样性特征。

其次，朱志荣认为主体在瞬间的意象创构之中，还包含着一种基于审美经验和审美理想的价值判断。他指出，自然物象具有独特的性能和价值，唯有在物我交感的审美活动中，经由主体的审美判断，才能将其潜在的审美价值充分挖掘出来。主体对物象的选择与创造，不仅基于个体日积月累的审美经验，同时也依托于个体的审美理想，其中隐含着更深层的文化历史的积淀。为此，朱志荣阐释道，在意象创构过程中，主体的审美经验，既包括个体经验，又包括族类经验，是个性与共性的统一。而审美理想作为长期审美实践的结晶，又是审美经验的具体表现，[4]两者都在不同程度上制约着当下的审美

[1]　朱志荣：《中国审美理论》，上海：上海人民出版社，2013 年版，第 95 页。
[2]　朱志荣：《意象创构中的感物动情论》，《天津社会科学》2016 年第 5 期。
[3]　朱志荣：《论审美意象的创构》，《学术月刊》2014 年第 5 期。
[4]　朱志荣：《论意象创构的瞬间性》，《天津社会科学》2017 年第 6 期。

判断。这表明,我们在感受美、欣赏美的时候,主体"在感知中有选择,有根据趣味的强化和淡化"①。主体通过调动以往的审美经验和审美理想,从物象中体悟感性物态的精神价值,同时又激发主体的情感和想象对对象进行创造性的体验,对眼前的外在物象进行加工和处理,进而实现直觉感知从心中表象向审美意象的升华。尤为重要的是,这种审美价值的判断,不仅凝结了主体独特的能动创造性,同时也体现了人类情感的普遍有效性,反映了个体性与普遍性的统一。因此,他强调:"我们对感性物象的感知与价值判断是统一的。主体的价值判断无目的而合目的,无功利而合功利,超越功利又暗合功利"②。所以说,朱志荣关于意象创构的论述,在一定程度上也受到了康德美学思想的启发。他深刻意识到,价值判断必须要从个性化创造上升到普遍性的高度,才能获得普遍令人愉悦的审美体验。

再次,朱志荣强调在意象的创构过程中,主体在感悟、判断的同时,凭借自身想象力,通过象外之象,才能对有限的物象进行拓展。这不仅使得"物象所蕴含的生机获得更充分的表现",同时也使得"主体的情意与物象之间的对应关系变得更理想,更贴切"③。也就是说,意象作为人心营构之象,既包含着主体的情思意趣,也伴随着想象力的"迁想妙得"。④ 想象力能够超越现实时空与物我界限的束缚,走向理想的审美创构,是传达主体心中难以言表之情意的重要手段。从实践的层面看,虽然想象力是存在于感性直观基础上的一种心理能力,但它又是基于客观物象及其背景进行创构的,是依象而构,而并非凭空臆想。⑤ 因而,想象力既不同于直觉,也不同于经验,

① 朱志荣:《论审美意象的创构》,《学术月刊》2014 年第 5 期。
② 朱志荣:《论审美意象的创构》,《学术月刊》2014 年第 5 期。
③ 朱志荣:《中国审美理论》,上海:上海人民出版社 2013 年版,第 214 页。
④ 朱志荣:《论意象创构的瞬间性》,《天津社会科学》2017 年第 6 期。
⑤ 朱志荣:《也论朱光潜先生的"美是主客观统一说"——兼论黄应全先生的相关评价》,《清华大学学报(哲学社会科学版)》2013 年第 3 期。

它并不是对某事某物的模仿或复制，而是神韵之思对于主体心灵的传达与塑造，是致力于使那些潜在的、不在场的情感形态在场化的综合能力。在此基础上，审美主体通过想象使零散的感知与经验，在新的语境中得以整合，形成系统连贯的理解，从而在主体心中转化成崭新的意象世界。在朱志荣看来，意象创构的审美追求就是要通过主体的想象创造，在实象与虚象、具象与抽象、物象与心象的交汇融合中进入到妙合无垠的审美境界，才能充分理解审美对象的深远意蕴，进而体悟宇宙的深境和生命的真谛。

总之，朱志荣将审美意象看成是一个处于不断创构中的有机体，看成是融合了审美共时性和历时性为一体的独特生命体验，是对审美意象的性质与特征的一个准确描述和规定。在他看来，审美活动的过程就是意象创构的过程。意象中包含着感悟、判断和创造的有机统一，是变与不变、动与静的辩证统一体。意象作为一种体现物我交融关系的感性审美形态，体现了主体的创造精神，蕴含着意深而言美的艺术效果。这实际上也就突破了实体性理论思维的局限，对于我们深化意象理论研究具有重要的意义。

四、意象美学的现代价值

朱志荣认为中国古代的意象理论自出现以来，就不是封闭僵化的，而是开放的、不断丰富发展的。[1] 意象理论在从古典向现代转型的过程中，不仅突破了自身结构和所处语境的限制，同时也克服了历史因素的局限，蕴含着丰富的思想文化资源，充满了无限的生机和活力。换句话说，审美意象理论之所以能够在现代视野中加以拓展和深化研究，其根本原因就在于它凝聚了中国传统美学的核心意蕴，并

---

[1]　朱志荣：《论意象的特质及其现代价值——答简圣宇等教授》，《东岳论丛》2019 年第 1 期。

经过历代学者的不断释义和总结,拥有了更为广阔的发展空间。

首先,从历史发展的角度来看,朱志荣认为,"意象作为中国传统美学的核心范畴,从先秦到魏晋南北朝,再到唐宋和明清,一直是与时俱进、不断发展的"①。在他看来,意象植根于中国传统的文化背景和哲学语境,经历了不同于西方的发展道路,它充分吸收了传统美学中有活力、有价值的部分,形成了独特的审美思维方式。当然,各民族、各地域的艺术特征也不是一蹴而就的,现代艺术中依然包含着一些传统艺术的元素,艺术家也常常从传统艺术中汲取营养。② 对此,朱志荣总结道,"从古到今的审美现象和艺术现象,有变的一面和不变的一面"③,如"神韵""感兴""风骨"等许多审美范畴,从古代一直沿用至今,始终保持着旺盛的生命力。从某种程度上讲,虽然不同时期的艺术作品在表现形式、构思技巧和传播媒介等方面均有所区别,但在个性与情感的表达上,都要通过审美意象来具体呈现。一切审美活动都离不开心与物、情与景、感性与理性的相互交融,并依据想象力赋予客观物象以超越时空的价值和意义,进而在主体心中生成崭新的审美意象。总之,现代艺术不管在语言形式和传达手法上有多大的变化,其立象尽意的内在机制则是不变的。④ 所以说,朱志荣对中国传统意象思想的传承与运用,使之成为当代审美理论的源头活水,为当下的审美实践和理论建设服务,也是值得肯定的。

其次,就意象的现代性问题,朱志荣明确指出,意象作为一个相对独立的审美范畴,包含了现代价值的发展因子。王国维、朱光潜、敏泽等中国现当代学者在意象方面的阐释本身也证明了审美意象理论是具有现代性和普适性的。⑤ 更进一步说,中国古代的意象思想

①　朱志荣:《意象论美学及其方法——答郭勇健先生》,《社会科学战线》2019 第 6 期。
②　朱志荣:《论意象的特质及其现代价值——答简圣宇等教授》,《东岳论丛》2019 年第 1 期。
③　朱志荣:《论意象的特质及其现代价值——答简圣宇等教授》,《东岳论丛》2019 年第 1 期。
④　朱志荣:《论意象的特质及其现代价值——答简圣宇等教授》,《东岳论丛》2019 年第 1 期。
⑤　朱志荣:《再论审美意象的创构——答韩伟先生》,《学术月刊》2015 年第 6 期。

是基于中国人自身的文化背景和审美实践概括和总结出来的，是在观物取象、感悟通神的瞬间所获得的感性审美形态，其中既体现着中国传统美学的独特性，也体现着人类审美活动的普遍性。这与西方美学在象征和表意的审美追求上，也有着相似和相通的一面。[①] 为此，朱志荣还举例说，西方的英美意象派正是在翻译、研究和借鉴中国传统诗歌的基础上发展起来的，明显地接受了中国传统文化的影响。这也充分说明，中国的审美意象理论并未过时，而是与西方美学思想多元并存、相互融通，可以在当代产生一定的影响，这就为意象范畴的当代阐释奠定了理论基础。换句话说，意象的理论价值并没有局限于它的历史意义，还在于它推陈出新的现实意义，它的丰富内涵具有符合当下审美需求的内在潜质。也正因如此，朱志荣强调："审美意象的普遍性不代表不重视甚至抹杀它的独特性。我们决不能把强调与西方相同的一面看成是现代性，而把审美意象思想的独特性看成是古典形态的美学，审美意象普遍性的特征，使其不局限于本民族的立场。"[②]可见，这对于我们重新思考意象的现代性及其与西方美学的逻辑关系提供了必要的理论参照，并深刻意识到审美意象理论与西方的美学理论一样，都具有跨文化、可交流的内在品质，这一观点固然是十分重要的。

　　第三，就意象的适用范围而言，朱志荣认为意象作为一个重要的审美范畴和文学理论范畴，不仅适用于对传统文学艺术的评价，而且适用于对现代艺术的评价。[③] 从《易传》的"立象以尽意"开始，到《文心雕龙》"窥意象而运斤"，意象思想在审美实践中得到了系统的论述，其适用范围也逐渐扩大到对近体诗、绘画、书法、戏曲和园林等其他艺术门类的评价与研究中，能对具体的审美体验活动作出精妙地

① 朱志荣：《论意象的特质及其现代价值——答简圣宇等教授》，《东岳论丛》2019 年第 1 期。
② 朱志荣：《再论审美意象的创构　答韩伟先生》，《学术月刊》2015 年第 6 期。
③ 朱志荣：《论意象的特质及其现代价值——答简圣宇等教授》，《东岳论丛》2019 年第 1 期。

概括与阐释。按此逻辑理解,朱志荣又指出,"既然意象这一概念在古代的适用范围在不断扩大,那么我们同样可以继续扩大它的运用范围"[①],运用它来解释当下的审美现象和艺术现象。从这一点说,审美意象理论在历史的长河中既一脉相承,又不断更新。关于意象的运用与研究并没有停留在其博物馆意义的层面,而是突破了其古典形态的束缚,经过学者们在现代视野下的继承和创造性阐释,能够融入到当代美学理论体系的建构中,进而焕发出新的生机。[②] 因此,朱志荣强调,中国传统的意象思想有着特定的含义,有着特殊的贡献,只有基于其生命精神和内在理路,在具体的审美实践中才能激活意象本身的潜在价值。

总而言之,朱志荣在深入探寻中国传统意象范畴的内涵与外延的基础上,借鉴西方的理论及其方法,从本体论的角度论述了他的意象创构论美学思想,并注重从审美活动和艺术实践的角度来分析意象的创构问题,对于揭示意象思想的生命精神和创造价值,都具有开创意义。他立足于"天人合一"的传统思维方式,将意象看成是审美活动的结晶,它既包含着主体的审美尺度,也包含着对象的价值特征,是物我合一、情景交融在心灵中的具体呈现,进而丰富和发展了审美意象理论的基本内涵,有助于我们超越非此即彼的二元对立模式。在新的时代语境中,朱志荣的"美是意象"思想作为一种具有时代特色的美学创新与探索,不仅是对中国传统意象思想价值的拓展与深化,更是对建构中国特色的美学理论体系的概括与总结,是一个值得我们深入思考和讨论的话题。

---

① 朱志荣:《论意象的特质及其现代价值——答简圣宇等教授》,《东岳论丛》2019 年第 1 期。
② 朱志荣:《再论审美意象的创构——答韩伟先生》,《学术月刊》2015 年第 6 期。

传统性与现代性的交融

——朱志荣意象创构论述评

郁薇薇

　　"意象"是中国传统文化中的"尚象"思维在审美领域的延伸,是中国古代美学独具民族特色的核心概念、元范畴和审美基元,彰显了中国古代美学的独特魅力。目前,学界对于"意象"范畴在古典美学语境中的内涵、渊源及发展流变已有了相当深入的研究,而对于将这一范畴融入现代美学体系的学术探索也已有了诸多的成果。朱志荣教授的意象创构美学就是其中的主要理论代表之一。自1997年始,朱志荣教授在撰写的《中国艺术哲学》《中国审美理论》《中国文学导论》等著作中多次阐发了他关于"意象"的观念。近年来,朱志荣教授又陆续撰写了一系列意象研究论文,较为系统地阐释了他的意象创构美学,引起了学术界的关注与争鸣。

一、意象创构论的理论内涵

　　意象创构问题是朱志荣教授美学研究的核心内容。他在深入挖掘中国古典美学思想资源的基础上,对意象创构理论进行了现代化的阐释。朱志荣教授所说的意象创构是指内在无形的主体情意与外在客观物象在审美活动中相融交汇而生成意象的创造过程。主体之意与客观之象在"静照"的心理条件下,通过想象力的作用,贯通物我生命节律,最终达到神合体道的境界。这是一个动态的过程,其中充分体现了主体的主观能动性。

如叶朗先生所说:"'意象'的理论充分体现了中国传统美学重视精神的层面、重视心灵的作用的理论品格。"①朱志荣教授意象创构论的突出魅力在于关注并详尽地阐释了审美意象形成的心理营构机制。在审美活动中,虚静的心态是意象创构的必要心理条件,物我贯通是意象创构的关键心理过程,想象力是意象创构的必要思维能力。主体内在心灵在自然环境、社会环境中物我贯通、心物冥合的心理过程表现为情景合一。而神合体道的境界是意象创构的终极旨归。

朱志荣教授认为,虚静的心态是意象创构必要的心理条件。他说:"意象的创构是主体以刹那间忘我的虚静之心去顿悟对象。"②即"澄怀味象","澄怀"就是虚静心态的体现,是指主体在体悟对象时,要澡雪精神,清除心灵中的尘俗渣滓,不受是非功利的干扰,以虚静之心映照万物,如此才能实现物我生命节律的贯通。虚静这一概念最早是先秦诸子的哲学术语,老子说:"致虚极,守静笃"③、"涤除玄览"④就是强调要在消除私心杂念,在一种空明澄净的心境下来体察"道"。《庄子·达生》篇说梓庆削木为鐻时,"以天合天,器之所以凝神者"⑤。因为梓庆排除了世俗观念的干扰,保持着心境的清明宁静,故而其心灵和思维能深潜于他的木工制作之中,以冷静的头脑和客观的态度去感知和认识外在世界,使之木工制作达到鬼斧神工的技艺效果。在意象创构的活动中,主体也需要像梓庆一样专心致志,

---

① 施旭升:《艺术即意象》,北京:人民出版社 2013 年版,第 2 页。
② 朱志荣:《论意象创构的瞬间性》,《天津社会科学》2017 年第 6 期。
③ (汉)河上公、(三国)王弼注;(汉)严遵指归;刘思禾校点:《老子》,上海:上海古籍出版社 2013 年版,第 34 页。
④ (汉)河上公、(三国)王弼注;(汉)严遵指归;刘思禾校点:《老子》,上海:上海古籍出版社 2013 年版,第 21 页。
⑤ 陈鼓应:《庄子今注今译》,北京:中华书局 1983 年版,第 568 页。

凝神于意象的创造,不被外界纷繁的事物扰乱了主体的感觉和思维。当主体内心空灵寂静,超越功利与外在干扰,回归自然天性之时,主体的感官更为敏锐,自然万象之形态都能被主体接纳到,其所触发的情感也更为纯粹。苏轼也说"静故了群动,空故纳万境"①,唯有内心虚静,心怀虚空,周遭之动静、万象之变化才能畅通无碍地直达主体心灵,使主体能够与外物的生命精神相贯通。可见,虚静的心态是意象创构顺利展开的必要心理准备,主体感悟万象,接通自然万有的生命精神,最终实现神合体道,均是在此心理条件下展开的。

　　一直以来,在意象创构中难以言说的核心问题就是主体之意与客体之象为什么能够水乳交融、相契相合?朱志荣教授从中国古代传统哲学中得到启发,通过物我贯通、情景合一和神合体道的理论命题来阐释其中的缘由。

　　物我贯通指的是"个体的生命节奏与对象的感性生命的贯通"②,是"对象的感性形态在长期的物我沟通中对主体内在心灵的造就"③。在意象创构的过程中,物我双向交流,主客体间的界限因此消解,达到了庄子所说的"物化"境界。朱光潜先生将这种心物间的贯通阐发为:"我以我的性格灌输到物,同时也把物的姿态吸收于我。"④物我贯通是意象创构得以完成的核心与关键,是主体之意与客体之象合二为一、相融无间的原因所在。朱志荣教授指出意象是"审美活动中物我双向交流的产物",这种物我间的双向交流就是外在之物与主体内在心灵贯通的具体方式。由此可见,物我贯通的心理过程不是单向的自然"人化"或者主体"物化",而是主体之身心与物质世界双向选择、双向接近、双向转化,相互适应、互为依存,最终

①　王文诰辑注:《苏轼诗集》,北京:中华书局1982年版,第905页。
②　朱志荣:《论审美意象的构建过程》,《苏州大学学报(哲学社会科学版)》2005年第3期。
③　朱志荣:《论审美意象的构建过程》,《苏州大学学报(哲学社会科学版)》2005年第3期。
④　朱光潜:《文艺心理学》,《朱光潜美学文学论文选集》,长沙:湖南人民出版社1981年版,第53页。

融为一体的过程。学者郁沅将这种双向选择关系称为心物的"平衡感应"："并不纯然表现为单一的'顺应'与'同化'。这就是说，物本感应使主体顺应客体时，包含着主体对客体的'同化'；反之亦然，心本感应使主体'同化'客体时，也包含着主体对客体的'顺应'。'顺应'与'同化'是相互依存、不可分割的，体现着主体与客体的相互作用。"①在物我贯通的心理过程中，外在感性形态与主体内在情趣达到一种契合无间的状态。同时，朱志荣教授从物我对应相契的关系中，洞察了中国传统文化中的独特思维方式，他说："这种意象对应关系千百年来成了中国传统文化的一种感受模式。"②"反映了主体由物我在长期交流的关系中形成的一种对对象生命情调的体味和推己及物的思维方式。"③《文赋》中说的"悲落叶于劲秋，喜柔条于芳春"④就是这种思维方式的投射。

情景合一是指主体之情与外在之景浑融一体，是在物我贯通的基础上形成的。朱志荣教授认为，在意象创构的现实过程中，主体的情感是缥缈不可捉摸的，要随时随地应景契合，主体必须要有"独特的眼光、比兴的思维方式，以及想象力的协助"⑤，如此，主体才可最大程度地发挥其创造力，使得外在形态能够恰切、适宜地与主体内在情感相契相合。对于情和景相融为一的关系，明末清初的思想家王夫之有精彩的论述："情景虽有在心在物之分，而景生情，情生景，哀乐之触，荣悴之迎，互藏其宅。"⑥"情景名虽为二，而实不可离，神于诗者，妙合无垠，巧者则有情中景，景中情。"⑦因为情在心中，物在景中，物我冥合

① 郁沅：《心物感应与情景交融》，南昌：百花洲文艺出版社 2006 年版，第 238 页。

② 朱志荣：《论审美意象的创构过程》，《苏州大学学报（哲学社会科学版）》2005 年第 3 期。

③ 朱志荣：《论审美意象的创构过程》，《苏州大学学报（哲学社会科学版）》2005 年第 3 期。

④ （西晋）陆机著；张少康集释：《文赋集释》，北京：人民文学出版社 2002 年版，第 20 页。

⑤ 朱志荣：《论审美意象的创构过程》，《苏州大学学报（哲学社会科学版）》2005 年第 3 期。

⑥ （清）王夫之著；戴鸿森笺注：《姜斋诗话笺注》，北京：人民文学出版社 1981 年版，第 33 页。

⑦ （清）王夫之著；戴鸿森笺注：《姜斋诗话笺注》，北京：人民文学出版社 1981 年版，第 72 页。

一契,故而,心中之情与景中之物也会融合为一、妙合无垠。而心物之间是双向交流、互为依存的,情与景也是互为依存、浑然一体的,景中含情,情中生景。此时,主体眼中之景已非脱离情的独立存在,而是融入了主体情意、人化了的景。主体之情也不是纯然抽象的意识,而是具象化的景。在意象创构,情景合一是主体内在心灵在自然环境和社会环境中物我贯通、心物冥合之情态下的具体表现。

神合体道是意象创构过程中的最终归宿,是最理想的审美境界。朱志荣教授认为在外在物象之神与主体生命精神贯通后,最终将实现"人生理想与宇宙之道的贯通"[1],即神合体道的生命体验过程。要达到神合体道的境界,感官的接触是其先决条件,心神的灌注是实现的关键,物我的交融是不可或缺的中间环节。"道"是"天地之本始"[2],《老子》第一章说:"无名,天地之始;有名,万物母。"[3]"道"可包纳万物,它本身又不是物,但可以生化万物,是万物之母,世间万物都是"道"的产物。朱志荣教授称:"'道'的范畴是中国轴心突破中产生的核心概念,诸家都以"道"作为终极追求。"[4]意象创构的终极旨归也落脚于此。"道"是不可名状的,没有任何形迹,故而不能以认识、推理或判断来得"道",只可依靠"体"的思维方式,即直觉和领悟来整体上把握。也就是说"体道"不可仅凭感官和逻辑推演,而应通过感性之象来把握,故而,朱志荣教授指出"对于道的体悟始终伴随着象的参与"[5]。在老庄哲学中,"道"作为自然万物的本源、宇宙万有的本然状态,其中蕴含着"事物的通则,宇宙的幽奥,恍若冥会"[6]。道寓于意象之中,主

① 朱志荣:《论审美意象的创构过程》,《苏州大学学报(哲学社会科学版)》2005 年第 3 期。
② 周兴陆:《中国文论通史》,上海:复旦大学出版社 2018 年版,第 67 页。
③ (汉)河上公、(三国)王弼注;(汉)严遵指归;刘思禾校点:《老子》,上海:上海古籍出版社 2013 年版,第 1 页。
④ 朱志荣:《再论审美意象的创构——答韩伟先生》,《学术月刊》2015 年第 6 期。
⑤ 朱志荣:《论审美意象的创构过程》,《苏州大学学报(哲学社会科学版)》2005 年第 3 期。
⑥ 熊十力:《十力语要》,上海:上海古籍出版社 2019 年版,第 88 页。

体神合体道，便可体会到宇宙大化的生命规律，体会到以小喻大，以少总多，由此即彼，以有形之象喻无穷之意的奥妙。

在意象创构中，物我贯通、情景合一、神合体道三个过程是层层递进、深化、可瞬时并存共生的关系。情景合一和神合体道都以物我贯通为前提和基础的。情景关系本质上也是主体与客体、物与我的关系，建立在物我贯通基础上的情景合一也是情和景双向互动、双向选择的平衡状态，因此情景合一是情景交融的高级阶段。神合体道是意象创构的终极旨归，它建立在物我贯通、情景合一的基础上，又超脱于这两者，体现出了生生不息的生命精神。

在意象创构中，要实现物我贯通、情景合一，到达"神合体道"的境界，想象力是至关重要的能力要素。朱志荣教授称："其中想象力对于意象的创构尤其重要。"①他认为。意象是主体营构之象，正因为有想象力的介入才能使主体"迁想妙得"②，超越物我的界限和时空的束缚，完成审美意象的创构。刘勰将想象力对意象的构思作用看成是"驭文之首术，谋篇之大端"③。没有想象力的作用，意象的创构活动也就无从谈起。在物我贯通的思维过程中，因为有想象力的介入，主客体之间的界限才能消解。物与我、主体与客体在真实世界中是截然分明的不同体，唯有在想象力营构的时空中，物我才能突破彼此的界限，妙合无痕地融为一体，畅通无碍地实现沟通和交流。因为想象力的营构，主体可以突破此次此地的感觉经验，调动不在目前的形象，超越身观的局限和时空的限制，"思接千载"④"视通万里"⑤，纵横古今四海，实现"形在江海之上，心存魏阙之下"⑥的审美理想。

① 朱志荣：《中国审美理论》，上海：上海人民出版社2013年版，第229页。
② （唐）张彦远著，俞剑华注释：《历代名画记》，上海：上海人民美术出版社，1964年版，第102页。
③ （南朝梁）刘勰著；王运熙，周峰译注：《文心雕龙译注》，上海古籍出版社，2010年版，第133页。
④ （南朝梁）刘勰著；王运熙，周峰译注：《文心雕龙译注》，上海古籍出版社，2010年版，第132页。
⑤ （南朝梁）刘勰著；王运熙，周峰译注：《文心雕龙译注》，上海古籍出版社，2010年版，第132页。
⑥ （南朝梁）刘勰著；王运熙，周峰译注：《文心雕龙译注》，上海古籍出版社，2010年版，第132页。

在想象力的作用下，主体在客观实象的基础上"无中生有"，创构出了象外之象，拓展了物象、事象的外延，显示出有限激发无限的审美效果。

朱志荣教授物我贯通的思想是对朱光潜先生"主客统在一论"思想的继承。朱光潜先生提出"美是反映的结果，是主客观统一的结果"①的认识。在朱光潜先生的理论中，主客体是相融统一的关系，但主客体之间是以"主"为本位还是以"客"为本位，是单向的顺应、同化，还是双向对等的互动交流？朱光潜先生并没有进一步的阐释说明。朱志荣教授"物我贯通、情景合一"的理论则涉及了这方面的思想。由前文的分析我们可知，物我往复交流，主客体是双向选择、双向接近的，主客体之间表现为一种平衡对等的关系。由此，朱志荣教授在朱光潜先生"主客统一"的认识论上对主客体关系的具体形态有了更为清晰的认识，是对朱光潜先生"主客统一论"的进一步发展和深化。

同时，我们还可以发现，在意象创构活动中，除了想象力这一至关重要的思维因素之外，主体的情感、感悟、审美经验和审美理想等主观能动因素在意象创构中也有至关重要的作用。朱志荣教授指出能动的个体性因素是意象的创构过程呈现出动态性特征的重要原因。同时，他又进一步说明审美意象不是预成的，不是固态永恒的物象，而是化生的，是不断变化的"意中之象"，这是对现成论思维方式的突破。对于意象创构的动态性特征，朱志荣教授阐释道："它不仅在个体审美活动中瞬间生成的，而且是社会的，是族类乃至人类在审美活动中历史地生成的。"②于此可见，造成意象创构动态发展的原因，除了个体能动因素以外，还有历时性因素。个体和族类的审美经验在历史变迁中不断积累发展即使影响意象创构动态性的历时性原

---

① 朱光潜：《朱光潜全集》（第 10 卷），合肥：安徽教育出版社 1996 年版，第 308 页。
② 朱志荣：《论审美意象的创构》，《学术月刊》2014 年第 5 期。

因。因此意象的创构呈现出翕辟成变的特征。并且,意象的创构是一个瞬间的思维过程,是主体"瞬间的直觉颖悟"[1],是即景会心的瞬间直觉体验,没有深思、推理的过程,在物我交融的刹那间完成。意象创构的这种瞬间性特征也是它恒新恒异、动态发展的重要原因。朱志荣教授对意象创构动态性特征的阐释,揭示了意象创构的复杂性和多义性的原因。

综上所述,朱志荣教授对意象创构活动中主体思维展开的机制进行了详细的阐释。他认为,意象创构是主体在"静照"的心理状态下,借助想象力,因情感的催动,使外在之象与主体之意相融为一,是实现物我生命精神的贯通,抵达神合体道境界的创造过程。朱志荣教授的意象创构理论,明晰了物我交融时主客关系的具体形态,是对朱光潜先生"主客统一论"的继承与发展。同时,他将审美意象看成不断发展变化的复合体,看成历史文化的积淀与个体情感、想象、感悟、审美经验和审美理想等多种主观因素综合作用的结果,挖掘出了审美意象复杂而多义的特征,具有重要的理论意义。

二、意象创构论的传统继承

"意象"概念是中国独具特色的民族本土概念,有着源远流长的历史。中国的意象研究要想摆脱西方理论的束缚,接续中国古代美学的血脉,在世界美学体系中占有一席之地,其核心和关键就在于真正地回到中国古代美学的语境中来探讨意象的问题。朱志荣教授的意象创构论就是在继承了中国古代传统文化中"天人合一"的审美体验方式、"尚象"传统、生命意识以及中国古代美学的原始文献材料的基础上发展起来的。

---

[1] 朱志荣:《论审美活动中的意象创构》,《文艺理论研究》2016 年第 2 期。

　　"天人合一"是中国古代哲学中最有影响力的宇宙观和哲学观。钱穆先生在其生命垂危之时,口述《中国文化对人类未来可有的贡献》一文,对"天人合一"这一理论有如下概括:"天人合一论,是中国文化对人类最大的贡献"①,"此一观念实是整个中国传统文化思想之归宿"②。这一认识,得到了学界一致的认同。"天人合一"的思想最早在《周易》中得到阐发,中国古代的儒家思想和道家思想均以它为理论基石。"天人合一"作为一个哲学命题,阐释了先贤对于天人关系苦苦思索后的认识,说明是人和天是一种相即不离的内在关系,天道和人道是相通的。"天人合一"的"合"不是客观现实中的"合",天和人是截然不同的两体,"合"在于思维,"天人合一"是一种整体性思维,"天"和"人"是相互依赖、相互依存的,所以我们需要把需要把人和天统一起来考虑,从关系的整体性中去把握世界。朱志荣教授意象创构论中对物我关系、情景关系的认识就是"天人合一"的思维方式的体现。他认为在意象创构过程中,物我生命节律相贯通,物与我彼此融为一体。"天人合一"中的"天"体现着自然之理,客观外物是大千世界之一粟,故而"天"理即是自然外物之理。"人"即"我"。"天"与"人"是相互依赖、相互依存,相即不离的关系,因此"物我"也彼此依存、相融一体。天道与人道相通,所以"物我"之理相通,"物我"能畅通无碍地双向交流,客观之象与主体之意也能相融无间。中国古代"天人合一"之说有诸家之别,朱志荣教授意象创构论中所指的物我贯通的思维方式更多地接受了庄子一脉的认识。庄子说:"天地与我并生,万物与我为一。"③这是一种心物合一、物我两忘、大化同流的境界,也就是意象创构中神合体道的最终追求。基于对"天人

---

① 中国人民政治协商会议江苏省无锡县委员会编:《钱穆纪念文集》,上海:上海人民出版社1992年版,第250页。

② 中国人民政治协商会议江苏省无锡县委员会编:《钱穆纪念文集》,上海:上海人民出版社1992年版,第250页。

③ 陈鼓应:《庄子今注今译》,北京:中华书局1983年版,第71页。

合一"的思维方式的继承,朱志荣教授的意象创构论沟通了主客、心物、情景之间的关系,摆脱了主客二分的思维泥淖,显示出独特的理论魅力。

中国古代有着深厚的"尚象"传统,上古时期的祭祀、图腾、占卜等原始神秘文化中就蕴含着古老的"尚象"思想。在我国传统典籍《诗》《书》《礼》《乐》《易》《春秋》中均可见"尚象"文化的有关记载。"尚象"思想集中体现于《周易》之中。《周易》相传是殷末周初时先人根据卦象来预测凶吉的卜筮之书。古人根据卦象用卦爻辞记录下其中所象征的意旨。朱志荣教授说:"意象创构理论的渊源最早可追溯到《周易》,其中所包含的'观物取象','拟诸其形容,象其物宜','立象以尽意'等命题对后世的影响十分深远。"①《周易》中包含的"观物取象"的思想,是意象创构开展的前提条件。"观物"指的是对具体物象的体察,一般指远观近观、仰观俯察的目视动作。"观物"是意象创构展开的前提,没有"观物"的生理体验,"物"和"我"没有逻辑上的接触,也就谈不上物我融合的意象创构了。"立象以尽意"是意象创构的理论意义。古人推崇"立象以尽意",因为"象"有"言"所不及之处,言语的表达效果是有限的,而意象创构出的象外之象中蕴含的想象空间是无限的,可以产生余味无穷的审美效果,故而可以"立象"以尽"言"所不尽之意,这也是审美意象的独特魅力所在。此外,意象创构中的取象比类、托物起兴的艺术手法也都体现了中华民族"尚象"的精神传统。可以说,"尚象"文化是意象创构论的思想根基。

生命意识是中国传统文化的重要内涵。哲学家牟宗三曾指出:"中国文化之开端,哲学观念之呈现,着眼点在生命,故中国文化所关心的是'生命',而西方文化的重点,其所关心的是'自然'或'外在的对象',这是领导线索。"②朱志荣教授也说:"生命意识是中国古人审

① 朱志荣:《论审美意象的创构》,《学术月刊》2014年第5期。
② 牟宗三:《中西哲学之会通十四讲》,上海:上海古籍出版社2008年版,第10页。

美思维方式中的基本特征,贯穿在审美活动的体验中,凝定在艺术创造的物化形态中。"①审美活动中的生命意识,不仅关注人的生命的存在、价值与意义,同时还注重个体生命体验与内心世界的开拓。生命意识是朱志荣教授归纳总结出的意象创构的一个重要特征。朱志荣教授是这样来阐释意象创构活动中的生命意识的:"主体以眼、耳等感官的生理节律体悟自然的生命节律,又以体现生命情调的心态去体悟物趣,使情景交融,完成虚实相生的意象的创构,由此进入到崭新的生命境界中。"朱先生描绘的这种生命精神,一方面是指主体本身所具有的生命情调,另一方面指主体内含生命情调的身心与外在自然的贯通即"天人合一"。生命意识是意象创构理论的重要特征,因为"审美活动是一种生命活动,审美体验是一种生命体验,意象创构本身是生命活动的一种方式。"②意象创构的主体是具有生命情怀的主体,意象创构的过程是主体的生命精神与外在对象冥合贯通的过程,创构活动中生成的对象也是灌注了主体生命意识的对象。意象创构循环往复,体现了周流不息的生命精神。生命意识贯浑然灌注于意象创构的整个过程和方方面面。这种生命意识与天人合一的思维方式相应和,在审美意象的创构过程中自觉形成,是中国美学传统的特色所在。

　　此外,朱志荣教授极为重视中国传统哲学、美学的思想资源。他在《意象论美学及其方法——答郭勇健先生》一文中指出:"我们的意象研究要继承传统,尊重中国古代意象思想的本来含义,要正确地对待中国古代意象思想的原始文献,真正把握意象资源的精神实质及其发展脉络。"③朱志荣教授以古代美学资源为其意象理论建构的源头活水。意象创构美学中理论内涵的阐发、理论思想的提挈都是在

① 朱志荣:《论中国审美意识史中的生命意识》,《贵州社会科学》2013 年第 12 期。
② 朱志荣:《论审美意象的创构》,《学术月刊》2014 年第 5 期。
③ 朱志荣:《意象论美学及其方法——答郭勇健先生》,《社会科学战线》2019 年第 6 期。

开掘古代美学资源的基础上进行的。譬如,朱先生对"意"和"象"概念,"意"和"象"两者关系的认识来自《周易》中的文献材料,而对于意象创构中的思维特征的阐发则深受刘勰《文心雕龙》的影响。朱志荣教授对意象创构中物我贯通、情景合一和神合体道的总结,挖掘出中国古人诗性的思维方式和"天人合一"的审美理想,也是在精准把握古代意象文献资源之后而得出的结论。朱志荣教授的意象本体观也是基于中国传统的本体内涵的认识而提炼出的思想观念。他将意象的本体概念理解为本源、体性、体貌的统一,也是借鉴、吸收老子哲学等中国古代哲学思想资源的结果。

总之,朱志荣教授的意象创构思想是奠定在对中国传统文化积淀的继承之上的理论成果。他在充分挖掘中国古代美学的原始文献材料的基础上,继承了中国传统文化中"尚象"思想,重视意审美活动中的生命意识,以中国古代哲学中"天人合一"的思维方式实现了主客、物我之间的贯通,建构了意象创构论的理论体系,是中国语境下建构具有民族特色的美学理论体系的积极尝试,体现了自觉的民族话语建构意识。

三、意象创构论的现代转化

朱志荣教授的意象创构理论不仅是一种根植于中国传统文化、具有民族特色的理论,同时还是一种现代视域下,推陈出新、与时俱进的理论。这种与时俱进的特点主要表现在两个方面:一是充分吸收现代中西方美学理论中的有益成果,建构和完善了意象创构理论体系;二是立足于当下的审美实践,拓展了意象的普适性

意象创构理论的建构不是闭门造车,而应接受"异质文化"的影响。如牛宏宝所指出的:"在跨文化的历史语境中,任何一种文化如果试图以固守本土文化的本位地位来构建自身新的文化身份,它将

不得不面临将自身从正在进行的历史中革除出来的尴尬,因为它将自身的生存放置在过去从而放弃了自身现存的历史。"因此意象创构理论的现代转化不能绕开西方现代的哲学美学而抱守中国传统美学思想故步自封,而应积极参与中西美学的沟通与交流。朱志荣教授对西方哲学美学思想的接受,主要体现为两点:一是早年接受康德的美学思想,影响了他意象创构理论的建构;二是运用西方现象学理论来阐释意象创构。

朱志荣教授的博士论文就是《康德美学思想研究》,其对康德美学有着系统的研究,在此基础上,对康德的意象论也有深入的了解。他指出:"在一定程度上可以说,审美意象是康德美学的核心范畴"[1]在论文中,他专设一章讨论康德的审美意象论,认为,在康德的美学体系中,审美意象这一概念贯穿于他对审美理想和艺术创造的研究中。康德在定义审美意象时说:"我所说的审美意象,就是由想象力所形成的那种表象,它生起许多思想而没有任何一特定的思想。"[2]可见,在康德的定义中,想象力是审美意象形成的至关重要的思维因素。康德把想象力称为"构成天才的心意诸能力","想象力(作为生产的认识机能)是强有力地从真的自然所提供给它的素材里创造除一个象似别一个自然来。"[3]朱志荣先生在分析意象创构的思维过程时,尤为重视主体想象力的发挥。在朱志荣教授意象创构理论中,想象力是物我贯通,形成象外之象不可或缺的要素,对想象力的重视与康德是一致的。可以说,康德对审美意象的认识、对想象力的重视某种程度上影响了他日后意象创构论的建构。

朱志荣教授积极寻求中西美学的契合点,运用西方现象学方法来阐释意象创构理论,推动了中国传统意象理论的思维转向与现代

---

① 朱志荣:《康德美学思想研究》,合肥:安徽人民出版社1997年版,第165页。

② (德)康德:《判断力批判》,北京:商务印书馆1964年版,第110页。

③ (德)康德:《判断力批判》,北京:商务印书馆1964年版,第110页。

转化。他说："意象论与一些西方现代相关学说有相契合的一面，这是意象范畴现代性阐释的基础。其中的物我为一、情景交融的主客观统一思想内涵，超越了二元对立的思维方式，与西方现代美学尤其是现象学的方法克服主客二元对立的思维模式是合拍的，因而它也具有现代性因子。"①朱志荣教授认为意象创构论美学一个重要的发展方向就是找到与西方美学尤其是现象学相契合的一面，摆脱传统主客二分的思维范式。传统西方哲学美学都是基于主客二分的思维模式来认识和理解美的本质的。但是二十世纪以来则出现了一种思维转向，"大多数西方现代哲学家都反对'主客二分'的哲学原则和思维方式，而主张'天人合一'的哲学原则和思维方式。"②即倡导一种主客不二、物我融合的思维模式。朱志荣教授将审美意象看成主客融合的产物，在物我贯通、情景合一、神合体道的心理营构过程中实现对主客二元对立的超越，在此意义上，便实现了意象创构理论与西方现象学美学的贯通。

需要指出的是，朱志荣教授对待中西方意象美学的思想资源和理论方法极为慎重。中西方美学有着各自的民族文化精神和审美范式，由此延伸出的文化特质、发展理路和思维特征和也是各异的。因此，将西方的文艺理论不加分析地应用于中国传统文艺美学的研究，生搬硬套、削足适履，只会歪曲中国意象美学的思想内容。朱志荣教授主张"异质文化"理解与会通，交融与并存。他说"中西融会贯通，是一种碰撞融合，而不是简单地以西统中。我们不能以牺牲中国美学的独特性为代价，更不能陷入全盘西化的误区，而是在尊重各国和各民族美学传统的基础上走向和谐共存的格局。"③朱志荣教授认为中国美学中的"意象"理论，是以中国古代天人合一、物我同一的哲学

---

① 朱志荣：《论意象的特质及其现代价值——答简圣宇等教授》，《东岳论丛》2019 年第 1 期。

② 叶朗：《胸中之竹——走向现代之中国美学》，合肥：安徽教育出版社 1998 年版，第 6 页。

③ 朱志荣：《意象论美学及其方法——答郭勇健先生》，《社会科学战线》2019 年第 6 期。

美学为其理论基础的,不能被西方存在论现象学和身体现象学一系列框架束缚住了手脚,患上"失语症",失去了立身之本。中国美学中的"意象"理论深受中国古代传统文化崇尚自然、返璞归真的审美理想的滋养,是中国古代诗性的思维方式与"天人合一"审美理想的体现。意象创构理论的建构和现代转化必须从中国本体语境出发。西方现象学之于中国意象美学建构的意义与价值,应该是叶朗教授所说的"照亮",而非全盘接收。有学者误读了朱志荣教授的意象创构理论,以鲍姆嘉滕的"感性认识"理论来批判朱志荣教授的意象创构的本体论思想,某种程度上就是因为其忽视了中国传统美学中独特的思维方式和内质,"将西方美学中的逻各斯中心主义统摄下的独断论看作是建构中国美学体系唯一有效的途径。"①

　　中国的意象理论,不仅属于中国文化,也属于世界文化,因而需西方现代哲学美学中汲取有益因素,推动中国的意象理论融入世界。同时,意象理论不仅属于过去,也属于当下。对此,朱志荣教授说道:"意象的现代性问题,不只是我们从逻辑上加以阐发和论证的理论问题,而且是一个实践性很强的问题。我相信,意象范畴在当下的审美实践和艺术实践中将继续得以发展。"②朱志荣教授认为,意象美学研究应当"面向当下的美学理论建构与审美实践"③。他提出了这样的理论认识,并在意象创构理论的建构过程中自觉践行。随着大众文化的勃兴,日常的审美活动被越界,传统意义上的文艺形式不再是唯一的审美对象,大众文化中的广告、嘻哈、说唱等也逐渐成为人们的审美对象,日常生活审美化"的问题成为意象理论建构过程中不可回避的问题。基于这样一种现状,朱志荣教授认为意象不仅仅能用

---

① 苏保华:《"意象"范畴的当代阐释与创构"意象美学"——兼论朱志荣"美是意象说"及与之相关的质疑》,《清华大学学报(哲学社会科学版)》2018 年第 4 期。

② 朱志荣:《论意象的特质及其现代价值——答简圣宇等教授》,《东岳论丛》2019 年第 1 期。

③ 朱志荣:《意象论美学及其方法——答郭勇健先生》,《社会科学战线》2019 年第 6 期。

来解释和评价中国古代的审美现象和艺术现象,也能在当下的审美实践和艺术实践中发挥重要作用。他说"意象这一概念在古代的适用范围在不断扩大,那么,我们同样可以继续扩大它的运用范围,运用它来评价现代艺术"①。说唱、街舞、脱口秀、涂鸦、小品、电影、行为艺术等等多种多样的现代艺术都可使用"意象"范畴来品评、阐释。因此,日常审美活动中与古典艺术逆向而行的艺术形式,也可以被纳入意象的范畴之中。朱志荣教授认为艺术实践中那些乖讹、丑陋、怪诞的艺术形象能产生审美的负价值,也属于审美意象,可称之为"丑意象"。朱先生将"丑意象"纳入审美意象的范畴之中,与"美意象"形成对照,有效拓展了意象范畴的普适性,是其意象创构理论现代转化的积极尝试。

正是基于对当下的审美实践活动的关注和思考,朱志荣教授对意象范畴进行了扩容,有力地拓展了意象范畴的普适性。朱志荣先生认为,与自然、人生、艺术三个审美对象的领域相对应,审美意象也可以分为三个类别即自然意象、人生意象和艺术意象,创造性地提出"人生意象"这一概念,用来指称他者的审美人生。他否定了意象只存在于自然界和艺术作品中的看法,认为"意象及其特征应该被放在整个审美活动中进行讨论"②。朱志荣教授指出符合主体审美尺度的他者人生,就如同艺术品一般,都能经由主体的创构而生成审美意象。人生意象是自然意象和艺术意象之外的另一种意象类别,是其对意象类别和范围的补充扩展。陶水平教授充分肯定了朱志荣教授这一分类的理论意义,他指出:"朱志荣的这个观点,合乎中国古典美学把意象分为自然意象和文化意象的学术传统,又与康德审美意象论把意象分类自然意象和艺术意象的学理相通,,并把审美意象类型扩充为三种类型,因而具有重要的学术创新意义,提高了意象论的阐

① 朱志荣:《论审美意象的创构》,《学术月刊》2014 年第 5 期。
② 朱志荣:《中国审美理论》,上海:上海人民出版社,2013 年版,第 234 页。

释能力。"①

总之，意象创构理论是以"天人合一"的审美体验范式、"尚象"的思维方式和注重生命意识的中国文化人伦特质以及中国古代美学的原始文献材料为资源，以中国当下的审美实践活动为向导，在与西方话语的沟通、交流、借鉴中与时推移、因革损益，焕发出理论的生机与活力。因此，有着源远流长历史的意象创构理论不是一种古老形态的理论，而是因时代境况不断更新自身的知识系统。

朱志荣教授对意象创构心理营构机制进行了详细的阐释和分析，为意象美学的研究提供了新的理论范式。同时他又打通了中西美学资源，促进了意象创构理论的现代转化。近年来，朱志荣教授还著专文对《周易》、《文心雕龙》等著作的意象观点进行深入探索，意象与意境的关系也是朱志荣教授意象研究重点关注的内容，限于篇幅，不能一一予以论述。朱志荣教授的意象创构论美学思想引起了毛宣国、韩伟、简圣宇、郭勇健、何光顺、冀志强等多位学者的热烈讨论，足见这一思想的理论价值。意象创构论美学的建构，是朱志荣教授建立具有民族性、开放性、包容性和时代性的中国美学理论体系的可贵尝试，寄托了其建构独树一帜的意象美学理论的愿望。

---

① 陶水平：《意象论语中国当代美学研究——以朱志荣意象创构论美学为例》，《社会科学辑刊》2015 年第 5 期。

朱志荣意象美学的阐释逻辑

陈　娟

意象问题是中国美学研究中的重要问题,其重要性主要体现在两个方面:一是"意象"范畴处于中国古典美学和中国现当代美学、中国美学与西方美学的交汇点上,是一个融通古今、中西的美学范畴;二是"意象"范畴在中国古典美学中有着漫长的发展历史,与中国古典哲学、诗学等均有着深厚的关联,是具有中国特色的美学思想结晶。近现代以来的美学家们在著作中或多或少涉及到对意象的论述,但对"意象"范畴进行系统梳理、形成较为完整的意象美学体系,则是 20 世纪 80 年代至今的事。当代美学中的意象研究呈现出多种阐释路径并存的样态,其中,朱志荣教授在系列论文的基础上提出"美是意象"的标志性观点,这一观点以"意"与"象"的密合无间作为审美意象的基本内涵,从本体论角度对"美"进行界定,在意象美学的阐释逻辑、意象思想的古今转换等方面均有着重要的学术价值,值得我们重视。

一、"美是意象"论

"美是意象"是朱志荣的代表性美学观点,这一观点引起了学界的讨论,讨论的角度主要有三个方面:第一,就"美是意象"的理论地位来说,该命题在美学中的位置是什么、对美学发展的贡献是什么等①;第二,针对"美是意象"命题本身,该命题的表述是否将"美"狭隘化、是否存在逻辑上不能自洽等问题②;第三,将"美是意象"与其他意象美学观点进行比较,并对其提出建设性建议等③。在这些讨论和商榷意见中,不乏美学思想上的闪光点,如王正中将意象视为一种空间性的审美范畴而质疑其对时间性审美对象的有效性④,李祥林将当下关于意象的论争角度概括为"理解何为美"而提出通过转换学术视野给予意象美学更多的宽容性⑤等。实际上,"美是意象"有其特定的提出背景和论述逻辑,我们也必须将这一命题放在美学学科发展的语境中对其进行理解。

首先,"美是意象"是立足于中国传统美学、为解决当下美学困境而提出的美学命题。意象范畴在中国古典美学中有着漫长的发展历程,在近现代美学发展中又与西方美学发生关联,这带来的问题是,当下美学语境中的"意象"是一个极具争议性的范畴。目前对意象的美学研究中,已经达成了以下共识:其一,在美学范围内研究意象这一过程开始于近现代以来的朱光潜、宗白华等美学大家,他们的美学思想兼有中西两种文化的影响;其二,中国古典哲学、诗学、美学等著述中均有大量关于意象的论述,这是当下意象研究的宝贵资源。在这两个

---

① 参见苏保华:《"意象"范畴的当代阐释与创构"意象美学"——兼论朱志荣"美是意象说"及与之相关的质疑》,《清华大学学报(哲学社会科学版)》2018 年第 4 期;冀志强:《"美是意象"说的理论问题——与叶朗先生、朱志荣教授等学者商榷》,《山东社会科学》2020 年第 2 期等。

② 参见毛宣国:《"意象"概念和以"意象"为核心的美的本体说》,《社会科学辑刊》2015 年第 5 期;何光顺:《意象美学建构:本体论误置与现象学重释》,《清华大学学报(哲学社会科学版)》2018 年第 4 期等。

③ 参见陶水平:《意象论与中国当代美学研究——以朱志荣意象创构论美学为例》,《社会科学辑刊》2015 年第 5 期;简圣宇:《当代语境中的"意象创构论"——与朱志荣教授商榷》,《东岳论丛》2019 年第 1 期等。

④ 王正中:《意象的本体论研究批判》,《贵州社会科学》2020 年第 2 期。

⑤ 李祥林:《当前中国美学界围绕意象问题的争论之我见》,《西北大学学报(哲学社会科学版)》2015 年第 5 期。

共识的基础上,以意象为中心对中国传统美学进行系统梳理以建立具有中国特色的当代美学体系,这是当代意象美学家们的努力方向。对此,朱志荣写道:"我阐释中国古代意象思想,意在进一步概括和总结以意象为中心的中国特色的美学理论体系。"①为实现继承传统、立足当下的目标,朱志荣在美学领域中讨论"意象"、在现代语境中讨论"美"和"审美",将意象、美、审美活动三者统一起来,认为意象是审美活动的结晶,美就是审美活动中产生的意象。在朱志荣的美学论述中,意象一方面是中国传统文化"尚象"思维方式的集中体现,其创构过程包含物我贯通、情景交融、意与象合、神合体道等层面,是中国古人艺术品评中"美"的替代词;另一方面,意象理论自近现代即开始吸收西方美学的有益成分,但它从来不是任何西方美学的变体,而是可以融入到国际美学中的中国美学的代表。因此,"美是意象"的提出是朱志荣建构具有中国美学特色的当代美学体系的理论尝试。

其次,意象创构在"美是意象"命题中占据重要位置。从 1997 年出版《中国艺术哲学》与《审美理论》开始,"意象"就是朱志荣重要的学术关注点。朱志荣写道:"审美意象是审美理论研究的核心。……审美意象就是我们通常所说的美。"②对意象的这种论述是朱志荣意象美学思想的最初雏形。2012 年时,朱志荣写道:"中国美学的研究应该以审美意象为中心,是一种意象创构论的本体论美学"③。随后,2013 年朱志荣又写道:"美即意象,包含着客观的物象及其背景以及主观的情趣两个方面,经由主体的心灵通过想象的创造加以融合,是主客统一的产物。"④直到 2014 年《论审美意象的创构》一

---

① 朱志荣:《意象论美学及其方法》,《社会科学战线》2019 年第 6 期。

② 朱志荣:《中国审美理论》,上海人民出版社 2013 年版,第 207 页。

③ 朱志荣:《论继承中国传统的美学体系建构——在华东师范大学的讲演》,《美与时代》2012 年第 2 期。

④ 朱志荣:《也论朱光潜先生的"美是主客观统一"说》,《清华大学学报(哲学社会科学版)》2013 年第 3 期。

文，朱志荣鲜明地提出了"美是意象"这一观点："美是意象，是主客、物我交融的成果。因此，审美活动的过程就是意象创构的过程。"①此后，《再论审美意象的创构》《论审美活动中的意象创构》《意象创构中的感物动情论》等系列论文相继对"美是意象"这一观点进行补充和完善，逐渐形成了独具特色的意象美学思想。可以看到，随着朱志荣意象美学思想的发展，"意象创构"得到了越来越多的突显。在"美是意象"的命题下突出意象创构论，有两方面的意义：其一，"创构"即生成，包含着审美主体与审美客体以及二者的相遇相合，这意味着"意象"中有主有客但"意象"本身是超出主客二分的；其二，作为审美活动的结晶，意象创构的完成就是审美活动的完成，而"美"也就被呈现出来。朱志荣写道："美不在意象的形态本身，而在其独特的性能和价值"②，而意象的性能和价值集中体现在意象的创构过程中，可以说，正是"创构"将意象与美紧密结合起来，意象的创构过程就是美的生成过程。"创构"一词是朱志荣继承和改进宗白华、蒋孔阳等人美学思想的结果，它强调过程性、动态生成性以及主体的主导性和能动创造性。王怀义将朱志荣的意象美学概括为"意象创构论美学"③，正是对朱志荣意象创构相关论述的美学价值和意义的重视。

第三，"美是意象"是美的本体论命题，这一命题有其合理性。朱志荣认为，意象是美的本体，但"意象作为美的本体，有着自己的特征、功能和价值"④。也即，对意象的讨论是在本体层面上讨论美，不讨论非审美层面的意象。朱志荣所说的"本体"是"中国古代的本体，是本源、体性和体貌的统一，是时空合一的"⑤，他明确表示："我认为'美是意象'，意象就是美及其呈现，是主体在审美活动中所形成的心

---

①　朱志荣：《论审美意象的创构》，《学术月刊》2014 年第 5 期。

②　朱志荣：《论审美活动中的意象创构》，《文艺理论研究》2016 年第 2 期。

③　杨春时主编：《中国现代美学思潮史》，南昌：百花洲文艺出版社，2019 年版，第 469 页。

④　朱志荣：《论审美活动中的意象创构》，《文艺理论研究》2016 年第 2 期。

⑤　朱志荣：《意象论美学及其方法》，《社会科学战线》2019 年第 6 期。

象,是主体审美心理活动的成果。……我把审美意象看成美学的元范畴,对美进行了本体论的界定,同时也是一种审美价值的判断,是体用合一的本体论与价值论的统一。"①也就是说,朱志荣对本体的这种体用合一的理解和运用,从基本理论层面表明其意象思想是以中国哲学为基础的,从而有别于西方理论中的本质说。因此,在讨论朱志荣的意象美学时,可以选取中西对比的角度,但不能以西释中、以西囿中甚至以西代中。关于"美是意象"这种表述方式能否自洽,朱志荣在《平心论"美是典型"说》一文中的意见可以参考:

> 学术界对于"美是典型"说的批评,虽然讲得头头是道,自以为击中了"典型说"的要害,却在逻辑上犯了常识性的错误。因为其中的"美"这个概念,作为被定义的对象,是一个周延的概念,而"典型"作为一个对对象作定义和界定的概念,却是不周延的。用不周延的概念定义周延的概念,作命题的变形推理,虽然主项和谓项之间可以置换,但原来不周延的概念仍然是不周延的。"美是典型",当主项和谓项之间置换时,只能说"有些典型(的东西)是美(的)"。②

可以看到,在"美是意象"这个命题下,"有些意象是美"是成立的,而"意象是美"是不成立的。至于以意象论美,朱志荣写道:"我们以主体在审美活动中能动创构的意象来命名作为名词的美,一是强调它的效果,由悦耳、悦目而赏心,或震撼心灵。二是强调它的过程,美即意象是由主体能动创构的,又是相对固定和稳定的。"③这里的"相对

---

① 朱志荣:《再论审美意象的创构》,《学术月刊》2015 年第 6 期。

② 朱志荣:《平心论"美是典型"说》,《全国马列文艺论著研究会第十八届学术研讨会论文集》2002 年。

③ 朱志荣:《论审美活动中的意象创构》,《文艺理论研究》2016 年第 2 期。

固定和稳定的"就是审美活动之所以为审美活动的东西。"美是意象"是以审美活动为前提的,对该命题的讨论不能脱离审美范围。同样,在对与意象相关的概念和范畴如意境、形象等进行讨论时,也应该以美学语境为共同基础。

总之,"美是意象"是基于中国传统文化背景而提出的美的本体论命题,其意图在于以意象为中心建构贯通性的美学理论。除古典美学以外,朱志荣还采用了中国古典哲学、诗学等相关资源,但我们不能由此断定朱志荣的意象美学是纯然中国式的。实际上,正是在了解和吸收西方美学理论及方法的基础上,朱志荣建构了具有中国特色的意象美学理论体系,他写道:"意象论与一些西方现代相关学说有相契合的一面,这是意象范畴现代性阐释的基础。其中的物我为一、情景交融的主客观统一思想内涵,超越了二元对立的思维方式,与西方现代美学尤其是现象学的方法克服主客二元对立的思维模式是合拍的"[①]。在"美是意象"命题的表述方式受到的责难中,最多的是朱志荣尚未给出明确的定义,参看朱志荣对"美是意象"的表述:"美是意象,是主体在审美活动中,对物象、事象及其背景进行感悟,产生动情的愉悦,并且借助于想象力能动创构的结果。"[②]这种表述方式何尝不是一种对美的形成过程的现象学描述呢? 在这种描述之下,"美是意象"的命题呈现出一种半开放的状态——既有明确的指向性,也包含诸多动态的、随机的不确定性。"美是意象"之命题的合理性不在于它是一个严格的定义,而在于它讨论了美的普遍规律、提供了一种切近美的方式。

二、"意"与"象"的双向规约

朱志荣的古典美学意象论是以"意"与"象"的密合无间作为潜在

①　朱志荣:《论意象的特质及其现代价值——答简圣宇等教授》,《东岳论丛》2019 年第 1 期。
②　朱志荣:《意象论美学及其方法——答郭勇健先生》,《社会科学战线》2019 年第 6 期。

逻辑展开的,审美活动中意与象的关系是其意象论述的核心。朱志荣一再强调审美活动中意与象是水乳交融、有机结合的,是水中盐、蜜中花的关系,但在对审美意象进行分析时则有必要将意与象分开论述,以便对审美意象的生成、特征等问题有清晰的认识。在基本理论层面,朱志荣对意和象分别作出界定,他认为:"在审美的意义上,意主要指主体的情意,以情感及其趣味为根本特征,但又不只是限于情感;还包括情感的趋向,在情感中作为内聚力的理""其中的象,包括物象、事象及其背景作为实象,也包括主体创造性的拟象,特别是在实象基础上想象力所创构的虚象,虚实结合,共同组成了与主体情意交融的象的整体"①。在具体论述中,朱志荣重视尚象思维方式对意象创构的影响、意象创构的瞬间性、主体所起的主导作用等,并指出审美意象具有生成性、无限性、超越性等特点。这一意象阐释逻辑具有典型性和代表性。

第一,在意象的创构过程中,"意"对"象"起着约束作用。朱志荣写道:"主体的能动作用,在于取象和立象。"②也就是说,"意"是情、理、趣、志的综合,审美活动是在"意"的主导下展开的,主体在意象创构中的主导作用也是通过"意"发生作用的。"意"对"象"的约束体现在三个方面:其一,审美活动始于主体以意取象。朱志荣写道:"在审美活动中,主体对外在物象和事象先由观而取,再进行意象创构。"③主体之观物即是一种选择性,主体的情意受到外物感发的过程,就是处于潜伏状态的"意"通过取象而外显的过程。同一主体所面对的外在物象、事象及其背景是无穷的,但只有符合主体之意的外物能够触发主体的审美感受;不同主体面对相同外物时之所以会产生不同的审美感受,也是因为主体之间的"意"存在差异。即使是面对同一种

---

① 朱志荣:《论审美意象的创构》,《学术月刊》2014年第5期。
② 朱志荣:《论审美活动中的意象创构》,《文艺理论研究》2016年第2期。
③ 朱志荣:《论审美意象的创构》,《学术月刊》2014年第5期。

物象，主体的"意"也是变化的，如蒋捷的《虞美人·听雨》一词表现了"雨"这一物象在人生中三个阶段情感的观照下所创构的截然不同的意象。朱志荣认为借景抒情是意象创构的重要形态，借景抒情中的"情"是个体性的、有差异的，因而所创构的意象也是个体性的、有差异的。其二，审美意象的创构是主体以意拟象的结果。朱志荣写道："意象是主体以意统象，在神会妙悟中能动创构起来的。"①主体对符合"意"的"象"进行加工，使"意"脱离抽象无着的状态、"象"脱离纯然客观的状态，两者密切结合从而形成审美意象。宗白华在《美学散步》中引张大复在月光下见到破山僧舍"幽华可爱"而第二日再见时不过是"瓦石布地"的例子，来说明审美活动中的"移世界"②，这其实也就是主体在"意"的主导下对外物形象进行改拟而形成审美意象。其三，主体可以在"意"的作用下创造新象。朱志荣强调审美活动中主体的拟象、虚象、象外之象等，在某种程度上讲都是主体创造的新象。"象"所包含的物象、事象及背景均以实象为主，当实象无法表达主体之意时，主体往往需要创造新象。神话意象就是主体在"意"的主导下创造新象的典型例子，我们既不能讲神话意象全无依据，但也不能确切地讲出其所依据，同时，我们在欣赏神话意象时也并不感到陌生，甚至神话意象比一般意象更能激发我们的好奇心和想象力。审美活动中的"象"受到"意"的约束，从而区别于认识论意义上的"象"，这也是意象与形象的区别。

第二，在审美活动中，"象"对"意"起着引导作用。朱志荣将"象"划分为物象、事象及背景三个方面，物象和事象是实象的基本内容，对背景的强调则是出于对象的引导作用的重视。比如常说的俗语"一朵鲜花插在牛粪上"，与牛粪放在一起的鲜花所引起的首先是视觉上的反差和认知上的判断，而不是审美上的享受。象对意的引导

---

① 朱志荣：《再论审美意象的创构》，《学术月刊》2015 年第 6 期。
② 宗白华：《美学散步》，上海：上海人民出版社，1981 年版，第 20 页。

作用主要体现在两个方面：一方面，"象"的引导性特征突出表现在审美活动中的感物动情、触物起情上。朱志荣写道："主体以心应物，触先感随，是感物动情的一个特征"、"比兴是对感物动情的创造性传达"①。感物动情以"物"为基础，"物"进入审美活动中就是"物象"。中国古典文学中由"关关雎鸠，在河之洲"自然过渡到"窈窕淑女，君子好逑"，由"树犹如此"自然衔接到"人何以堪"等，都是主体在象的引导下动情创构意象的例子。"象"对主体之"意"的引导还体现在"象"是民族文化与共同审美心理的感性载体上，譬如中国传统文化中的山水比德、以"梅""兰""竹""菊"等物象象征高洁的人格等等。朱志荣重视中华民族"尚象"思维方式对审美的影响，也是对"象"在审美活动中的引导作用的强调。另一方面，主体的"意"是复杂、无限的，但同一时空条件下，并非所有的"意"都能够被凸显而形成审美意象，"象"引导着"意"的外显和强化。白居易《琵琶行》中描写了众人的心情随着琵琶女乐声的变化而起伏的过程，在乐声引导下最后达到一种"唯见江心秋月白"的忘我境界，"座中泣下谁最多，江州司马青衫湿"也正是琵琶声强化了白居易被贬谪之心情的结果。朱志荣认为，"意象的创构以感性对象的价值特点为基础，经历了'感知——动情判断——创构'的过程"②，可以说主体的感知、判断和创构都在一定程度上受到"象"的影响，"象"的这种影响力就是对审美活动中主体的意向性特征的具体描述。

　　第三，"意"与"象"的双向规约，以两者密合无间而创构审美意象为旨归。朱志荣认为审美活动中"意"与"象"的关系是水乳交融的，意象的创构是物态人情化、人情物态化的结果。也即在意象创构中，虽然存在"意"的主导、"象"的引导的区别，但是审美活动中的"意"与"象"是缺一不可、相辅相成的。这符合中国古典美学超越主客二元

① 朱志荣：《意象创构中的感物动情论》，《天津社会科学》2016 年第 5 期。
② 朱志荣：《论审美意象的创构》，《学术月刊》2014 年第 5 期。

对立的基本精神。一般认为，古典诗学中有"贵意"和"尚象"两种倾向，从而认为意象的发展历史是这两种文艺精神冲突、调和的历史。实际上，"贵意"和"尚象"的着眼点并非在"意"和"象"本身上，而是共同指向更高的哲学范畴，即"气"和"道"。朱志荣对古典诗学的论述跳出了这种"贵意""尚象"相对立的框架，而将理论重心放在"意与象合"的意象创构过程上，以意与象的密合无间作为意象的基本内涵。在朱志荣的论述中，"意"与"象"之间并非互相排斥的关系，而是通过两者融合、生成审美意象而相互成就的。对审美意象的研究来说，"意"和"象"的共同指向只能是"意象"，"意象"与"神""道""气"的关系则是另外层面的事。

总之，意象创构论是朱志荣意象美学思想的核心，而意与象的有机结合是意象创构论的核心。由于古典意象论多发生在艺术欣赏和创作领域，朱光潜、宗白华等人多将意象与"情景交融"相联系，当下的古典意象论研究中也不乏将重心放在"情景交融"上者。朱志荣则认为，"情景交融"只是意象的内涵之一，是艺术创造和欣赏中意象呈现的主要方式；在审美意象的创构中，"意"的内涵大于"情"，"象"的内涵也大于"景"，且审美意象的创构是伴随审美活动的发生而发生的，并不限于艺术活动。因此，无论是从意象的内涵阐释还是意象的研究逻辑上讲，朱志荣的意象美学思想都是一种极具张力的理论创新。

三、意象创构论美学的贯通性意义

在当下的意象研究中，如何在尊重古人原意的基础上对意象做现代性阐释，充分发掘其价值、使其在新语境下焕发出理论活力，这是学者们面临的普遍问题。对此，朱志荣以意象创构论来贯通意象在哲学、诗学、美学领域的发展，实现古典意象论向现代意象美学的转换。朱志荣把古典美学中的意象论述作为理论基石和资源，借鉴西方研究方法对其进行理论化和系统化，把"意象"作为美的本体、对其做现代阐发而建立的美学体系，是一种具有现代品格的理论创新，其优越性体现在两个方面：从古典美学的现代转换来说，意象创构论美学具有贯通性；从理论与实践的关系来说，意象创构论美学对审美活动具有现实指导意义。

　　首先，朱志荣通过贯通意象在哲学、诗学、美学三个领域的发展来实现意象范畴的古今转换。意象范畴在中国古典文化中有着悠久的发展历史，目前关于意象范畴的历史研究已经比较充分，但问题在于如何充分发掘其价值，使其古为今用。在这个问题上，朱志荣采取了将哲学、诗学、美学相结合的策略，以意与象的密合无间为意象的基本内涵来贯通意象的发展史。粗略来讲，朱志荣在古典范围内讨论意象时，将其与哲学、诗学联系起来，重点讨论"意"与"象"的关系问题，兼及意象的结构和特征问题；在近现代以来范围内讨论意象时，将其与美学联系起来，将意象作为美的本体、审美活动的结晶，同时吸收西方美学的发展成果，重点讨论意象（即"美"）的创造问题，突出主体性、想象力等。朱志荣写道：

　　　　审美意象就是审美活动中所产生的"意中之象"，是主体在审美活动中，通过物我交融所创构的无迹可感的感性形态。其中的"意"，是主观的情意，也不同程度地融汇着主体的理解；其中的"象"，是情意体验到的物象，和主观借助于想象力所创构的虚象交融为一。意与象合，便生成了审美活动的成果——情景交融、虚实相生的意象，包含意、象和象外之象三个方面的内容。[①]

[①]　朱志荣：《中国审美理论》，上海：上海人民出版社，2013年版，第208页。

在对意象的这种定义和描述中,审美活动是基础、意象生成是旨归,而作为感性形态的美蕴含在其中,古典哲学、诗学意象观与现代美学意象观也就被贯通起来。简圣宇在肯定朱志荣意象理论的创新性的同时,认为其缺陷在于"朱先生试图在不做重大修改的情况下,将一种中国古代美学的范畴直接置入当代语境。如果一直以这种语境错置的方式继续其理论推演,最后可能会建构起一个时空混乱的美学学说。"①实际上,以当下的学科发展需求为出发点、用一种潜在逻辑串联意象的古今发展,并不会带来时空混乱。哲学、诗学、美学三者均涉及意象问题,在意象理论建构上过分强调学科意识而人为割裂三者,无异于将意象肢解。

其次,朱志荣的意象创构论思想对审美实践具有指导意义,这突出表现在艺术活动中的意象问题上。审美活动是一种特殊的人类活动,艺术活动是审美活动中的特殊活动。艺术活动的特殊性体现在两个方面:其一,艺术创造者和艺术欣赏者都是审美活动的主体,艺术欣赏也是一种创造性活动;其二,艺术作品作为连接艺术家与欣赏者的中间环节,其身份在整个审美活动中的变化是艺术和审美活动复杂性的集中体现。朱志荣认为,艺术创造是"立象尽意"的一种重要方式,艺术意象是把作为审美结晶的意象物化的结果,但艺术品产生之后即成为新的审美对象。也即,艺术家作为审美主体,其心理路程经过了几个阶段:首先,艺术家的情感受到外物感发而产生了作为心象的审美意象;接着,艺术家将自己审美活动的成果(心象)转化为可以通过艺术传达出来的"胸中之竹";再次,艺术家根据艺术创作的需要对"胸中之竹"进行选择、裁剪,创造出艺术作品;最后,当艺术作品完成,艺术作品也就脱离艺术家而成为了审美对象,当艺术作品被欣赏时,就参与到下一轮审美意象的创构中去。朱志荣写道:"欣赏

---

① 简圣宇:《当代语境中的"意象创构论"——与朱志荣教授商榷》,《东岳论丛》2019年第1期。

艺术作品中的物象是主体的二次体验。……艺术意象既是艺术家在过去审美活动中创构、传达的,又是欣赏者审美活动的对象。"①意象创构是直觉活动、具有瞬间性的特征,而艺术创造则已经不属于直觉和"不经概念"的范围了。同时朱志荣也指出,艺术活动只是审美的集中表现领域,审美活动的范围远大于艺术活动;此外,并非所有的艺术活动都是审美活动。

第三,朱志荣对意象创构中的主体问题的讨论集中体现了其美学思想的贯通性。意象创构具有瞬间性,这种瞬间性集中体现在"神思"上。"神思"意味着审美活动是一个长期准备、瞬间启悟的过程,这个过程一旦发生,作为主体的人就有了超越性体验。超越性也是一种贯通性,即一方面,主体在兴会神到的瞬间获得了对时间、空间的超越,进入无限;另一方面,主体在这种对美的感受中发见了自己的本质,即"我之为我"的那种独特性,这种发见一则是对主体过往人生的总结,一则是对主体整体生命的升华,朱志荣称之为"游心于物之初,进入体道境界"②。但获得这种审美体验并不意味着审美活动是一劳永逸的,意象一经创构就达到巅峰状态,随即只留下余味,余味之浓淡、长短则取决于主体审美感受的强烈程度以及主体理性在回味中的参与程度。文学创作等都是在对这种余味的追忆中产生的,但它们已经由审美的结晶变成审美对象了,主体"这一次"的审美体验是"下一次"审美体验的背景和基础。对于艺术创造来说,意象生成和对美的感悟是一切艺术创造的前提和基础。艺术创造以艺术家审美活动的结晶——意象为出发点,又以引发欣赏者的审美感受从而创造新的意象为旨归。对于艺术欣赏来说,"每一次艺术欣赏,都是一次意象的再创造,一次意象的重构"③,主体对艺术的欣赏就

---

① 朱志荣:《论审美意象的创构》,《学术月刊》2014 年第 5 期。
② 朱志荣:《论意象的特质及其现代价值——答简圣宇等教授》,《东岳论丛》2019 年第 1 期。
③ 朱志荣:《论意象的特质及其现代价值——答简圣宇等教授》,《东岳论丛》2019 年第 1 期。

是个性化的再创造。物象、事象等借由心灵的创构而形成意象,意的主导作用、主体的审美经验、想象力的综合等都是意象形成的重要因素,这一切都指向主体的审美能力。这里所说的审美主体既是创造者也是欣赏者,同时,审美活动作为个体的活动,也具有社会性和民族性、受到民族历史和文化的影响,朱志荣对此进行了较为全面的论述。

因此,朱志荣的意象创构论美学是一种立足于中国传统美学的理论创新,是对当下中国美学学科所遭遇的困境的回应。意象创构问题是古典美学和现代美学的共同主题,朱志荣认为,古典美学中的"意象"是"美"的代名词、现代美学对审美活动的讨论也就是对意象创构过程的讨论。意象创构论是对审美活动的普遍规律的论述,这种规律是古今一致的。同时,意象创构问题也是艺术创造和艺术欣赏的共同主题,朱志荣认为,艺术创造和艺术欣赏都以意象的创构为旨归,不同之处在于艺术创造是主体对自身审美活动的成果——作为心象的意象之传达。因而,意象创构论美学具有古典美学向现代转换、理论指导实践两方面的意义。正如朱志荣所写:"意象在中国古代美学思想中更多地是指艺术美的本体形态,但是艺术美的本体形态从实质上讲是心象的构思与创造,通过艺术符号加以传达。这种心象就是意象。"①意象是对"美"的具体表述,是艺术创造和欣赏的共同目标,这是普适性的审美规律。

综上,朱志荣的"美是意象"的标志性观点及意象创构论美学体系是立足中国传统美学、充分吸收西方美学和近现代以来中国美学发展成果的基础上提出来的。该观点从理论层面推进了中国美学的发展,从阐释逻辑方面拓展了意象研究路径。从思想资源上看,除中国古代的意象论述以外,王国维的境界说、朱光潜主客观相统一的意

---

① 朱志荣:《意象论美学及其方法——答郭勇健先生》,《社会科学战线》2019 年第 6 期。

象说、宗白华的创构论、蒋孔阳"美在创造中"的观点，以及汪裕雄对"象"的重视等，都或多或少地对朱志荣的意象美学思想产生了影响。但在审美领域通过"创构"、"生成"将"意象"与"美"等同起来，把意象看作审美活动的结晶，对意象的生成过程、结构、特征等进行具体描述，则是朱志荣的理论创新。在当代意象美学中，朱志荣"美是意象"理论的独特性，在于朱志荣将意象创构的过程看作美的生成过程，意与象的密合无间是这个过程的核心环节。以意与象的有机融合为中心讨论意象的创构过程，既不同于以"情景交融"为中心来讨论古典诗学、美学的意象论，也不同于以审美活动中主客关系为讨论中心的近现代美学，其着眼点在于以"美"的生成的基本规律贯通古典美学与现代美学、中国美学与西方美学。因此，尽管尚存在有待补充之处，朱志荣的意象创构论仍然不失为一种可贵的理论创新、当代美学意象论的代表成果。

朱志荣"意象创构论"的主体问题评析

张艺静

朱志荣先生从 20 世纪 90 年代开始,以"意象"作为中国古典美学中的核心概念。在 1997 年出版的《审美理论》一书中,他将"审美意象"作为美学理论研究的核心所在[①],并开始积极参与中国美学话语体系的建设。朱志荣的"意象创构论"体系,指明意象创构是主体的诗性体验过程,立足于中国传统美学的文化资源,吸收和发展了朱光潜、蒋孔阳及汪裕雄等学者的相关思想,形成了自身独特的理论体系。朱志荣"意象创构论"体系阐述了意象创构中主体所起的主导作用,在审美活动的过程中去理解主体的创造性和能动性。在审美活动中主体思维方式的特点及表达手法,均体现了对象与主体之间的亲和关系。审美意象呈现了物我在审美关系中的创造性统一,包含了物象的"感性风采"及主体"生命的姿式"[②],因此具备了永恒的价值。朱志荣以独特的学术视野及方法,建构起了中国审美理论。他关注到了中国古典美学中独特的审美趣味及审美实践,而这正是在当代学术语境中应加以阐释的核心内容。

---

① 朱志荣:《审美理论》,兰州:敦煌文艺出版社,1997 年版,第 126 页。
② 朱志荣:《也论朱光潜先生的"美是主客观统一"说——兼论黄应全先生的相关评价》,《清华大学学报(哲学社会科学版)》2013 年第 3 期。

一、主体在审美意象创构中的主导作用

主体性是审美活动的首要特征。通过审美活动,主体实现了物我的同构,身心的贯通。审美活动的唯一目的是追求人生境界。朱志荣继承了蒋孔阳先生的观点,认为人能够通过实践去改变与自然的关系,社会实践是审美关系形成的前提。他认为审美活动是主体获得精神愉悦的重要途径,外在物象能够在审美活动中获得生命,艺术作品中呈现了审美意象,并具备了永恒的意义。[①] 审美意象在主体能动创构的过程中动态生成,个体的审美实践活动依存于具体的社会环境。[②] 审美意象凝结了主体独特的心灵创造,又体现发展变动的社会族群心理和具体时代精神。[③] 中国历代审美实践调适了审美主体的心理。审美活动对于人生的最大价值,是在于它能从现实层面上去提升人的境界,美的创造及欣赏皆存在于审美意象的营构过程之中。

在人类审美实践中凝结的审美意象,是审美活动中主体性原则的具体表现。审美意象的生成,体现了情与理、自然形式与社会内容的融合。主体能够通过审美的途径,实现心灵自由,成就人生的理想境界。审美理论阐发的核心,是个体的创造精神。朱志荣认为,只有强调主体在审美实践中的能动作用,才能正确理解审美问题,审美意象是主体审美实践的成果。朱志荣对于审美活动中主体的认知,首先建立在社会实践的基础上,认为审美活动是主体在追求符合身心需要的形式感。在审美活动中,主体占据了主导性地位,审美主体的社会实践往往对人类审美活动具有深化作用。审美意识是主体心理

---

① 朱志荣:《中国审美理论》,上海:上海人民出版社,2019年版,第64页。
② 朱志荣:《论审美意象的创构》,《学术月刊》2014年第5期。
③ 朱志荣:《中国艺术哲学》,上海:华东师范大学出版社,2013年版,第206页。

意识和现实意识的统一,也是社会意识的呈现,包含在整个社会文化环境中,反映了主体审美实践与社会环境的有机融合。

审美主体在意象创构过程中的主导作用,需要置于审美关系中去理解,朱志荣认为美的本体不是静态的对象形式。他重视意象作为美的本体所具有的特殊性,认为审美意象是动态生成的,在"主客之间的审美关系中"①去理解意象创构。审美主体的情感随时间变迁富有变化性,主体与客体能够在具体的时间点去建构合适的审美关系。意象创构建立在审美关系形成的基础上②,物我审美关系呈现了主体意识的积极再造。在审美意象创构过程中,主体获得了身心的愉悦以及精神的自由。意象的创构过程,需要基于历史的脉络来考察。"美"并非单纯的物质实体,人与对象所形成审美关系呈现了主体对于自身心灵的确证,审美意象所呈现的重要特点是情景交融和物我为一。③ 意象的创构过程体现了物我之间的贯通,因此审美理论研究需要阐明审美关系的性质。④

朱志荣明确了主体在认知关系、功利关系以及审美关系中的不同地位及作用,他认为:"在审美关系中,主体则占着主导地位。审美关系中的主体以对象的感性形态为基础,不涉及概念和实际功利地对对象进行创造性体验。"⑤他强调了审美关系形成的关键,是主体在其中的主导地位。因此审美主体的身心、文化素质以及审美能力等因素,决定了审美关系的性质。审美活动体现了主体的瞬间性直觉,个体的审美感觉具有明显的差异性。中国古代的审美实践活动,具有时代的差异性,年代间的差异呈现了审美关系的不同。朱志荣

---

① 朱志荣:《〈文心雕龙〉的意象创构论》,《江西社会科学》2010 年第 1 期。
② 朱志荣:《中国审美理论》,上海:上海人民出版社,2019 年版,第 53 页。
③ 朱志荣:《中国审美理论》,上海:上海人民出版社,2019 年版,第 174 页。
④ 朱志荣:《中国审美理论》,上海:上海人民出版社,2019 年版,第 240 页。
⑤ 朱志荣:《中国审美理论》,上海:上海人民出版社,2019 年版,第 113 页。

认为:"审美关系的民族差异也同样表明了主体在审美关系中的能动作用。"①历史的变迁、民族差异,均会影响主体的审美理想,以及审美关系的具体内涵。因为个体发掘自然对象的能力影响了审美关系的形成,所以需要在较为动态的、立体的维度中去阐明主体在审美关系中的地位。

审美关系的形成,必须建立在主体有充分自信心的基础上。审美对象潜能的实现,有待于主体的发现和能力的提高。在中国古代审美思想中,儒家孔子有言:"兴于诗,立于礼,成于乐"②,强调审美主体情感的兴发,是个体的充实更是人格的高扬;道家老子则言:"吾所以有大患者,为吾有身,及吾无身,吾何有患?"③强调人的精神解放,并追求终极的审美境界;佛家禅宗则言:"自识本心,自见本性"④,指明自然的人情化,重视主体向内发现生命潜能,更明确以"人"为中心的人生境界。在中国审美思想中,儒、道、佛三家皆阐明了"人为中心"的观念及立场,彰显了"人"的主体地位。

朱志荣指出,审美理论是一门人文价值科学,进行研究需要凸显主体在审美过程中的主导作用。审美意象的创构过程,体现了"人文价值内涵"和"个体创造精神"⑤。审美价值是主体与对象在审美关系中形成的价值,审美价值由主体所赋予,是对象潜在精神价值与主体心灵活动价值的统一。⑥ 朱志荣认为审美价值是主体对自身能力及愿望的确认,在审美主体与对象的统一中去理解美。他认为审美价值的尺度,体现了"自然规律"与"主体心灵合目的性的要求"的统一。审美价值由主体的审美尺度决定,审美尺度由"自然环境"、"社

---

① 朱志荣:《中国审美理论》,上海:上海人民出版社,2019 年版,第 116 页。
② 杨伯峻译注:《论语译注》,北京:中华书局,1980 年版,第 81 页。
③ 陈鼓应注译:《老子今注今译》,北京:商务印书馆,2003 年版,第 121 页。
④ 魏道儒译注:《坛经译注》,北京:中华书局,2010 年版,第 79 页。
⑤ 朱志荣:《论审美活动中的意象创构》,《文艺理论研究》2016 年第 2 期。
⑥ 朱志荣:《中国审美理论》,上海:上海人民出版社,2019 年版,第 18 页。

会生活"、"个体自觉意识"所塑造。主体在审美活动中,自觉运用尺度去衡量对象的审美价值,造就审美的人生。文艺作品中的审美意识,是主体的心理以及现实意识的反映,主体的审美意识包含了社会意识。审美活动是主体为"美"寻求感性形态的过程,"美"能够体现审美对象的外在形式及内在潜质,审美主体运用想象力及情感创构了审美意象。审美活动的方向以及价值取向,由主体的审美理想所决定,呈现了主体先天气质以及后天审美经验的统一。审美对象通过主体瞬间化的直觉得以表现。在主体瞬间直觉化的意象创构中,包含了以感悟为基础的审美判断。主体的主导作用,体现了瞬间的直觉感悟、审美判断及生命创造三者的有机统一。主体审美判断是普遍有效性与个体独特性相统一的评价,这种评价往往以主体的"审美趣味"以及"审美理想"作为尺度。

在朱志荣"意象创构论"体系中,主体的审美活动就是美的生成过程。主体的审美意识在审美活动中,呈现出不断生成及发展的状态[1],因此他的理论体系建构,并非是纯粹形而上学对有无、虚实、主客关系的静态逻辑推导。他认为人类社会中审美意识的演变,体现了个体从生理快感到心理快感的进阶,更体现了主体从感官适意到精神自由的发展状态。朱志荣从历史生成的角度,强调了中国古人以生理为审美心理的基础,指出了所达到的物我在生命节律上的贯通境界。他认为人的心理活动过程,体现了主体内在生命力的运转。审美活动首先呈现了审美意识的动态生成及发展,是一种能动的创造性活动,并且能够进行向内、向外两个维度的拓展。就主体能动的角度而言,审美活动是人类生存以及发展的重要方式,呈现了主体的生命意识以及内在追求。他指出:"在审美活动中,主体体现为个性与共性的统一。"[2]朱志荣认为主体的感受和心灵体验具有共同性,

---

[1]　朱志荣:《中国审美理论》,上海:上海人民出版社,2019年版,第51页。

[2]　朱志荣:《中国审美理论》,上海:上海人民出版社,2019年版,第66页。

因此美的形成也同样具有心理的共同性。个性的差异造就了主体具体感受、气质、经历、阅历的不同。审美活动中具有个性化色彩，主体在审美活动中的体验能够呈现个性与共性的统一。

二、审美意象创构中主体的思维方式

在审美活动中，主体以思维方式构建了审美关系。主体思维方式的特征，决定了审美对象的性质。中国古代审美思想，呈现了以象为中心的思维传统。诚如在《论中华美学的尚象精神》一文中，朱志荣指出中国古人的思维方式，呈现了与感性形态相连接，来源于物象而又不停留于物象的特征。[①] 中国古典美学的诗性特质和创造精神即体现于此。中国古典美学思想中的尚象观念，是审美主体对自然万物的感悟。在审美实践中，主体的物质和精神的创造，都是以"象"为本源的。他回归了"尚象精神"所特有的思维含义，揭示了中华文明现代性的独特特征。因此，突破了传统话语阐释的线性思维模式以及叙述框架，指明了尚象观念在中国古代审美思想的动态建立过程。审美主体能够通过联想、想象等思维手段，去维持物我间的契合状态。主体的"联类无穷"、"流连万象"，使审美意象外部结构的生命本质得到展现。"尚象精神"是主体诗性思维方式及审美精神的统一体现，呈现在中国古人艺术实践及日常生活的诸多层面。

在朱志荣"意象创构论"体系中，"观物取象"、"立象尽意"都是主体的审美思维方式。审美主体得以"通神明之德"、"类万物之情"，满足了自身的创造欲并体现造化精神。[②] 他认为审美活动呈现了主体以想象力驱动，将有限的内心直觉空间与外在宇宙机理所进行的瞬间结合，"象"与"意"的神合状态是瞬间达成的。"观物

---

① 朱志荣：《论中华美学的尚象精神》，《文学评论》2016 年第 3 期。
② 朱志荣：《论〈周易〉的意象观》，《学术月刊》2019 年第 2 期。

取象"指的是主体由物象所呈现的生机,而获得的感发,是一种"即景会心"。主体能够超越自身局限,得到心灵的自由。"观物取象"以仰观俯察为基础,肖似对象之形进而汇通其神。取象体现了审美主体的情感态度及趣味,"象"与"意"在瞬间结合,审美意象是对主体情意的表达。审美活动往往是主体以有限的象,传达了无限丰富的意蕴,从而超越了物我界限,达到了一种浑融状态。① "立象尽意"是主体对物象的神采、韵味,所进行的具象化和定型化,主要是对物象进行了夸张、变形以及省略等形塑方法。物态化的艺术作品,是主体反观自身的载体,从中呈现了人类精神以及时代的具体风貌。基于中国古代审美思想史的基础上,朱志荣认为《周易》的"易象"思想、《文心雕龙》的意象思维机制,与审美理论中的意象思想是互融共通的。审美思维方式的实质,是主体的心灵对自然物象以及社会事象的体验和感悟。

在审美活动中,主体的思维方式以情感为核心。这是人类审美活动得以区别于其他活动的标志。具体来说,朱志荣认为审美主体的思维方式,有重感悟的特点。审美主体对于物象的感悟,往往与其感性形态基础相联系。他认为审美意象创构中的物我关系,呈现了一种审美主体情感受外在物色感召,进而达到心物遥相感应的状态。在审美活动中,主体感悟动情,最终达到"情景交融"的理想境界。② 在审美活动中,主体的情感为观物所激发,物象在主体的观取中被赋予了情感色彩,主体的审美体验以情感为中心。审美主体的感悟方式,呈现出了基于感性而又不滞于感性的特性。审美主体的"情感"首先为对象所感发,更在主体所处的社会环境、民族、地域及时代等因素的作用下,不断地深化及升华。创作动因中的"景生情"和"情生景",更是深藏了主体与对象的长期反复融合。朱志荣进而总结:"对

① 朱志荣:《论〈周易〉的意象观》,《学术月刊》2019 年第 2 期。
② 朱志荣:《意象创构中的感物动情论》,《天津社会科学》2016 年第 5 期。

象可赋主体以生命,以趣味,主体亦可予对象以生命,将情移注于物。"①这是在强调主体与对象进行双向交流时,所构成的物我合一境界。物趣与人情,在主体的艺术创作过程中得到了共通。古代审美思想中的"悟对通神"、"知万物之情",皆呈现了对象感性物态与主体内在意趣的纷繁对应关系。朱志荣对古代文论中"感悟动情"说的内在结构和基本特征,进行了深入阐述。他认为审美意象的创构,贯通了主体的"意"与自然的"象"。审美主体以"象"为表情达意的载体,并通过媒介以物化,艺术作品就是审美主体感悟动情的结果,主体创构审美意象造就了内在心灵。

主体创造性的审美思维,以自身的审美经验及价值判断为基础,呈现了主体审美活动中整合生成的瞬间性直觉。朱志荣认为,审美意象的创构包含了主体的思维直觉。他指出:"审美意象的创构,直觉之中有理解和诠释,诠释之中有创造。"②审美意象的创构,体现了主体对于真善美的诠释,诠释是审美主体的一种创造性体验。这种瞬间性的直觉活动,统一了审美主体的感知和情感。意象创构的过程,就是审美主体直觉体验的由感而通。他认为在审美体验过程中,物我进行了双向交流,审美思维方式的实质是"物态人情化"、"人情物态化"③。中国古代审美思想中,对意象创构是主体思维直觉活动的描述,其实并不少见。钟嵘的"直寻说"、佛教禅宗的"自性直觉"以及王夫之的"现量说",均描写了审美主体在意象创构中的即景会心,是对审美意象创构中主体瞬间性思维直觉的阐发。要言之,朱志荣总结了古代文论中的主体思维方式特性。他指明了审美意象创构的过程,即是主体一种当下的思维直觉活动。审美创造的完美状态,是主体能够在瞬间性的思维直觉中,超越时空束缚,通往自由的境界。

---

① 朱志荣:《中国艺术哲学》,上海:华东师范大学出版社,2013 年版,第 70 页。
② 朱志荣:《论审美活动中的意象创构》,《文艺理论研究》2016 年第 2 期。
③ 朱志荣:《论意象的特质及现代价值——答简圣宇等教授》,《东岳论丛》2019 年第 1 期。

就中国审美思想的整体观照而言，朱志荣认为审美关系中主体思维方式主要是比兴，即类比和感兴，比兴就是审美主体诗意的一种表达方式。朱志荣认为在审美意象的创构过程中，审美主体运用比兴的思维方式，使"物与我"、"意与象"得到了统一。主体的情趣与意趣，皆寄托在所感受的物象之中，通过想象力的作用创造出了审美意象。朱志荣认为，在古代艺术思想中，"比"是艺术的比喻方式，也是一种审美主体比拟的体验方法。文学与艺术作品中的诸多比喻手法，皆反映了古人独特的感悟及思维特征。中国文化特有的结构，首先是主体对大自然景物的观照和想象。古代审美思想中的"自然比德说"及"畅神说"，均反映了主体的自觉意识，体现了"对象的特征"与"主体情调"的对照关系。[1]"兴"指的是物象感性物态对审美主体情意的感发作用，能够引发主体的丰富联想和人生体验。"兴"是一种"即景会心"的审美体验，往往包含了主体当下的灵感。[2]"比兴"的思维方式，体现了中国古代成熟的比喻文化。古代审美实践中的"比兴"，往往以主体的感慨和体验为基础。善用比喻，反映了中国古人重要的感受方式以及思维特征。在主体"比兴"的审美思维方式中，自然对象与主体情意的融合得到了实现。朱志荣指出，刘勰《文心雕龙》中的"情以物兴"，阐明了意象创构过程中的主客辩证关系[3]；《周易》的卦象创造，即是通过比兴来取譬以达意[4]，以上皆是古代文论中比兴思维方式的体现。"比类取象"、"比拟象征"是主体以象表意的方式。主体"比兴"的审美思维方式，呈现了自然性与社会性的互融共通，这对古代审美思想中的意象观形成，具有重要影响。先秦已降的儒家比德思想观念、魏晋南北朝时期盛行的人物品藻，乃

---

① 朱志荣：《中国审美理论》，上海：上海人民出版社，2019 年版，第 129 页。
② 朱志荣：《中国审美理论》，上海：上海人民出版社，2019 年版，第 130—131 页。
③ 朱志荣：《〈文心雕龙〉的意象创构论》，《江西社会科学》2010 年第 1 期。
④ 朱志荣：《论〈周易〉的意象观》，《学术月刊》2019 年第 2 期。

至于文学与艺术作品中所呈现的主体以象譬喻手法,都呈现了"天人合一"的观念,以及主体独特的创造精神。

三、审美意象所呈现的主体生命意识

意象创构的过程,反映了主体生命生生不已的特点。审美意象作为美的本体,是在主体的审美活动中动态生成的。在意象动态生成的过程中,审美主体表达了自身的审美理想,彰显了个体的生命体验。朱志荣认为,审美意象的创构反映了主体对外在物象生命意识的体悟,呈现了审美主体自身的独特发现以及创造性,是个体生命意识的一种"即兴再造"①。审美主体在审美意象的创构过程中,呈现出了流动不居的生命意识,以及生生不止的创造精神。情景及物我,皆在主体生命和体道的层次上达到了互融贯通。审美主体有感于物,从中观照到自己的生命精神,在与万物趣味的融合中突破感性生命,最终实现了自身的艺术心灵。② 王微《叙画》所言的:"望秋云神飞扬,临春风思浩荡"③,即是对主体生命意识与对象精神互通状态的阐发。意象创构中主体审美体验的核心,就是物态人情化、人情物态化。古人进行审美实践的过程,就是不断自我超越的历程。

生命意识体现在审美主体创造和欣赏的过程中。中国古人对于言与意、象与神的描述,往往立足在艺术本体的基础上。在审美意象创构的过程中,自然万物的感性形态与主体性灵得到了共通。朱志荣指出中国艺术的根本特征,就是其中呈现的和谐原则。中国古人艺术观中的和谐,体现了宇宙之道,反映了万物造化的生命精神。④

① 朱志荣:《论审美活动中的意象创构》,《文艺理论研究》2016 年第 2 期。
② 朱志荣:《中国艺术哲学》,上海:华东师范大学出版社,2013 年版,第 3 页。
③ 俞剑华:《中国古代画论类编》,北京:人民美术出版社,1986 年版,第 585 页。
④ 朱志荣:《中国艺术哲学》,上海:华东师范大学出版社,2013 年版,第 117 页。

中国古代文人抱有普遍的信念,认为艺术创造是一个创造和谐的过程,主要原因是他们以非二元的宇宙论范式,来思考审美实践的意义。审美意象的创构过程,是主体进行生命体验的过程,从中体现了主体的生命精神。朱志荣认为,艺术作品能够被视为一气相贯的生命整体,是因为其中体现了造化、主体的精神生命。[①] 中国古代艺术语言和艺术生命整体是浑然一体的,呈现了主体的内在生命。朱志荣基于艺术本体的意象创构论方法,体现了当代学者对审美意象所呈现生命意识的深入阐释。他阐述了审美意象的动态生成过程,明确了意象生成的过程是循环往复、周流不息的。宇宙的生命精神,贯穿于审美意象创构的整个过程。

　　审美意象所呈现的特点,反映了主体的生命意识。具体而言,朱志荣认为审美意象所显现的空灵剔透特征,是主体生命意识的主要体现。他认为空灵具有"基于现实、不滞于现实"的超越性特征。[②]审美意象的空灵,能够超然于物象的表面。空灵剔透的特征,首先体现了主体生命的灵动和韵味,其次更是主体生命节奏的组成部分。但空灵并非是虚无,而是包含了虚实相生的境界和主体的灵动透彻。[③] 审美意象所体现的空灵剔透特征,显然是诗意性的。这是由主体经虚静的审美心态所获得的,其中体现了艺术化的人生境界。空灵剔透是审美意象的诗意性特征,反映了审美意象的非现实特点。主体进行审美活动的过程,就是化实为虚的过程。朱志荣明确了空灵是审美主体生命的重要特征,它指向了主体所期望的超越于现实生活的理想境界。中国古代文论中不乏对意象空灵剔透特征的描述,诸如严羽《沧浪诗话》中的"透彻玲珑",司空图《与极浦书》中的"良玉生烟",都向欣赏者呈现出含蓄蕴藉、富有象征的深长意味,带

---

① 　朱志荣:《中国艺术哲学》,上海:华东师范大学出版社,2013 年版,第 74—75 页。
② 　朱志荣:《再论审美意象的创构——答韩伟先生》,《学术月刊》2015 年第 6 期。
③ 　朱志荣:《再论审美意象的创构——答韩伟先生》,《学术月刊》2015 年第 6 期。

给欣赏者独特的审美感受。审美意象所体现的空灵剔透特征,指向一种超越于现实的理想境界,体现了审美主体的生命体悟。

　　朱志荣指出了在审美意象创构过程中,物我在生命和体道层次上的贯通,这是他"意象创构论"体系中颇具新意的所在。审美意象的创构过程,是主体对于生命的追求及超越。因此主体能够在审美体验中,超越物象的实体物质形态,与天地浑融为一体并进入体道境界。① 万事万物的本源,最终也回归为道,审美意象的创构就是主体神合体道的过程。审美意象所体现的"生命活力"、"节奏"、"生意"及"情调",都是道的具体体现。主体在过程中达到了与自然大化同流的人生境界。直观的艺术语言,就是主体生命之道的表现。朱志荣认为艺术作品中的语言与艺术家的生命是融为一体的,表现了主体的内在生命韵味。艺术作品中的节奏和韵律,都是通过艺术语言来得以呈现的。② 他认为中国古代文人的艺术语言,是一种创造性的表现方式,体现了古人对艺术本体生命意蕴的拓展和充实。

　　审美主体的本真状态,是追求一种"神合体道的境界"③,这种境界成就了主体的艺术生命之道。朱志荣认为"道"具备了本体的意义,审美意象是来源于道的有机生命体。审美意象的创构过程,呈现了"自然规律"和"社会法则"的统一。④ 中国古人认为宇宙运转的"道"寓于意象,从中体现了万有的生命精神。审美意象凝结于具体的艺术作品,体现了主体独特的审美意识。随着艺术语言在形态上熔铸于感性意象,外在感性物象的生命精神和主体内在心灵的情趣得以结合,一切自然与人的、外部与内部的经验无不达到和谐。古代中国艺术审美境界的进阶层次,是建立在过程的、非二元的宇宙论范

---

① 朱志荣:《再论审美意象的创构——答韩伟先生》,《学术月刊》2015 年第 6 期。
② 朱志荣:《中国艺术哲学》,上海:华东师范大学出版社,2013 年版,第 76 页。
③ 朱志荣:《再论审美意象的创构——答韩伟先生》,《学术月刊》2015 年第 6 期。
④ 朱志荣:《再论审美意象的创构——答韩伟先生》,《学术月刊》2015 年第 6 期。

式的基础上。中国古代艺术家往往将艺术作品,视为有机的生命整体。艺术作品中体现的时空观,反映了主体诗意生存的感性氛围。①在审美意象的创构过程中,审美主体实现了对现实时空束缚的突破,从有限中获得了无限,从瞬间中获得了永恒。

　　总而言之,通过对朱志荣"意象创构论"中主体问题的研究,可以说他所构建的审美理论,体现了本体论和价值论的统一。朱志荣始终强调美是主体能动创构的结果。意象是美的呈现形态,呈现了主体的生命体验及创造。②朱志荣"意象创构论"的体系建构,体现了鲜明的历史意识与当代意识。他对审美意象创构过程中主体的主导作用、思维方式及生命意识的阐释,是对中国古代审美思想进行系统化、学科化的构建。朱志荣"意象创构论"体系阐明了主体在审美活动中的诗性直觉思维方式,这呈现了中国古人自身的生命形态以及精神体悟。他深入阐释了在审美意象创构过程中,审美主体对人生、历史和宇宙的哲理性思考。朱志荣能够在参照西方审美思想的基础下,归纳出人类审美活动共同的特征,并且持有对中西文化的特殊性和共同性的均衡认知。"意象创构论"体系的当代建构,有效地扩大了"意象"概念的内涵及外沿。通过对审美活动中"主体"问题的考察,我们能够发现"主体"始终包含于意象创构的过程和结果之中。朱志荣赋予中国古典美学概念以现代意义,并显现了在中西美学之间,开展意味深长而有效的对话可能。在朱志荣"意象创构论"体系的建构过程中,对主体问题的阐述,一直作为所持守的内在特质而存在。这指明了当代意象美学的建构,与西方审美学思想具有互通的理论向度,二者在"意象创构论"体系中,以体悟审美主体生命哲学的感性形式呈现了融合。主体的视域提供了解析朱志荣"意象创构论"体系及意义的新阐释空间。审美意象的创构过程,是主体有感于物

---

① 朱志荣:《中国艺术哲学》,上海:华东师范大学出版社,2013年版,第127页。
② 朱志荣:《再论审美意象的创构——答韩伟先生》,《学术月刊》2015年第6期。

并寻求审美的实现。艺术作品的产生,反映了主体对于自身生命精神的反复体验。审美意象的创构呈现了审美主体的心灵发展道路,更凝结了主体审美的历程。朱志荣为中国美学在世界美学领域内树立话语权,进行了有益尝试,体现了他为建立具有民族特色的中国现代美学理论体系的持续努力。

专著评论

走向中国美学

——评《朱志荣美学思想评论集》

朱栋霖

朱志荣 1995 年博士毕业后,来到苏州大学任教,那时我刚在春天被任命文学院院长。从此,我与他开始相识、相交。我院长甫"上任"就被安排听青年教师的课。志荣刚来苏大,自然是新教师。他新开设西方文论选修课,那是苏大过去的文艺理论教研室不能开设的课程。我很看重他给苏大文艺学科增添的学术方向。那天他讲的是18 世纪的西方文论。他的讲课内容充实,条理思路清晰,胸有成竹不紧不慢,引述原文不用看讲稿,看得出他对西方文论很熟悉。他的讲课风格扎实稳健,很朴素,当然也不花哨、追求彩头。

我想起志荣的导师、美学家蒋孔阳先生。1979 年我在南大读研究生时导师陈瘦竹先生安排赴复旦大学聆听蒋先生讲美学。那天早晨我与立元、文英几个没见世面的毛头小子从市内上戏招待所转了两三次大都市的电车仓皇赶到复旦,已经超过了约定时间,只见蒋先生早就衣冠整然端坐在教室等候(这是我至今内心不安的),我们诚惶诚恐屏息静气一坐下蒋先生就开始讲课,他没有开场白,直接进入讲题:"美是什么?"他评析"美在主观"、"美在客观"、"美在主客观",最后陈述"美在客观性和社会性统一"。蒋先生讲课思路清晰,具有理论思辨性,他不需为了说明观点举些通俗易懂的例子。那是'小儿科"。朱立元兄讲课也是如此,他是蒋先生大弟子,我曾多次请他在苏大讲课,他的学术讲演也是内容严严实实,稳健扎实引述各路美学家理论胸有成竹,历史理论视野广阔深刻,追求理论思辨性,在扎实的美学理论的历史展示辨析中展开他的学术思考。他不搞哗众取宠。那是学术。不像时下"百家讲坛"电视演讲要求每隔几分钟就爆出"彩头",于是插科打诨调侃搞笑,讨得不懂学术的电视观众的收视率。那是大众传媒的收视路数。

就我管窥蠡测,这就是从蒋先生到朱立元以致朱志荣的美学研究的学院派风格,以美学历史理论派研究为其厚实的学术基地,扎实稳健,在广博的理论资料的历史评析中发现与坚守自己的学术思考,不赶风头浪潮,不哗众取宠,不以搞一点新名词术语的翻新替换来制造一些"创新"的噱头。要说新名词新术语,本也掌握不少,玩翻新讨喝彩易如反掌,但是在他们的学术思考中仍坚守美学的经典概念,追求的是学术生命力,不是频频换妆的玩学术。但是现今高校、学术界风气浮躁,以种种不正当手段"玩学术"博得学术声誉已不新鲜,像朱志荣那样一心一意做学问的书生当然会遭遇失落。他对我很信任,偶尔也会到我面前来表达一点困惑。我总是鼓励他自信,说一些"古来圣贤皆寂寞"之类的话宽慰他,他也就释然而去。既然把自己的人生交付给权势利益之外的学术,就要耐得住寂寞,真正的成就总会被学术界认可。"不求邀众赏,潇洒做顽仙"。

以朱志荣的功力扎实,敏感深思,刻苦勤奋,他在十六年中独力完成了十二部学术专著,在《文艺研究》、《文艺理论研究》、《文学评论》、《学术月刊》等刊物发表一百多篇论文。这样大量的学术成果,厚实的学术积累和独立的创新思考,令人不能不赞叹朱志荣厚实的学术存在,在同辈学人中他已卓然独立。

朱志荣的美学研究,以康德美学思想研究为他的学术起点。这是他师从蒋先生的博士论文课题,西方古典美学研究是蒋先生师门的学术强项。十六年来朱志荣研究的成果已经超越了这个起点范畴。他的美学研究展开在三个领域。一是以康德美学为主的西方古典美学研究；二是从 2004 年起，以他先后承担的国家项目《夏商周美学思想研究》《中国史前审美意识研究》为契机，以专著《夏商周美学思想研究》《中国史前审美意识研究》和《中国审美理论》为主的一系列关于中国古典美学研究；三是近年来关于日常生活的审美研究。

这里我要说几句题外话。

我不研究美学，曾对志荣作"局外谈"。我认为中国的美学研究有两个问题。一个是中国的美学和文艺学研究唯西方理论为马首是瞻，对花样翻新的西方理论频频追赶，不研究中国本土美学，不懂中国古典美学，以缺少系统性、缺少现代意识为藉口，视博大精深的中国古典美学为不值一哂，至多作为阐释现代美学的点缀。三千多年中华文明史一个特点就是最讲究艺术美，创造了独具风采韵味的中国艺术美与艺术美学，中国古代文论、诗话、词话、曲论、书论、画论和种种遗存物品就是中国美学理论资源丰富的遗产。丢弃了最具中国本土美学特色的理论资源，不懂得中国古典美学，一味在西方美学理论思维与概念中"翻跟斗"、讨生活，怎能指望构建起"中国美学"？不识中国美学境界"清"、"虚"、"空"、"无"为何物，如何研究美的哲学？如何建构中国现代美学哲学？如果中国美学界说的是别人的话语、思维，是别人的审美心理，"中国美学"在世界美学格局中是什么地位？"中国的"美学用什么与世界美学对话？

又一个问题是，研究美学的人不懂美，理论家对书本上、理论上的"美"、理念的"美"讲得头头是道，但对真正的艺术美缺少敏感。美学家自己没有丰富的美的敏感，如何阐释美感和审美心理？像当年高尔泰那样文采斐然的美学论文现在已读不到。已故章培恒先生曾提出："高级知识分子应把不能欣赏昆曲作为文化素养上的缺憾"。这听来不顺耳，其实颇有道理。中华历史文明创造了丰姿异彩的中国古典艺术和美，中国的美学、艺术学是和人生、生活的美俱生的。

环绕一个中国人的人生、生活的种种艺术美,从内在的精神的怡悦迷醉陶冶到外发的耳目口舌肉体的感官享受品鉴刺激,都是中国艺术美学的感性存在和呈现。昆曲京剧、琴音箫声、书法雅趣、水墨丹青、唐诗宋词、明清小说、散曲小品、青铜钟鼎、玉器青瓷、明清家具、古典园林、插花装饰、茶道茗艺、梅兰竹菊,乃至春花秋月、白雪夏荷,是和中国文化、中国艺术美学同生共长、互为表里。它们是历代中国文人艺术创造的美的极致,体现出中国文化艺术的经典美学品位,是和高雅的文人士大夫文化相呼应的精致高雅艺术和美。创造了昆曲、古琴、书法、丹青、园林、奇器雅具的古代文人雅士也就是中国美学的理论家和鉴赏家。所以章培恒先生可以指出,不能欣赏昆曲是知识分子文化素养上的缺憾。同样的,西方古典美学家都是具有高文化和审美品位的贵族王公、有地位的文化人,他们创造和鉴赏了西方艺术,也建构了源远流长、深厚精深的西方美学。美(——美的本体),就在我们身边,我们却视(——审美心理、审美观照)而不见。研究美学,总是在书本中讨生活,从别人的概念到概念,试问这样怎能揭示"美的本体"、怎能阐释"审美心理"? 由于意识形态的引导,中国文化的典雅优美被判为落后于时代的、远离大众生活的废弃物,我们提倡人民大众"喜闻乐见的形式",提倡工农兵口味,提倡"雄赳赳气昂昂",提倡粗犷、通俗,现在更走向庸俗、粗俗、低俗,竟还有以西方"后现代"为其作理论支撑。我很难理解,追随大众走向、以粗俗庸俗为主流审美,能创造出高品位的中国现代美学?

似乎是对我那番门外谈的因应,朱志荣近年来拓展的两个美学研究新方向显示了他正脱却窠臼,调整自己的美学研究领域,建构新的美学研究格局。他在充实自我的学术资源积累,走向新的学术层面。

以康德美学研究为基点的西方古典美学研究是志荣的学术擅长,以他的勤奋在这方面可以入室探奥产生源源不断的成果。但是朱志荣却掉头研究起夏商周美学，这是一百八十度大转弯。有谁见治欧洲古代史的转治中国商周史，研究 18、19 世纪西欧文学的又研究中国商代和先秦文学？除陈寅恪、宗白华、朱光潜、方东美、李泽厚等大师，很少再得。但是朱志荣有魄力和毅力兼治中西美学。夏商周美学，我辈只能从博物馆和相关的专著中读到考古学家的专业性报告。但是我注意到志荣的论文有一批是对商代青铜器纹饰、商代陶器纹饰、新干大洋洲商代青铜器、西周青铜器、西周玉器、西周陶器、东周青铜器的审美特征的研究，还有关于史前新石器时代红山玉器、河姆渡器物、马家窑彩陶、崧泽玉器以及甲骨文字形等等的美学研究。他系统研究了史前新石器时代和夏商周时期的审美意识和美学思想的形成与发展，分析了当时的陶器、玉器和青铜器等器皿，甲骨文和金文等文字，文学等艺术形态中的审美特点，他探讨了夏商周艺术创造的美学规律，还对春秋战国时期文献中的审美意识和美学思想作了概括和总结。像他这样下功夫系统研究先秦以前、史前及夏商周审美意识发展的，在美学界还没再见到。他从中国美学史的源头做起，立意高远、视野深邃，在中西美学史的融通格局中建构了深远的基石。

我注意到朱志荣开始了对中国古典美学的研究。他探讨了中国美学的时空观、中国艺术的节奏韵律观、"清空"观、"风骨"观、中国古典艺术生命的生成观，艺术作品的"道"等中国古典美学观念。《中国审美理论》是他对中国古典美学思想的新解读。他提取了最能体现中国古代美学理论的八个方面，对审美活动、审美对象、审美关系、审美特征、审美意识、审美意象、审美风格、审美化育等进行了新阐释。尽管此书的方法论构架还是刘若愚式的"以西释中"，但是论者穿越历史时空，对中国审美理论的文化特色进行了梳理与解读，在中西互补的思维中对中国美学理论作出了充满动感的现代解读。

我还注意到，志荣开始关注日常生活中的审美问题。对于习惯于从古典到古典、从概念到理论的学院派美学家,这是一个转向。要结束美学家不懂美的时代。朱志荣显然有意将他的学院派视野开始转向他生活周围的美,他要与现实中的美和审美心理对话。——他还拿出了长篇小说,我读了开头两节,发现志荣有创作才华,他的文笔活跃(比他的论文语言好),形象鲜明,节奏松紧适度,形象思维感强,是他写论文之外的又一手。——关于日常生活审美,志荣常有精彩之见。我注意到有次他在某大学演讲后接受采访,大学生问他,你谈了许多女性的审美,你对男性审美如何看?他答道:男性审美应以孟子说的养"浩然之气"为主。我认为,的确是高论。

朱志荣也显然看到了当前关于日常生活审美研究存在着的泛化和庸俗化的倾向,以单纯的感官快适取代美感,导致美学学科的不确定,在"创新"、"面向未来"的引导下,误以为需要颠覆经典的审美价值,要建立"前所未有"的新美学原则。这其实是一个误解。美学的泛化,乃至失去自我,从而使经典美学被解构,这是一个需要警惕的现象,应该引起反思。朱志荣提出,审美的泛化和庸俗化是美学研究的堕落行为。日常生活中的审美现象并没有颠覆美学研究中的思辨价值,也没有让数千年积淀下来的美学理论、审美观念一朝之间发生表达的困难。我们不可能在一朝一夕间,就发现既往的文化传统都如同过期的船票一样。我们要有足够的理性去避免日常生活中的审美研究所存在的泛化和庸俗化的倾向,日常生活审美研究不能追随当下社会环境的庸俗、低俗、恶俗化而自贬。这,正和我那"局外谈"的一贯见解不谋而合。

才气、学识,学通中西,勤奋,这是成就大学问的条件。朱志荣正当盛年,气象初成。他的美学研究道路正趋宽阔,建构中国美学的学术格局正在展开。我期待着!

从方法论角度看朱志荣美学
研究的思想体系构建

——读朱志荣《中国艺术哲学》

张　硕

朱志荣先生自走上学术道路以来，一直致力于中西美学思想的研究，其学术领域涉及中国美学、西方美学、美学原理，文学理论等，成果颇丰，在"中西美学与艺术理论的研究上都取得了令人羡慕的成就"①。从 20 世纪 80 年代至今，他已发表论文近 200 篇，出版论著10 多部：《中国艺术哲学》、《康德美学思想研究》《中国文学艺术论》、《商代审美意识研究》《中国审美理论》《西方文论史》《从实践美学到实践存在论美学》和《夏商周美学思想研究》等，主编教材《西方文论选读》《中国美学简史》《中国文学导读》和《美学原理》等，可谓成绩斐然。有学者总结朱志荣在美学研究领域的主要成果说，他"以审美意象为核心构建本色化的中国审美理论；系统研究中国美学精神；对中国文学的艺术特征作美学的审视；第一次探寻华夏美学的源头——夏商周美学；对康德美学思想乃至整个西方美学思想作深入而系统的研究"②。冯友兰曾经提出"照着讲"和"接着讲"。其所谓"照着讲"就是康德是怎样讲的，朱熹是怎样讲的，你就怎样讲，把康德、朱熹介绍给大家；所谓"接着讲"就是要有所发展，有所创新，反映时代精神，康德讲到哪里，朱熹讲到哪里，后面的人要接下去讲。朱志荣

---

① 刘锋杰：《读〈中国文学艺术论〉》，《苏州大学学报》2002 年第 4 期。

② 莫先武：《朱志荣美学研究述略》，《美与时代》2009 年第 9 期。

以"贯中西,通古今"的治学方略接着王国维、朱光潜、宗白华等前辈
讲下去,致力于构建科学系统的中国美学体系,他曾说过,以西方理
论改造中国传统的美学观,在相互诠释、融会贯通中阐释中国传统美
学思想的学者中,王国维、朱光潜和宗白华三位成就卓越,最具特色。
我们应该继承他们的事业,踏着他们的足迹继续向前努力,真正建立
起中国的美学体系。他是这么说的,也是这么做的。笔者试图以治
学的方法论为切入点,从朱志荣《中国艺术哲学》(华东师范大学出版
社 2012 年版)一书管窥其美学研究的思想理论体系构建过程。

一、立足传统,参照西方,科学有序的研究方法

18 世纪鲍姆加登(Alexander Gottlieb Baumgarten,1714—
1762)《美学》一书的问世标志着美学作为一门独立的学科开始形
成。中国在 20 世纪初由王国维、蔡元培等人引入了美学的概念,
中国美学学科的产生、形成和发展无不深受西方美学研究思想的
影响。20 世纪 30 年代美学集大成者朱光潜的《文艺心理学》广泛
吸收了克罗齐的"直觉说"和西方心理学美学的观点,在 20 世纪
五六十年代的美学大讨论及论著其也多以西方美学为理论资源,
80 年代以后的美学构建,更是频频出现康德、黑格尔、杜夫海纳等
西方学者的影子。王国维、蔡元培、朱光潜、宗白华等前辈在 20
世纪初开始译介西方美学经典,为中国美学的产生和发展奠定了
良好的基础。在西方美学引入之后,应该如何构建中国的美学体
系方面引起了近代学者的思考:一种是"打倒孔家店"式的强行介
入,即运用西方现代思想阐释中国美学,否定传统;另一种是"唯
我独尊"式的还原求证,即梳理、整合中国传统文化固有的思想内
涵,忽视西学。这两种治学方法在中国的学术界长期并存,不可
否认都带有一定的片面性,对于科学构建中国的美学体系产生了

一定的阻滞作用。那么,探索出一种合理的科学的研究方法对于形成一套接近完美的中国美学理论体系就显得尤为重要。对此,朱志荣总结说:"建立中国特色的美学史和美学理论,是继承中国传统美学宝贵遗产的需要,更是当代中国人对世界美学作出贡献的重要方式。"①朱志荣主张我们搞中国美学研究应继往开来,在吸收前人丰富经验的基础上"接着讲"。他以立足传统的构建原则,参照西方的研究方法,打破了二元对立的局面和以西方为中心的褊狭。他曾指出:"中国审美艺术的构造中表现出的象形表意、以形绘神、天人合一的生命精神是中国美学独有的特点,中国美学思想中的道、气、神、理、味等范畴具有自身独特的指称。中国美学思想注重写意性、直觉性、情理相缘的诗性思维,与西方美学注重逻辑论证的理性思维可以互补。中国美学的民族性使它具有屹立世界美学之林的价值。"②他以跨文化的视域和包容的心态对待中西方美学,既能在构建中国美学体系中借鉴西方科学的思想方法,又能保持本土美学发展的生机和活力,真正做到了融会贯通,返本开新。

朱志荣的《中国艺术哲学》是我国第一部艺术哲学研究的专著,可以说在中国艺术哲学研究领域具有拓荒的意义,填补了该学术研究领域的一大空白。他在该书绪论中写道:"从古至今,中国本没有名为'中国艺术哲学'的著作。这里所说的中国艺术哲学,是我在借鉴西方的系统理论作为参照坐标的基础上,对中国古代的艺术理论所作的一种梳理、概括和总结,集中体现了我对中国古代艺术思想的哲学思考和当代意识。中国艺术思想中的独特范畴、诗性的思维方式和强烈的生命意识等,是值得我们反思和继承的。这不仅有助于深化中国艺术史、艺术理论史和艺术批评史的研究,推进我们当代的

---

① 朱志荣:《中国美学简史》,北京:北京大学出版社,2007 年版,第 20 页。

② 朱志荣:《夏商周美学思想研究》,北京:人民出版社,2009 年版,第 26 页。

艺术创作、欣赏和批评,而且可以为世界的艺术提供宝贵的理论资源。"①由此可以看出,朱志荣不是对西方美学思想生搬硬套、牵强附会,而是强调了在研究过程中中西方互补共生、互惠互动。这种独立系统的研究方式不同于传统意义上的比附研究和比较研究,"所谓比附研究,就是以西方艺术理论为准的,在中国传统思想中找依据(例如,认为西方有想象,我们有神思;西方有优美,我们有阴柔;西方有崇高,我们有壮美或阳刚等)。"②这种侧重以西方艺术理论为主导,在中国古典思想中求同的研究方法在 20 世纪上半叶颇为流行。"所谓比较研究,是将中西方相近或相关的范畴放在一起,通过对照比较,发现异同,探究流变。"③比较研究作为学术研究的一种手段,可以为艺术理论系统的构建奠定基础,但是对于阐释中国特色的艺术哲学问题,乃至构建科学系统的美学体系来说,以上的两种研究方法是有不足之处的。朱志荣指出:"中国当代艺术哲学的建立,主要依赖于把中国古典艺术哲学当做独立系统的研究,而以西方艺术哲学为内在参照坐标,在尊重文明发展传承性的规律的基础上,建立一套体现当代意识和民族特性的开放的理论体系,以便对外来艺术理论进行扬弃、消化和吸收。"④同时,他认为:"对中国艺术哲学的研究,需要借鉴和汲取国外尤其是西方艺术理论的精华。中国传统的艺术理论,历来注重吸收和同化外来思想,剔其糟粕,取其精华。借鉴国外尤其是西方的艺术理论方法,不仅有助于对已有思想的理论化和系统化,而且有助于拓展我们的视野和思路,使我们更充分地认识到中国古代艺术思想的价值。因此,在当代艺术哲学体系的构建中,对中国传统的艺术理论既不可妄自菲薄,又不能妄自尊大,既要有维

---

① 朱志荣:《中国艺术哲学》,上海:华东师范大学出版社,2012 年版,第 1 页。
② 朱志荣:《中国艺术哲学》,上海:华东师范大学出版社,2012 年版,第 6 页。
③ 朱志荣:《中国艺术哲学》,上海:华东师范大学出版社,2012 年版,第 6 页。
④ 朱志荣:《中国艺术哲学》,上海:华东师范大学出版社,2012 年版,第 6 页。

持、发展民族精神的自尊心和自信心,又要有虚心学习的态度。在保持传统的基础上汲取外来营养,使我们的艺术和艺术理论更具有生命力。"①这样一种研究方法和思想维度是真正具有自身特性的"独立的"艺术理论。工欲善其事,必先利其器,科学的研究方法可以达到事半功倍的效果。朱志荣曾将治学概括为三个阶段:从独到的思想见解,到完整的体系意识,再到自觉的方法论。在多年的学术生涯中,他时刻注重对方法论的求索,在深入研究西方美学和中国传统艺术的基础上,形成了自己独特的治学理论。他以"立足传统,参照西方"这把钥匙为其美学体系的构建打开了一扇大门,也为中国美学理论的发展添砖加瓦。在彰显中国美学民族特色的同时,进一步推动了多元共生的世界性美学的进程。

二、重点突出,提纲挈领,核心范畴的价值认定

一套理论体系的建立,必须依照一定的逻辑思路和研究方法,寻找问题所在,围绕几个核心范畴,阐发相关理论,并最终形成系统。如蔡仪主编的《美学原理》围绕美的存在——现实美、美的认识——美感、美的创造——艺术美三个核心问题构建全书体系;曾繁仁所著的生态美学流派的代表性作品《生态美学导论》以生态理论为指导贯穿全书始终;叶朗所著的《中国美学史大纲》能抓住每个时代最有代表性的美学思想和美学著作,注重把握美学范畴和美学命题的演变和发展,做到以点成线,以点成面的效果。叶朗曾说:"学术研究的目的不能仅仅限于搜集和考证材料,而是要从中提炼出具有强大包孕性的核心概念、命题,思考最基本、最前沿的理论问题。"②这种研究思路与朱志荣的治学思想不谋而合,他曾在一次讲演时说:"中国人

---

① 朱志荣:《中国艺术哲学》,上海:华东师范大学出版社,2012年版,第7页。

② 叶朗:《意象照亮人生》,北京:首都师范大学出版社,2011年版,第5页。

应该为世界的学术做出自己独创性的贡献,这就需要具有美学体系意识。我的导师蒋孔阳先生终生也推崇这一点。一篇论文要有一个中心,一部著作要有一个思想核心,几十年美学的专门研究,也要构建一个系统,一个体系。"

朱志荣在《中国艺术哲学》中指出:"艺术在中国古人的精神生活中有着特别重要的地位。古人是将艺术作为人生去追求的,他们把艺术境界的追求看成是人生境界的追求的一个有机组成部分。人生境界的追求是没有止尽的,艺术境界的追求也同样如此。中国人最理想的心灵,便是艺术化的心灵,中国人心目中最美好的人生境界,便是艺术境界。人们从中可以观照到主体的生命精神,及其在与万有物趣的融合中突破感性生命,以获得自我实现的主体心灵。艺术追求的历程,是主体不断创新、不断超越自我的历程。"①该书将"生命意识"作为梳理、概括和总结中国古典美学的一个核心范畴,认为中国古人对艺术审美特征的自觉意识是建立在人生哲学的基础之上的,从而可以体现出古人特有的体悟方式、思维方式和生命意识。这种中国传统艺术哲学的特质,即中国艺术生生不息的生命意识和生命精神,正是艺术与人生追求的至高境界。朱志荣认为:

"在中国古人的诗性思维中,生生不息的万事万物都体现了生命精神,他们从天人关系出发来看待艺术,将艺术中的生命精神视为对自然和主体及其两者合一的生命体精神的体悟和传达。这种通过特定的时空意识表现出来的艺术生命,由其自身的节奏和韵律,体现了生生不息的气化流行与生命的和谐原则。"

"作为一种生命有机体,其风骨、气韵、节奏韵律、传神等范畴都能展现出蓬勃的生命涌动。"②为此,他以艺术生命化——生命艺术化互相转化、交融,最后升华为生命精神的整个过程来贯穿全书,突出了中

---

① 朱志荣:《中国艺术哲学》,上海:华东师范大学出版社,2012年版,第2页。
② 朱志荣:《中国艺术哲学》,上海:华东师范大学出版社,2012年版,第217页。

国艺术哲学甚至是作者美学思想当中的重要理念。更为可贵的是,他还在书中创造性地提出了以"超感性的体悟"方式来获取中国艺术的丰富内蕴。所谓"超感性的体悟"即指"主体基于感性生命,又不滞于感性生命本身,从而释形以凝心,以身心合一的整体生命去感悟对象,获得感性的欣悦,并最终与对象达到契合状态,以便觉天以尽性。通过这种体悟方式,艺术家以情感为动力,实现了物我交融,使主体的感性生命受到感发,并由艺术创作而实现心灵的自由。在人们的精神生活中,艺术是艺术家思考人生的基本途径,并且启示欣赏者思考。"[1]通过这种体悟方式,他将中国艺术生生不息的生命精神融入物我双方,达到"天人合一"、浑然一体的效果。因此,他说:"在物我相摩相荡之中,主体使外物超越物态意义而获得精神意义,外物又使主体超越自身感性生命的局限,从而获得精神的愉悦。"[2]不得不说他的这种艺术观是具有前瞻性和科学性的,刘若愚就曾认为:"中国的文学理论,很少得到有系统的阐述或明确的描述,通常是简略而隐约的暗示在零散的著作中。"[3]朱志荣将零散、分化和感悟式的中国传统艺术理论进行归纳、整理,以生命意识为核心建构出一套完整的理论体系,具有开创意义。"举一纲而万目张,解一卷而众篇明",朱志荣的《中国艺术哲学》一书,即以"生命意识"为纲梳理全篇,我们可以窥见他善于抓住问题的关键来谋篇布局的学术思想,对于核心范畴的价值认定,有助于构建合理科学的思想体系,具有重要的借鉴意义。

三、宏观综合,披沙炼金,跨学科的理论背景

随着我国社会经济的转型,全球资本的迅速流动,中国文化视野

---

[1]　朱志荣:《中国艺术哲学》,上海:华东师范大学出版社,2012年版,第5页。
[2]　朱志荣:《中国艺术哲学》,上海:华东师范大学出版社,2012年版,第5页。
[3]　[美]刘若愚:《中国的文学理论》,郑州:中州古籍出版社,1986年版,第5页。

的不断扩大,我国学者对跨学科理论的思考和实践也日趋成熟。20世纪初宗白华提出跨学科如何与艺术学研究对象之间相互适应、融合的问题;20世纪40年代,马采、陈中凡等学者又为艺术学科划清了界限,为跨学科研究打下基础;改革开放后,艺术学科的跨学科研究才真正"百花齐放",叶朗(《现代美学体系》)、胡经之(《文艺美学》)、童庆炳(《艺术创作与审美心理》)等学者先后出版专著,内容涉及艺术领域多个学科的交叉研究,为艺术学跨学科理论的建构提供了非常有力的支撑。朱志荣在美学领域的研究也十分重视跨学科性。他曾说:

"中国美学体系的建立,除了强调哲学基础、重视思辨外,还要重视立足于中国的实证研究,需要跨学科的广阔视野和比较研究的意识,尤其需要重视考古学等方面的最新研究成果,与艺术欣赏等结合起来。因此,中国美学体系的建立,需要兼采中国的艺术学、人类学和考古学等方法和成果进行综合研究。"[①]朱志荣还强调,我们应该借鉴其他学科的研究视角和方法对具体审美现象进行研究,以提升研究的专业性和可靠性;还要求我们重视美学与其他学科的关系,从其他学科中吸取养料,促进美学学科自身的建设和发展。因此,我们可以看到在《中国艺术哲学》一书中出现了大量的跨学科的内容。他既从文论、诗论、画论、曲论中汲取营养,又从哲学的高度来审视理论特质,同时又参证了玉石器、陶器、壁画、音乐、园林等多种艺术形式及其理论,有史有论,相互印证,丰富了其美学思想的体系内涵。

在《中国艺术哲学》一书的本体论部分,朱志荣对《创构》一节是以《历代名画记》所载毕宏见张作画而开始的,导出中国艺术"外师造化,中得心源"的"天人合一"的最高境界。在具体论述时又从老子的

---

① 朱志荣:《论继承传统建构中国美学体系——2011年12月13日在华东师范大学的讲演》,《美与时代》2011年第2期。

"道生一,一生二,二生三,三生万物,万物负阴而抱阳,冲气以为和"
(《老子》第四十二章),混沌未开的元气是天地万物的本源入手;进而
又从儒家的角度阐释天地创构之道,表现为"地气上齐,天气下降,阴
阳相摩,天地相荡,鼓之以雷霆,奋之以风雨,动之以四时之以日月"
(《乐礼》),同时借《易传》的思想分析阴阳相合之道;还用"声喧乱石
中,色静深松里"(王维《清溪》)、"半亩方塘一鉴开,天光云影共徘徊"
(朱熹《观书有感二首》)、"风篁类长笛,流水当鸣琴"(上官婉儿《游长
宁公主流杯池二十五首》)等中国古典诗歌对古代艺术动静相成的宇
宙精神进行印证。其中还以苏州园林作为"凝固的诗"、"立体的画"
来说明审美意象的功能意义。这种娴熟地运用各艺术领域知识的例
子比比皆是,在朱志荣的多部论著中我们都能看到他这样自由地出
入于中国艺术的百花园,能在如此广博的知识中披沙拣金,要得益于
他多年的文学积淀和对艺术领域的不断探索。

　　总而言之,朱志荣通过自己多年的美学研究,在立足于中国古典
艺术的基础之上,参照西方的理论方法,对中国传统美学加以系统整
理与理论创新,倡导历史与当代、实证与思辨相统一的研究方法,突
出核心范畴的价值意义,力求从文化、器物、文献等不同层面发掘中
国传统文化的美学潜质,并以深厚的文学理论功底为依托,对中国传
统美学进行系统性考察,建构了独特的美学体系。当然,任何的理论
构建都是一个动态发展、不断更新完善的过程。经过多年的思考研
究,朱志荣在对美学体系的构建方面取得了一定的成绩,但如何能进
一步完善该体系,还要付出不少努力:首先,要厘清所涉及的理论范
畴之间的关系,避免为了呈现丰富的材料而忽视概念范畴之间的内
在联系,这样才能使得体系的构建更像一个有机整体。其次,要注重
把握相关学科学术研究的最新动态,对这些学术资源能进行有效利
用,取长补短,及时完善和更新体系内涵。再者,对于个别具有启发
性的论题应深入阐述,勇于打破那种平稳均衡的"康德式"的行文框

架。但从整体上看,朱志荣所构建的中国美学体系,可谓是立论高远,融通古今,视域开阔,固本求新,颇有大家风范,我们期待他能为中国美学的发展作出更大的贡献。

评朱志荣的《中国艺术哲学》

周建国　莫先武

"艺术哲学"不是"哲学",而是艺术的美学研究。自黑格尔从他的绝对理念出发,认为艺术是理念的生成演变,将艺术等同于美学,西方对于艺术的美学研究就成为一个传统。其中奠定这一基础,也是其理论典型之一的当属丹纳的《艺术哲学》。从美学的角度提炼艺术的品质与精神,更能体现出不同民族艺术的特质,中国艺术研究也需要这样的"艺术哲学"。

朱志荣的《中国艺术哲学》不仅是我国"第一部"艺术哲学研究的专著,而且也是"独立的"中国艺术哲学研究专著。查中国知网,以"中国艺术哲学"为研究对象的论文不足 20 篇;中国艺术研究专著也仅朱志荣的《中国艺术哲学》一部,可以说,朱志荣的《中国艺术哲学》在中国艺术哲学研究领域具有拓荒的意义。更重要的是,朱志荣的《中国艺术哲学》显示了非凡的独立理论体系,而不是简单的西方比附研究或是比较研究。中国艺术研究、美学研究的现代转型建立在与传统断裂的基础之上,基本上是取镜西方或是苏俄,因此,这种研究往往是一种比附研究或是比较研究。所谓比附,就是以西方理论为标准,再以中国艺术实践来印证;所谓比较,就是将中西方相同或相近的问题放在一起比较异同。比附研究失却了中国艺术与美学本身的价值,比较研究难以建立中国艺术与美学自己独立的理论体系。

朱志荣的《中国艺术哲学》不是,"以西方艺术哲学为内在参照坐标",而是把中国艺术哲学"当作独立系统的研究",建立了"一套体现当代意识和民族特性的开放的理论系统"①,即首先把中国艺术哲学当作一个独立的研究对象、一个独立自在的理论系统,它具有自身的特性、价值,从而建构中国艺术哲学理论体系,这样的研究与理论建构是真正不同于西方的、具有自身特性的"独立的"中国艺术哲学理论。

正是将中国艺术哲学研究作为独立的研究系统,朱志荣为我们系统地提炼了中国传统艺术哲学的特质,那就是中国艺术中生生不息的生命意识与生命精神。朱志荣教授指出,艺术在中国古代人的日常生活与精神生活中起着特别重要的作用,其本身就是一种重要的生存方式,他们往往将艺术作为人生精神价值的家园,把人生的艺术境界当作人生的至高境界去追求,这就是所谓的"人生艺术化"。朱志荣教授从横向与纵向两个角度分析了中国艺术的生命意识。从横向上来看,无论是作为创作与审美主体的人还是艺术品本身,都是中国传统文人艺术人生的成就,是审美主体生命与审美对象生命的融合。作为艺术实践结晶的艺术品,其本身就是有机的生命本体。从艺术创作过程来看,艺术品则是艺术家外师造化、中得心源的结晶,"体现了造化的生命精神和主体的精神生命"。艺术家外师造化、中得心源的创作过程,同时也是人生艺术境界的实现过程,因此,中国艺术的内在特质也无不是艺术家生命意识的体现,都是为了艺术人生的实现。从纵向上来看,艺术作品的生成演化过程,审美理想的变迁历程则是中国传统生命意识的生生演化过程。朱志荣教授认为,艺术品中所表现的内容是艺术创作主体情感对社会生活的一种折射,是以主体情感为中心的心理功能对审美对象之神的体验妙悟,并通过主体的情感态度而得以表现,是艺术家感物动情的结果与结

---

① 朱志荣:《中国艺术哲学》,上海:华东师范大学出版社,2012年版,第2页。

晶。中国传统艺术的传承发展，是以文化为中介的生命意识传承演化的过程，其本身就是一种生命的流动方式。

更重要的是，朱志荣创造性地提出了中国艺术的独特审美方式：超感性的体悟方式。美学界、艺术界将审美方式与创作心态一般概括为为感性审美，但朱志荣认为，中国古代的审美方式，是一种基于感性、但又不滞于感性，而是指向其内在生命的超越感性的体验。什么是超感性体悟？他说：所谓超感性体悟，是指审美主体"基于感性生命，又不滞于感性生命本身，从而释形以凝心，以身心合一的整体生命去体悟对象，获得感性的欣悦，并最终与对象达到契合状态，以便觉天以尽性。通过这种体悟方式，艺术家以情感为动力，实现了物我交融，使主体的感性生命受到感发，并由艺术创作而实现心灵的自由。在人们的精神生活中，艺术是艺术家思考人生的基本途径，并且启示欣赏者思考"①。所谓基于感性，指审美是以感性而不是理性为基础的，这种感性审美体验不会也不能上升到理性概括，而是在感发着情趣。但是，审美主体对自然、对社会生活的感受并不能滞于感性本身，还要让主体心灵与审美对象的内在精神相互贯通，使主体内在心灵与在审美对象中所体验到的而不是认识到的内在生命精神相契合，使审美对象的情调从属并且融汇在艺术家的内在生命意识中，获得生命的体验，从而扩充、提升审美主体的生命精神，提高审美主体的人格境界。也就是说，艺术家的艺术创造活动，本身是一种感性活动；但是，艺术家的艺术创造活动，始终以指向艺术家的人格境界生成为目标、为旨向，这正是中国艺术思维超越感性的地方。通过超感性的体悟方式，朱志荣教授将中国传统的生生不息的生命意识与艺术创作主体的艺术活动的结晶—艺术品之间的交融实现了内在沟通与融汇。朱志荣教授认为，审美主体与自然对象的审美交融是从两

---

① 黄维樑：《文心雕龙"六观"说和文学作品的评析》，见《中外文化与文论》，成都：四川大学出版社，1996 年版，第 4 页。

个维度展开的：一方面，只有主体投身于自然大化中，人道合于天道，才能真正审美主体的胸襟与气度；另一方面，在审美与创作过程中，正因人道合于天道，审美主体与创作主体既可以通过自我反省而体验到天道，亦可通过自然大化来寄寓自身情意，以物寄情，真正实现天道与人道的融合，在天道与人道的相反相成中成就了艺术主体的生命价值，这就是中国独特的艺术精神。

朱志荣教授本是中国古代美学研究出身，近来又一直从事中国古代审美意识研究，这使得他在从事中国艺术哲学研究时能将审美意识与诗学理论结合起来，形成双轨推进制。朱志荣教授近年来一直致力于中华美学的审美意识研究。他认为，要真正把握中华民族的艺术精神与审美情趣，必须追寻华夏美学的审美源头，他将其锁定在夏商周三代。这些年来，他不仅承担了国家级、省部级的《夏商周审美意识研究》，而且出版了《商代审美意识研究》、《夏商周审美意识研究》等一系列关于中国审美意识的研究成果。在他看来，商代是我国第一个有信史的时代，商代的文字、石器、铜器、玉器等，都是审美价值很高的艺术品，这也给我们留下了中国先人的审美意识与审美观念。商代在中国古代审美意识的历史变迁中起着承前启后的重要作用，夏以前从原始社会至夏代各种思想观念，包括审美观念，都在商代的各种器物中得以体现与保留，其审美意识对周代及至后世都产生了深远的影响。正是由于朱志荣教授对于中华审美意识与美学理论都比较娴熟，使得他能自由出没于文论、画论等基础理论与文学、书法、绘画、园林等各艺术实践之间。在《中国艺术哲学》一书中，我们既可以看到，朱志荣从《尚书》、《论语》、《老子》、《庄子》、《乐记》、《国语》、《文心雕龙》、《沧浪诗话》、《原诗》、《艺概》等诗论、画论中撷取营养，构筑中国艺术哲学理论体系；另一方面，他又游走在史前的玉石器、陶器、岩画和神话，以及音乐、书法、绘画、园林、诗词文学等种类艺术中，使得中国艺术精神的提炼真正奠定在艺术实践基础之上。这种艺术理论与艺术实践的双轨推进制，使得朱志荣的中国艺术哲学研究既有艺术实践的支撑而不高蹈，又有艺术精神的提炼而不胶实。

朱志荣教授为我们构筑的中国艺术哲学，为我们反省自己的传统艺术与文化、创造中国特色的文论提供了很好的视角与借鉴意义。中国传统文论如何实现现代转换，这已成为我国当代文论界的迫切声音，很多学者都急切地呼唤中国能在世界文论中发出自己的声音。"在当今的世界文论中，完全没有我们中国的声音。20 世纪是文评理论风起云涌的时代，各种主张和主义，争妍斗丽，却没有一种是中国的"①。中国特色的文论建设不能割断与中国传统文化与文论的联系，这已经成为学者们的共识。因此，中国传统的现代转型，其本质就是中国古代文论的现代化问题。

"我们讲古代文论的现代转换，事实上就是讲如何把中国文论的传统现代化……把有价值的文化传统和文论传统与现代化结合起来，建设新时代的文化精神，形成新时代的文论思想，这也许可以称作是一次真正的文化革命和文论革命"②。近些年来，随着西方越来越关注中国等东方古老的文明，这更加增添了我们传统文论现代转型的决心与信心。但是，中国现代艺术与文化的现代转型建立在与传统断裂的基础之上，形成了传统艺术的逆变，形成了中国传统艺术不同的风格，如何认识与建构现代艺术哲学将是一个巨大的挑战。朱志荣教授也指出："中国古代艺术哲学的研究，要体现出当代意识。在研究过程中，我们要以当代人的旨趣，对中国古代艺术理论的传统进行消化和吸收，使之成为当代艺术理论的源头活水"。但当代意识

---

① 黄维梁：《文心雕龙"六观"说和文学作品的评析》，见《中外文化与文论》，成都：四川大学出版社，1996 年版，第 234 页。

② 杜书瀛：《面对传统：继承与超越》，见《中国古代文论的现代转换》，西安：陕西师范大学出版社，1997 年版，第 27—28 页。

体现在哪里,却没有现成的答案。中国现代艺术精神的把握必须应对当代的审美体验,"我们不但需要发掘传统文论中有价值的因素,同时还要不断总结文艺实践的新鲜经验,形成新的理论"。20世纪,本雅明用"震惊"之美来概括机械复制时代西方人们的审美体验,就是对当时人们审美体验的典型总结。中国传统的生命意识从封建社会发展到了当代,尤其是在上个世纪以来西方文化、现代市场化与科技文明、物质文明的冲击下发生了哪些变化,人类的生命意识发生了哪些嬗变,艺术该如何发展,这将是现代艺术哲学研究的任务。朱志荣教授曾经研究过王国维、邓以蛰等现代美学家与现代实践美学,我们期望他能够对中国现代艺术哲学作出反思与研究,将中国艺术哲学从古典向现代延伸,构筑真正完整意义上的"中国"艺术哲学。

中国本色品格，全球多元视野

——评朱志荣先生的《中国艺术哲学》

赵以保

朱志荣先生的《中国艺术哲学》（华东师范大学出版社 2012 年版），乃是他致力于以西方学说思想为参照坐标，从事全球视野下的中国艺术理论建设的创获。他试图构建系统的中国艺术思想，全球多元视野下的中国古典艺术理论。不论在研究对象上还是研究方法上，该书都突破了传统对中国艺术研究的诗性点化和零散性，对中国古典艺术哲学，包括中国古代人的思维方式、体悟方式、生命意识，中国古典艺术独特品格等进行了全面系统的梳理、归纳，立论公允、视野开阔，从中体现了朱志荣治学的全球视野与当代意识。

一、人生、艺术、哲学三位一体

中国古代有着"诗乐舞"三位一体的传统，这就决定了研究中国古典艺术，必须突破单门类研究的误区，朱志荣的《中国艺术哲学》从宏观上鸟瞰中国艺术，第一次将中国古代人的人生体悟方式、思维方式，中国古代的艺术和中国古代哲学融会贯通，认为"中国古代艺术体现了中国古代的哲学系统背景"。作者跳出了为艺术而谈艺术的研究视野局限，从中国古代人的人生哲学切入中国艺术精神。

中国古代人的体悟方式、思维方式有着独特性，概括来说就是

"天人合一"、"万物有灵",而不同于西方的"天人分离"、"主客二元对立"。作者指出:"天人合一是中国传统文化中的一个重要的核心命题。在认知的意义上,它是人与自然关系的形上学说;在伦理的意义上,它反映了古人善待自然的积极态度,体现了中华民族博大胸怀的精神境界;而在审美的意义上,它又体现了人们以人情看物态、以物态度人情的审美的思维方式。"在中国传统的审美思想中,人与世界是统一的,万物是有生命的,并且万物之间还是息息相通的,统一于宇宙气化之中。

《中国艺术哲学》正是建构在中国独特的"天人合一"的体悟方式、审美方式基础上的。中国文化的两大源头儒、道两家在重视生命、顺情适性上是相通的,儒家强调人与自然之间的亲善和谐,道家强调回归自然,追求"以天合天"。该书指出:"尽管儒道两家在强调天道与人道的合一中各有偏重,儒家将天道与人道统一于人道,道家则将天道与人道统一于天道,然而他们都是主张艺术作品体天人合一之道的。""天人合一"的境界是一种天人和谐的境界,强调"人体天道","顺情适性",个体的人通过"忘我"、"丧我"而与宇宙大化融和。中国古代艺术也同体宇宙之道,表现出中国特有的生命节律、和谐原则和时空氛围。

本书从跨学科的宏观视域,把中国传统的人生哲学、华夏古典艺术特征融为一体。中国古代人的人生、艺术、哲学三者如水中盐、蜜中花、镜中象浑然一体,诚如朱志荣所指出:"艺术在中国古人的精神生活中有着特别重要的作用,中国古人是将艺术作为人生去追求的,他们把艺术境界的追求看成是人生境界的追求的有机部分,把艺术看成主体成就人生的重要途径。"同样,中国艺术不论是在创构上要"外师造化,中得心源",还是在本体结构上也要"神合体道",与主体是浑然为一的,共同体现了中国哲学的一气运化之道。《中国艺术哲学》将中国古人的生活、艺术、哲学三者贯通了,凸显了中国传统文化和艺术的精髓。

二、生命艺术化与艺术生命化

华夏民族历来被誉为"诗性民族"，作为现代意义上艺术的"诗"渗透到古人生活中的方方面面，早在两千五百多年前的孔子就教导儿子"不学诗，无以言。"《中国艺术哲学》最浓墨重彩的部分，正在于其全面系统地对中国传统的人生哲学和艺术思想做了总结和归纳。

朱志荣指出，中国古人的人生追求就是艺术化人生，中国古人的最理想的人生境界就是艺术境界。本书在第一章"主体"中提出主体通过虚静来超越现实功利心态，使心灵获得自由与无限。作者深入阐释了主体艺术化的三种途径，分别为直观、入神、体道来完成，要求主体须突破形神局限，师楷化机。作者指出艺术生命的创生过程，也是主体受感动、受感发的过程。通过艺术创造，主体是自身对对象的体悟，与主体自我的心灵为一体，实现了对自我的超越，进入到一种"天地与我为一"的精神自由境界。

中国古典艺术独特性也体现出生命化倾向。作者指出："中国艺术本体的内在结构，包括艺术语言、审美意象和内在风神。它们在本体中是有机统一、浑然一体的。这从根本上说便是统一于气，一气相贯，最终体现出生命之道。"对中国艺术的欣赏是透过"言""象"去把握外在的"神"、"道"；中国艺术的内蕴也体现出"和谐"、"气韵生动"、"风骨"、"节律"、"趣味"、"体势"，而不同于西方对艺术做认知上的静观剖析和量化实证。

艺术在中国古代起到了西方宗教的意义和作用。中国古人是通过生命艺术化来达到对现实有限性的超越与心灵的自由的。该书给读者全面梳理了中国人的生命艺术化创构过程，进而由生命艺术化到艺术生命化。在这一逻辑结构的统摄下，作者系统梳理了中国传统的艺术理论范畴、概念,主要探讨了艺术主体、艺术本体、艺术特质、艺术神采、艺术流变等问题,并在立足于文献材料的基础上,提炼出了"超感性体悟"、"物我双向交流"、"言象神道"、"文化的中介意义"等命题,提出了自己独到而又合理的见解。如作者对中国艺术起源问题的阐释,区分人的情感与情绪;劳动也分为劳逸两种;中国宗教不发达的原因阐释,以及认为理性思维的发展会湮没艺术是无稽之谈等,读来令人耳目一新。

三、立论公允,方法多元

《中国艺术哲学》又一重要特点,在其研究方法上的创新。朱志荣开宗明义提出"中国艺术哲学的研究需要有体现自身特征的研究方法",总体来说,主要体现为立论公允,方法多元。具体表现在以下三点:

其一,立论公允。对中国古代艺术和美学的研究,流行两种研究策略。一是"国粹派",拒绝一切西方话语的介入,表现出浓烈的"旧学"意识;二是"西化派",主张全盘西化。国内的这两种治学方法都有很大的偏激性,被朱志荣所批评。他指出"中国艺术哲学的研究需要从比附研究、比较研究向独立系统的研究过渡。所谓比附研究,就是以西方艺术理论为准的,在中国传统思想中找依据。它侧重于以西方艺术理论为规范到中国古典思想中去求同。所谓比较研究,是将中西方相近或相关的范畴放在一起,通过对照比较,发现异同,探究流变。"本书突破研究者与研究对象之间的地域亲缘情感和狭隘的学理功利关系,以公允的立场全面系统研究中国古典艺术。

其立论公允还体现在作者尊重中国艺术自身的规律,不苟同、不盲从,一切总结、归纳以材料说话,实事求是。朱志荣在本书写作中常常追本溯源,对中国古典艺术独特范畴,总是先从逻辑思辨的高度引经据典，再参之以具体艺术文本。如作者对"天人合一"、"气"、"阴阳化生"、"五行相成"等概念的论述，是从《周易》、《乐记》、《老子》、《庄子》、《孟子》等哲学文献中小心求证而来的；再如作者对中国古代艺术起源问题的阐释，表现出极大的立论公允色彩，既看到中国艺术的独特"源起"，又承认中国艺术发展是受到文化中介和外来动力的刺激综合作用的结果。

其二、方法多元。首先表现在对西方艺术理论的借鉴和汲取。《中国艺术哲学》对西方艺术理论的借鉴是充分的，不仅有宏观体系结构上的参照，而且有微观术语上的使用。中国艺术理论与世界话语体系的接活，必须借鉴西方理论研究的体系性和学科性，对中国传统艺术理论进行整理和归纳，朱志荣的《中国艺术哲学》为中国艺术理论系统性研究奠定了基础。本书的"艺术哲学"术语也是汲取黑格尔把"艺术"等同"美"，把"艺术哲学"视为美学，即对艺术做美学高度上的研究。纵观中国学术，朱志荣的《中国艺术哲学》是我国"第一部"艺术哲学研究专著，在我国对艺术做美学的宏观研究上具有开创意义。

其次，表现为多学科的宏观综合。《中国艺术哲学》具有很大的跨学科性，在该书中，朱志荣从哲学、诗论、画论、曲论中披沙拣金，从哲学思辨的高度求证中国传统艺术规律和特质；另一方面，他又参之于考古文献、出土玉器、陶器，以及音乐、书法、绘画、园林、诗词等具体艺术文本，既有形而上的思辨又有形而下的实证。《中国艺术哲学》融中国哲学思想、中国古代伦理思想、中国艺术思想于一体，第一次用中国人的人生哲学去阐释中国人的艺术，显示出作者对中国传统文化的深厚功底和文史哲的贯通。

中国艺术精神的宏观阐释难度很大，任何单一的研究方法都根本无法全面把握。因此，必须突破单一研究模式，借鉴和汲取西方文化和相关学科的研究方法，以尽可能开放、多元、全新的学术视野来审视和解读传统艺术精髓。《中国艺术哲学》，正是这一研究方法的大胆尝试，具有深远的学术意义。

其三、全球视野。《中国艺术哲学》体现出中国本土化特色，又具有全球视野的开阔性。作者指出："世界大同的人文理想在短期内是不可能实现的，中国人应当从自己的传统和文化背景出发对人类的文明包括审美理论做出自己的贡献。我们应该以西方学说为参照坐标，从自己的传统和文化背景出发，吸收中国传统审美理论的积极成果，站在时代的高度，结合自己的国情，对西方的相关学说进行吸收和同化，创构出全球视野下的中国审美理论。"本书正是作者运用现代学科的理论方法，对中国古代艺术进行系统总结、整合、阐释和评述，积极促使中国学术与国际人文学科接轨。

毋庸置疑，中国传统的艺术理论存在着很大的"前学科性"和感悟点化式零散性等问题，不利于中国艺术理论在世界范围上的传播与发扬。朱志荣的《中国艺术哲学》正是秉承王国维、朱光潜、宗白华等前辈学者的学术衣钵，积极促使中西学术话语的接活与互进。王国维、朱光潜、宗白华是中国近现代美学的奠基人和开拓者，也是中国学术史上三座横跨古今、沟通中外的桥梁，朱志荣先生的学术追求正是沿着前辈学者所架起的桥梁不断开拓。

中国传统的艺术思想，是全人类艺术理论宝库中的一朵奇葩，其独特思维方式和体悟方式更是全人类艺术理论发展的源头活水。如何使中国传统艺术理论焕发当代活力，对当代艺术实践发挥有效阐释功能和指导意义，就必须对中国传统艺术思想进行整理、归纳、总结和扬弃。可以说，朱志荣的《中国艺术哲学》正是为全面、系统研究中国传统艺术思想奠定了基础。

立足器物、艺术品本位的中国美学史研究

——评朱志荣教授主编《中国审美意识通史》

赵以保

朱志荣教授长期致力于中国美学史研究，取得了令人瞩目的研究成就。2017 年 12 月由人民文学出版社推出的八卷本《中国审美意识通史》，共计 340 万字，是目前学界第一部系统研究中国审美意识发展、演变的鸿篇巨制，也是朱志荣教授在前期中国美学史研究几十年积累的基础上带领学术团队历时六年完成的最新成果。本丛书在中国美学史研究中，具有"追源溯流，继往开来"的重大价值和学术贡献。

首先，极大地拓展了中国美学史研究领域。一是在时间维度上，将中国美学史研究直接拓展至史前时期，本丛书第一卷即为中国史前审美意识的专门研究。二是在空间维度上，将中国美学史研究拓展至深厚的地下材料、具体实物、器物、艺术作品等广阔领域，将纸上材料与出土文物相结合，融田野考察与器物考证于中国美学史研究。

众所周知，人类先民在文字出现之前，早已具有审美意识活动，在其生活领域和生产实践中，自觉或不自觉地存在大量审美活动，表现出先民朴素的审美趣味、审美理想等。本丛书认为，史前审美意识正是中国美学思想和中国美学理论的源头活水，其遗存的器物、神话、岩画等也是蕴含丰富的中国美学资源。随着中国美学史研究范式的不断开拓，中国美学思想史研究开始对史前审美意识特别是对

蕴含在石器、骨器、玉器、岩画以及先民在社会生活遗存中存在的大量直观的、鲜活的、丰富的审美意识进行研究。朱志荣教授几十年来带领学术团队深入总结中国美学史前审美意识研究，已经取得丰硕成果，例如本丛书《史前卷》深入研究石器的造型、纹饰，岩画的点、线、块面，玉器的纹饰、造型、功能等，这些专门的史前审美意识研究，在时间维度上，极大地拓展了中国美学史研究领域。本丛书在中国美学思想和中国美学理论追源溯流上，做出了突出贡献。

其次，立足于器物、艺术作品本位的中国美学史研究。中国美学史研究，除了表现为理论形态的范畴研究外，还有更为广阔、鲜明的感性形态领域的研究，也十分重要。诚如与会专家陈伯海先生指出："感性形态的审美意识较之逻辑形态不仅更具有原初性，亦更加丰富而生动，理应成为美学研究的率先着眼点。"《中国审美意识通史》正是立足于历代具体器物、艺术品本位的中国美学史研究，从绘画、书法、音乐、文学、雕塑、器物、城池、陵寝、品藻、建筑、服饰、舞蹈、家具等各方面展开中国美学史研究，全方位探寻中国审美意识的时代特征与历史流变。诚如朱志荣指出：

"历代的艺术品和工艺品等，都是审美意识的活化石。"①本丛书从史前至清代具体的代表性艺术品、器物、工艺品等感性形态实物入手，揭示审美意识与环境的关系，以及审美意识与中国美学思想和美学理论的内在联系，探寻中国审美意识的演变脉络，继承和发扬其精华，促进中国传统美学资源的当代转化。

本丛书从史前、夏商周时期中国审美意识溯源，到秦汉、魏晋五代、宋元中国审美意识全面展开，直至明清时期中国审美意识表现出"集成式继承""渗化式潜变""跨越式转型"等演变，对中国审美意识进行了全景式研究。因此，《中国审美意识通史》注重感性形态的审

---

① 朱志荣：《中国审美意识通史·史前卷》，北京：人民出版社，2017 年版，第 4 页。

美意识研究,也极大地拓展了中国美学史的研究对象,与传统注重理论形态的中国美学史研究形成互补,共同构成中国美学史整体。

再次,坚守中国美学本色,参照全球多元视野。本丛书的中国美学史研究范式,成功避免了"国粹派"拒绝任何西方话语介入的狭隘性;也走出了"西化派"的一切唯西方是从,矮化、贬低中国本土美学思想及其价值的误区。朱志荣教授主张:"借鉴西方审美理论的思维方式和基本观点,以西方的审美学说为参照坐标,是十分必要的。"[①]本丛书之所以注重审美意识的研究,也是因为中国人的"诗性"思维方式决定的,中国古人崇尚艺术化生活和生活化艺术,感性形态的审美意识反而更为直接地体现中国古人的审美特征,中国美学史注重审美意识研究更符合中国美学史本土特色。《中国审美意识通史》以西方美学范式为参照坐标,正是旨在将中国古代表现为感性形态的岩画、器物、工艺品等审美意识按照造型、纹饰、风格、表现手法等多方面进行系统化、体系化、当代化,提炼其存在的艺术特征和蕴含的审美价值,促进中国传统美学精华走出博物馆、走出国门、走向世界,参与国际美学的碰撞与对话。

中国传统美学的体悟方式以万物有灵、"天人合一"为特征,而不同于西方的"天人分离""主客二元对立"模式。诚如朱志荣指出:"天人合一是中国传统文化中的一个重要的核心命题。在认知的意义上,它是人与自然关系的形上学说;在伦理的意义上,它反映了古人善待自然的积极态度,体现了中华民族博大胸怀的精神境界;而在审美的意义上,它又体现了人们以人情看物态、以物态度人情的审美的思维方式。"[②]本丛书正是立足中国传统美学本色,不仅注重感性形态的审美意识研究,而且注重提炼中国审美意识中的生命意识,使其

---

① 朱志荣:《中国审美理论》,上海:上海人民出版社,2013年版,第1页。
② 朱志荣:《中国美学的"天人合一"观》,《西北师范大学学报(哲学社会科学版)》,2005年第2期。

当代化,充分发挥其在人生境界和审美超越中的当代价值,为世界贡献中国美学智慧。

最后,方法多元,力求从文献、实物、文化、社会等多层面纵横交错展开中国美学史研究。本丛书研究方法视野开阔,一是表现为对西方现代美学理论范式的借鉴与参照。中国传统美学表述具有"前学科性"和感悟点化式零散性等特征,不利于中国传统美学思想和美学理论在世界范围上的传播与发扬[4]①。本丛书正是秉承王国维、朱光潜、宗白华等前辈学者的学术衣钵,积极促使中西学术话语的融合。中国美学理论与世界话语体系的接活,必须借鉴西方理论研究的体系性和学科性,对中国传统表现为感性形态的审美意识进行学术化与当代化,朱志荣教授的八卷本《中国审美意识通史》为中国审美意识系统性研究奠了基,在中国审美意识的宏观研究上、体系性表述上都具有开创意义。

二是表现为跨学科的宏观综合研究。本丛书具有很大的跨学科性,一方面从考古文献、出土石器、玉器、陶器,以及音乐、书法、绘画、园林、诗词等具体艺术活态文本,求证中国史前至清代审美意识的演进规律及特质;另一方面,本丛书又从哲学、诗论、画论、曲论等表现为范畴形态的中国美学思想和美学理论中披沙拣金,使本丛书既有形而下的实证又有形而上的思辨,既有地下出土实物文献的支撑,又有纸上文字文献的有机结合,丰富了中国美学史研究方法。

总而言之,朱志荣教授主编八卷本《中国审美意识通史》具有鲜明特色,其一,立足器物和艺术作品本位的研究,认为只有在中国美学思想和审美意识的交融互通中,才能有效地把握中国传统美学的整体;其二,全球视野,以西方现代美学范式为内在参照坐标,提炼中国传统审美意识特征,促进中国传统美学思想的系统化、国际化,为

---

① 赵以保:《中国本色品格,全球多元视野——评朱志荣先生的〈中国艺术哲学〉》,《美与时代》2012 年第 9 期。

世界贡献中国美学智慧;其三,方法多元,力求从文献、实物、文化、社会等多层面纵横交错展开中国美学史研究。本丛书在研究对象与方法上的创新,不仅为中国审美意识史系统研究奠定了基础,也为中国美学史研究开拓了新领域。

立足于艺术实践的中国审美意识史研究

——评朱志荣主编的《中国审美意识通史》

毛宣国

从审美意识史的角度展开中国美学史的研究，是中国美学家追求的一个目标。中国现代美学的开拓者宗白华一贯重视审美意识史的研究，他提出中国美学史的研究，不仅要注意到理论形态的著作，而且尤其要重视中国几千年的艺术创造，要在中国古代各部门艺术的美感特殊性和普遍性关系中研究中国美学史，实际上就是一种审美意识史的研究。上世纪 80 年代初，李泽厚和刘纲纪撰写的《中国美学史》，将中国美学史的研究对象区分为广义与狭义。所谓广义的研究，是对各个历史时期的文学、艺术以至社会风尚中的审美意识进行全面的考察；所谓狭义的研究，则是以哲学家、文艺家或文学理论批评家著作中已经多少形成的系统的美学理论或观点为主要对象。同时他们还认为，两种研究比较起来，广义的研究即审美意识的研究对中国美学史来说更为适合和重要。李泽厚、刘纲纪的这一观点具有普遍性。在中国美学史领域做出重要贡献的学者如叶朗、敏泽、蒋孔阳等，都意识到审美意识的研究对于中国美学史著作书写的重要性，但限于当时的条件，他们所撰写的美学史都将范围主要放在有关美学思想的理论形态上。李泽厚撰写的《美的历程》可以说是一个例外，它对中国古代艺术中的审美意识进行了全面考察，但诚如该书的"结语"所言，它只是一次"对中国古典文艺的匆匆行礼"，对中国审美意识发展历程的描述是粗略的,离理想形态的中国审美意识通史著作书写还有相当的距离。尔后一些学者也意识到突破美学思想史或美学理论史写作范式的重要性,于是出现了以审美文化和审美风尚为对象的中国美学史写作思路,如周来祥、陈炎、吴中杰、许明等人主编的审美文化史和审美风尚史著作。但这些著作较多关注文化风尚的外观呈现和现象描述,与"形而下"的审美物态史研究在资料与观点亦有太多重叠,对于作为审美主体的中国古人的审美意识历程缺乏应有的展示,亦非中国美学史著作写作的成熟形态。

朱志荣主编的《中国审美意识通史》(以下简称《通史》)则试图突破现有研究的局限,它从中国艺术审美实际出发,以历代的艺术品和器物中所体现的审美意识研究为基础,系统地梳理了从史前到清代的中国审美意识的发展历程,建立起中国美学史书写新的理论范式。在这部八卷本、字数近 400 万的煌煌大著的撰写者看来,中国美学史的研究,需要倡导审美意识史、美学思想史与美学理论史互补统一的研究方法。并认为,由于"审美意识是主体在长期的审美活动中逐步形成的,是一种感性具体、具有自发特征的意识形态。它存活在主体的心灵里,体现在艺术和器物中。其中既有社会环境的影响,又包含着个体的审美经验、审美趣味和审美理想"(《中国审美意识通史》史前卷,第 4 页),所以"从历代具体的代表性艺术品、工艺品和器物入手,揭橥审美意识与环境、与主体的关系,以及它在形态上与美学思想和美学理论的关系"(同上,第 4 页),对于中国美学史研究显得尤其重要。

从上述描述亦可以见出,《通史》所主张的审美意识史研究,与国内一些美学家所倡导的审美意识史研究不尽相同。后者的审美意识史研究,虽然也关注具体作品和实物遗存的价值,却很少从各个历史阶段的艺术作品和器物入手展开深入细致的实证研究,从而把握不同历史时期多样的、变化的审美意识特点。它重视的是哲学与美学观点的提炼，作品和实物的审美意识研究只是一种工具与手段。李泽厚的《美的历程》可以说是典型代表。它的审美意识史研究是为其哲学观念，为建立起以形式积淀为基础的主体心理结构的哲学体系服务的。它所关注的不仅仅是具体艺术作品和器物所表现的审美意识，也关注表现为哲学家、文艺家的思想与理论观点的审美意识。重要的还在于，《美的历程》的撰写意在说明，以具体艺术作品和器物为基础的审美意识必须上升到理论和哲学思辨的层面，给人们以哲学精神的引领，揭示出中国民族的审美趣味和文化心理结构。只有这样，审美意识史的研究才显得有意义。比如，它用"有意味的形式"概括龙飞凤舞的史前艺术，用"狞厉的美"描述殷商时期的青铜艺术，用"儒道互补"和情理结合说明先秦艺术和审美的特征，用"人的解放"和"文的自觉"来描述魏晋风度等等，均具有这样的意义。这种研究方法的采用，一方面与作者的理论素养和哲学思辨能力相关，另一方面也受到西方哲学美学思维和方法的深刻影响。在西方，鲍桑葵较早地意识审美意识研究的重要性，所以他强调美学史的写作"不能仅仅当成是对于思辨理论的阐述"，而应该是审美意识或美感本身，它是深深扎根于各个时代的生活之中的。（鲍桑葵：《美学史》第2页）但是，出于西方美学家的固化思维，美学被理解为哲学的一个分支学科，其审美意识史的写作是从属于美学理论与思想的，为其哲学理论和思辨服务的。这也是为什么鲍桑葵在解释其所写的《美学史》没有提及东方艺术时，要给出这样的理由，那就是东方艺术所表现出的审美意识"还没有达到理论思辨的程度"（同上，第2页）。李泽厚的《美的历程》虽然突破了美学意识史附属于美学思想史或美学理论史的范式，重视艺术作品和器物的审美意识研究，目的却在于美学理论的建构，重视的是哲学和理论思辨的力量，与鲍桑葵所确定的审美意识史的研究思路有一致之处。

《通史》的写作则不然。对于审美意识与美学思想、美学理论的关系,《通史》是重视的,它认为二者的关系是互补的,共同构成中国美学的整体。但是这种重视,不是作为一种理论建构和哲学思辨力量存在,而是作为一种理论资源,即审美意识作为中国传统美学思想和美学理论的源头活水,或者说作为美学观念与思想存在的时代与历史依据体现出来。《通史》不像《美的历程》那样,重视艺术作品和器物所蕴涵的审美意识在哲学或美学理论建构中的作用,它重视的是审美意识与美学思想的相互印证,重视是从具体的艺术作品和器物中去发掘其所承载的不同时代、不同艺术的审美意识,较少关注表现为理论形态的审美意识(即哲学家、艺术家著作所表现出来的美学思想与观点),亦不重视从感性的审美意识形态的研究中提炼重要的哲学美学理论与观点。这样的书写方式,在哲学思辨方面或许是逊色的,但是它却对研究者的历史知识、思想文化素养,对研究者在艺术品、器物方面的广博、精湛的专业知识提出了很高的要求,而在这些方面,《通史》的撰写者显然是出色的。宗白华曾反复强调,中国美学史的写作不仅仅是哲学家、文艺家美学思想和观点的写作,而且也是各门传统艺术(诗文、绘画、戏剧、音乐、书法、建筑等)的美感经验的发现;它不仅仅是哲学美学思想史的研究,而且也是审美艺术史的研究。《通史》作者正是意识到这一点,所以将写作的重心放在中国古人各个历史时期创造的艺术品、器物和生活方式中,从中挖掘、概括和归纳中国人的审美意识,以期展示中国古人的审美观念、审美理想、审美趣味的历史进程,使人们对中国美学史的面貌与特色有新的认识。

具体说来,笔者认为,《通史》的写作在以下几方面取得重要的成就与收获。

第一,填补了中国美学史研究的一些空白。这突出地体现在史前和夏商周审美意识的研究中。现存的中国美学史著作的时间上限,大多从有著作传世的先秦诸子开始,东周以前的美学历史,因其时代久远,文献资料缺乏,则很少涉及。因此史前和夏商周三代一直是中国美学史研究的薄弱环节。《通史》在这方面则做出了重要贡献。它注意到东周以前文献资料奇缺,现有历史遗存零散驳杂的特点,所以采取了探本溯源、实物本位、社会史分析等方法,对这一时期的审美意识进行发掘、整理与探讨。特别是将器物作为这一时期美学史研究的重要对象,即新旧石器时代以石器、陶器、玉器、岩画为基本对象,夏商周时期以陶器、玉器、青铜器、甲骨文字和金文为基本对象,从这些器物的造型、纹饰和艺术风格的分析入手,并结合文化和时代背景的分析,系统梳理这一时期审美意识的发展与变化,填补了这一时期美学史研究的空白。在《通史》作者笔下,现有上古美学史研究很少涉及的史前审美意识特征与风貌有了整体呈现:旧石器时代的生产劳动与工具孕育了中国朴素的审美意识形态,打制石器艺术成为中国艺术文明的最早形态;新石器的审美意识则发展到比较成熟的阶段,在工艺品的创造中,先民兼用仿生写实与象征表意的艺术审美原则凸显生命意识,在原始岩画中,对线条的运用体现了先民从具象写实向抽象写意的演化,在神话传说中,先民的意象构建能力和审美想象力得到了进一步发展,尤其是以象表意的审美思维方式将新石器的审美意识推向一个新的高度,而这些,对于夏商周三代审美意识的形成有着重大影响。夏商周三代正是在新石器已取得的审美成果基础上进一步发展,形成其独特的审美意识:"夏代审美意识是人本文化的开端,其器物的审美特征已初步表现了等级差异的审美品位;商代的审美意识与神权、王权融为一体,并在神本的背景中孕育出浓烈的主体意识,积极地推动了上古文化从神本向人本的过渡;西周的审美意识中神性衰弱,人性突出,礼制风格加重,审美品位中大量渗入了社会意识和人文意识;东周不断解构旧有的审美规范,在不断地创新中建构出多元的审美风尚。"(《中国审美意识通史》夏商周卷,第11—12页。)

　　《通史》对于史前和夏商周审美意识的阐述,具有鲜明的历史意识,它虽然分两个历史阶段展开,却具有一脉相承的贯通思路,其目的不仅是要人们认识到史前和夏商周三代审美意识的不同特征,同时也是要将其作为后来审美意识和美学思想发展的活水源头,揭示其与后代审美和艺术发展历程的关联。比如,论及新石器时代的陶器玉器的造型和纹饰,《通史》注意其受到更早的编织物的造型和纹饰的影响,而后来夏商周时代的青铜器的发达,在造型与纹饰上的探索与成就,又离不开新石器时代陶器和玉器的影响,并反过来影响到商周时代的陶器与玉器。而这种现象则成为中国工艺美学史上的一条规律,即后起的工艺美术,既带有物质媒介的特点,又受此前的其他工艺美术的影响,而自身所积累的艺术经验又会影响到同时代其他物质媒介的工艺美术。又如,论及东周青铜器中人物画像纹饰,从它的构图布局,看到其对中国传统绘画的影响:图案呈平面散布状,填满空间,没有使用中心点和透视方式,从中可以看出中国早期绘画的表现形式,这种布局方式与中国传统山水画“以大观小”的表现方式一脉相承,其透视的焦点都不是固定的,而是流动的,不断变化的。再如,对甲骨文和金文的分析,《通史》作者亦竭力发掘其对后世中国书法与绘画艺术的价值,认为商代的甲骨文和金文充分融合了实用性和艺术性,开创了中国书法的传统;在图画的基础上形成的殷商甲骨文,不但构成了我国最早的一套文字体系,而且还通过构字构成中对象形表意以及象征手法的运用,影响了中国古人的审美观念和思维方式,为后世的书法和绘画艺术积累了可贵的经验。

　　第二,从中国古代各个艺术门类入手,揭示中国古代审美意识的特征与发展历程。宗白华的中国美学史研究的一个重要特点,就是非常重视揭示中国古代各门艺术在其美感(审美意识)方面表现的特殊性与普遍性。比如,他关于中国古代美学的时空意识、虚实关系、飞动之美、意境结构(道、舞、空白)等的分析,都是通过具体的艺术门类展开的。宗白华不仅重视分析不同艺术类型的审美意识特征,还非常重视将各门艺术贯通起来,找出其美感经验的相同与相通之处。《通史》作者借鉴了这一方法,以艺术门类的研究为基础,重视不同时代、不同类型的艺术的风格与特色,重视不同艺术之间的相互借鉴和相互影响,从中寻找中国审美意识发展的动因与规律。这种研究对象的选择,是符合中国美学实际的。因为,与西方美学相比,中国美学在理论系统性和逻辑思辨等方面存在明显差异,美学著作多以感悟性、品鉴性形态出现,于是历代的艺术品和工艺品就成为审美意识的活化石,对于人们认识中国审美意识的内容与特点非常重要。《通史》在这方面做出了有益的尝试。我们可以以"秦汉卷"的写作来说明这一点。

"秦汉卷"作者意识到,秦汉时期是中国古代审美意识发生突变的时期。中国古代的审美意识在这一时期出现了很多新内容,形成了自己的特点:以丽为美成为汉代审美意识的基本特点,对日常生活之美的享受成为秦汉(尤其是汉代)审美意识的主要内容。对这一时期审美意识的嬗变,作者主要是通过具体的艺术门类,如书法、雕塑、绘画、舞蹈、音乐、诗赋,以及汉代画像石的分析展示出来。在丽美的表现方面,汉赋是主要代表。汉赋丽美特征的形成,并不像学术界一些人所认识的那样,是统治者"润色鸿业"的结果。汉赋丽美的表现形式的背后,蕴含的是汉代独特的审美意识内容。这种新的审美意识一方面追求以视觉冲击为主要感受的感官审美,另一方面则以主体对天地万物进行统摄观照的整体性思维为基础。在绘画方面,丽美表现为动态形象和生活场面的描述和呈现,汉代绘画集各种功能于一身,成为现实世界、精神世界和理想世界的物质载体,具有实用性和审美性的双重特点,形成了以"动"为核心的审美特征,它在形式上崇尚飞举灵动,在内容上注重表现生活的乐趣与生命的活力。在雕塑方面,丽美转化为对雕塑艺术形式和内在精神的准确把握,将乐享生活的思想观念通过雕塑全面展现出来。汉代的雕塑沉雄宏大而不失婉转流动,既注重世俗生活的表现,也体现出绚丽的想象,塑造出一种崭新的以世俗生活为基础、乐享人生的审美理想,也形成中国雕塑艺术发展的高峰。在音乐方面,丽美表现人们对凄怆缠绵、婉转曲折的悲音的欣赏,表达出"以悲为美"的审美价值取向。在舞蹈方面,这种丽美表现为对舞者艳丽服饰、妆容以及表演过程的变化莫测、奇幻骇人之美的追求,可以称之为"炫目惊心"。与丽美相表里的是汉代人对自我的日常生活的热爱,汉画像即是这种审美意识的典型代表。它不仅对两汉时期人们的日常世俗生活进行了全面再现,而且还通过各种方式将主体的日常世俗生活及其意义纳入到神话—历史结构中以获得永恒,以此肯定世俗生活对于人们情感心理的价值。将汉代的审美意识的特征与内容,仅仅归纳为丽美和日常生活之美的享受,是不是准确,学术界或许存在争议。在艺术门类的选择上,极其精美甚至可以说是空前绝后的汉代工艺品,《通史》没有涉及,这不能不说是一个缺憾。但是并不能否认这种以艺术类型为基础的审美意识研究的价值,因为在其背后,人们看到了艺术对人们精神生活的巨大影响,看到了作为审美意识的活化石的艺术所反映出的时代精神面貌以及与审美主体之间的深刻联系,看到了各种艺术在中华民族审美意识与文化心理结构塑造中的巨大影响与作用。

第三,从广阔的思想文化背景中,以综合多元的整体性研究把握中国古代审美意识产生的动因。《通史》作者意识到,审美意识史的研究,与美学思想史或美学范畴史的封闭性不同,它具有开放性的特征:一方面,审美意识灵动多样,渗透到社会生活的各个方面,不仅各个艺术门类承载着大量的审美意识,民俗风习、宗教政治、经济交往等也都包含着大量审美意识内容,中国审美意识还具有时代性、地域性、民族性的特征,是中国文化雅俗互动、南北融合、内外交流、艺际借鉴等因素多元立体交叉互动的结果,所以从广阔的思想文化背景中,采取综合多元的整体性视野对于中国审美意识的历史动因加以审视,非常重要。从《通史》的前两卷所展示的审美意识史的广阔画卷中,人们亦不难发现史前文化、宗教、社会形态、思维方式对于器物审美意识的深刻影响,同时也从夏商周三代的社会生活、宗教、文化的历史变迁中感悟到不同时代的审美意识特征。秦汉以后的诸卷写作亦是如此:从秦汉时期审美意识的突变中,我们看到了平民阶层的兴起及发展的社会基础以及天人合一观念重构的思想基础的深刻影响;理解魏晋南北朝的审美意识,世族和玄学者则成为两大关键;唐代审美意识酝酿于大国气象的文化创建与多民族文化的融合交流中;科举的兴废与雅俗的分化、活跃的哲学思想与三教融合则构成宋代各种艺术门类审美意识形成与发展的思想文化背景;明代社会结构和文化结构的变化,即市井、民间、士林和庙堂文化四元并存互动决定着明代审美意识的发生,等等,都说明作者力图从广阔的思想文化背景和多元互动的历史成因中把握中国古代审美意识的嬗变。这种综合多元的开放性的研究方式,或者说重视审美意识的政治、经济、宗教、文化等历史动因的考察,如果处理不好,也可能带来一种弊端,那就是将审美意识意识史的写作混同于审美文化史、审美风尚史的写作。所以《通史》作者注意审美意识史研究与审美文化史研究的区分,认为审美文化史虽含有审美意识史内容,但其重点是偏向于外观性的"文化呈现",对象性视野较强,而审美意识史的研究重点是历代人的审美体验、审美趣味和审美理想,是透过审美意识揭示审美主体生活和生命存在的本质。这样,《通史》就保持了审美意识史自身的品格,避免了将审美意识史研究对象泛化以及与审美文化史写作的混同。

第四,通过意象理论总结中国艺术审美经验,重视意象审美对于审美意识史研究的价值。意象是中国古代美学的核心范畴,意象范畴的提出与中国古代艺术实践密不可分,对此,学术界存在一定共识。《通史》写作亦不例外,它非常重视通过传统意象理论所取得的成就来发掘和总结中国古代艺术美感经验。在"史前卷"和"夏商周卷"中,作者通过陶器、玉器、青铜器所表现的造型、纹饰特点的分析,以及甲骨文和金文的字形与书法特征和中国岩画的成像特征的分析,说明原始先民的"取象思维"方式以及"象形表意"和"观物取象"的思维法则对于中国古代艺术创造和审美主体意识形成的重要性,这些正构成后世意象审美理论的重要源头。"秦汉卷"的意象理论分析则聚焦于汉代神话,通过对两汉神话意象中的西王母、黄帝、禹、嫦娥等人生意象和九凤、昆仑等自然意象,以及意蕴的衍生和形象的聚合为主体,探讨两汉审美意识发展的进程。从这种探讨中,人们看到神话意象对于中国古代审美艺术创造的深刻影响。"魏晋南北朝卷中",则通过以古琴为代表的音乐审美意识的描述来体现这一时代意象表现的特征,即"重情"、"崇雅"和"尚逸"。"隋唐五代卷",诗歌意象理论的探讨成为主要内容。著者认为唐人对意象有极为深刻的理解,这不仅体现在王昌龄、司空图等人的诗歌理论建构中,更重要的是表现在唐代诗人以情运象、意象喻理的艺术创造活动中。在"宋元卷"中,词的审美意象探讨则成为重要内容,无论是婉约词的意象静美,还是豪放词的意象雄奇,都典型地体现了宋代词人的审美意识,是宋代社会生活和审美趣味变迁的真实写照。"明代卷"对审美意象探讨的中心则转到器物和小说戏曲等文体上。著者认为,器物的地位在明代发生了重要变化,物逐渐挣脱礼制的束缚,演变成为人的情意和审美意趣的载体,审美意象的方式也经历了从"器以藏礼"到"寓意于物"、"寓情于物"再到"借怡于物"的转变。"清代卷"可以说是最重视意象理论价值的一卷。著者明确意识到清代文学艺术审美意识臻于高峰与继承传统意象理论有着密切关系,所以意象审美成为每一章书写的重要内容。如论述小说审美意识,将《聊斋志异》审美意识系统描述为"幻境意象·灵异叙事·隐喻思维",将《红楼梦》文本审美意识研究概括为"群体意象·多元叙事·民族思维";论述戏曲审美意识,以洪升《长生殿》为代表,将审美意象营构放在最重要的地位;论述书法审美意识,无论是逸民书法、画家书法,还是帖学、碑学等,其书体的选择与创新,都具有鲜明的意象特征;论述绘画审美意识,无论是烟客山水、南田花卉,还是八大花鸟,都形成独特的意象符号和话语体系,清晰地表达了画家的笔墨趣味与审美诉求。这些描述是否完全符合这一时代审美意识的实际,尚可以探讨。但是它却提供了一个新的思考维度,使人们意识到意象审美对于中国审美意识史研究的独特价值。

最后要指出的是,《通史》作者大多对于所承担卷次的任务**有着多年的学术积累和研究心得,在文献资料运用和理论观点表述方面亦有着自己的特色和建树**。从文献资料方面看,新石器时代至夏代,基本上属于口语文化时期,现存的文献资料基本阙如,所以作者非常重视考古学的成果,以大量地下出土的陶器、玉器、青铜器、岩画为基础,通过其造型、纹饰、艺术风格的分析来把握这一时期审美意识的嬗变。商代是口语文化向书写文化过渡时期,作者对商代文献资料的选择,则主要以陶器、玉器、青铜器、文字、文学为基础,将田野考古获得的信息与文献记载的资料有机地结合起来,并结合社会文化背景的分析展开。周代的文献资料运用也大致如此。这样的选择与安排,既体现了著者治学的方法与特色,也符合这一时期的审美意识史书写的实际。又如,"秦汉卷"的写作,作者注意到仅仅依靠现存的传世文献,远不能解释和说明汉代审美意识的整体面貌及其丰富性,所以,除了在论述汉诗和汉赋时主要依靠了传世文献之外,其他各章几乎都在使用近年考古出土的墓葬资料,这些资料包括雕塑、绘画、建筑、器物等,它们几乎成为汉代审美意识的主要载体。在讨论汉代神话意象的演进过程中,也使用了很多墓葬资料。充分使用墓葬资料,显然弥补了长期以来汉代美学史研究在文献资料方面存在的缺陷,有助于人们更好发现和认识对于汉代审美意识的整体面貌与特征。

从理论观点层面看,《通史》也多有创新,提出不少有价值的理论观点。比如,"史前卷"对中国审美意识史研究方法的分析,提出在具体的审美意识研究中,应做到美学思想与审美意识的互补统一,考古实物与文献资料的相互印证,多学科和艺术门类研究的纵横交错,当代意识与历史意识的统一;对中国古代审美意识变迁动因的分析,提出雅俗互动、南北融合、内外交流和艺际借鉴是审美意识变迁的主要动因,其中特别强调雅俗互动在审美趣味发展历程中的意义,即俗为雅源,雅俗有别,但并非截然对立,而是相互交流渗透,趣味互补共存,推动着中国古代审美趣味的演化生成。这些看法就颇有新意,丰富了人们对中国审美意识研究方法与变迁动因的认识。又如,"秦汉卷"对汉代诗歌审美意识的分析,认为在中国古代诗歌中,除了"诗言志"和"诗缘情"两大传统外,还存在第三种传统,即以汉诗"缘诗而发"创作和记述方式为基础而形成的"诗缘事"传统。这一传统直承上古时期"事""史"合一的思想观念和价值取向,形成中国诗歌独特的"事""史""思""情""诗"五位一体的思考问题的思维方式,在起源论和本体论层面解决了诗歌的本质问题,并对于"诗言志"向"诗缘情"转化起到重要推动作用。这一观点具有重要的理论价值,有助于人们重新审视中国诗学传统和诗歌审美意识发展历程。再如"宋元卷"对绘画审美意识的分析,紧紧围绕绘画的"似"的问题展开,认为宋元四百年绘画存在一个"即似如真"(宋元界画和花鸟画)与"神似见意"(宋元山水画)各自标榜最后"神似"胜出的绘画审美之争的过程。同时还认为,无论是"极似如真"对晋唐"以似为工、以真为师"审美标准的超越,还是"神似见意"的更上一层楼,都包含着宋元人对绘画审美极有价值的思考。这一看法也是很也有见地的,它突破了中国绘画史上"神似"与"形似"的简单论争,有助于人们更好地认识宋元绘画的审美价值。"清代卷"是一本写的很有个性和特色的断代美学史著作，主要考察了小说、戏曲、书法、绘画四种艺术门类所蕴涵的审美意识，这种考察能否反映清代审美意识的全貌，学术界或许存在不同看法。但由于选择重点突出，又有着多年的学术积累，所以不乏理论新意与创见，它突出地体现在书法与绘画审美意识章节的写作中。

总之，八卷本的《中国审美意识通史》出版，是中国美学史研究的重要收获。它立足于中国艺术实践，以历史断代史的形式第一次全面系统地展示了史前至清代的中国审美意识发展的历程，全书不仅内容广博丰富，而且包含着重要的方法论与理论观点创新。《通史》的面世，对于中国美学史的研究，必将是一个有力的推动。

如何书写审美意识

——读朱志荣《中国审美意识通史》

陆　扬

　　审美意识是一个很难清晰界定的概念，我们可以说它广义上相当于美感，狭义上指美感之中直觉感知对象之后，经由想象，积淀升华到理性边缘的情感和理解部分，因而更具有普遍性。也可以反过来说，它狭义上相当于美感，广义上则将审美观念、审美理想以及时代趣味这些社会性因素包括进来。这里不仅涉及审美意识内涵和外延的廓清问题，也涉及美感的确切定义问题。或者干脆大而化之，审美意识就把它看作美感的另一个别称。适因如此，审美意识这个术语，事实上在美学界并不十分通行，无论是在中国还是在西方。别的不说，蒋孔阳对毕生美学理论进行总结的《美学新论》，分门别类、层层推进地谈了美感的生理和心理特征，并各辟章节，分别讨论美与形式、美与愉快、美与完满、美与理念、美与关系等一应话题，甚至专门谈了"美与无意识"，然而"审美意识"却未置一词。

　　如此来看朱志荣教授主编的皇皇 8 卷本《中国审美意识通史》，应无疑问具有开拓性意义。说真的，对于审美意识这样一个你不说我还明白，你越说我越发糊涂起来的对象，下一个清晰定义已属不易。何为审美意识？朱志荣给审美意识下了如下一个定义：

　　审美意识是主体在长期的审美活动中逐步形成的，是一种感性具体、具有自发特征的意识形态。它存活在主体的心灵里，体现在艺术和器物中。其中既有社会环境的影响,又包含着个体的审美经验、审美趣味和审美理想。①

这个定义言简意赅,它强调审美意识的感性和自发性特征,同时从众将它定位在意识形态上面。意识形态一般涉及国家机器,诚如马克思和恩格斯耿耿于怀的资产阶级"虚假意识形态",即便将它中性化,也还普遍被视为主导文化的上层建筑。朱志荣这里有意结合社会生产背景和个人的审美经验、审美趣味及理想,将审美意识界定为一种特殊的意识形态,并落实到艺术和器物之上来展开叙述,应是比较接近路易•阿尔都塞的结构主义意识形态相关阐述。阿尔都塞将意识形态称为"意识形态国家机器"(Appareils Idéologiques d'Etat),以它不同于马克思主义经典作家笔下"镇压性质的国家机器",诸如政府、军队、警察、监狱等。而意识形态作为国家机器,无孔不入,渗入每一个公民人格形成的生活和社会结构之中,包括宗教、教育、家庭、法律、政治、文化等,无所不及。由此文化和政治紧密绑定起来,打造出一种先天先验的集体无意识来。

我读《中国审美意识通史》,脑海里就游荡着这样一种先天先验的集体无意识,更确切地说,伴随着我们先祖成长的那种与生俱来的艺术无意识。之所以说它是艺术无意识而不说是更为清醒的艺术意识,是因为按照作者的解释,艺术或审美意识一旦清晰明达,可以有条不紊地表达出来,就升格为审美思想形成理论。诚如朱志荣给予审美意识的第二个定义:

审美意识是主体由长期的审美实践积累形成的民族传秀传统。审美意识有继承、有扬弃,是人们在长期的审美实践中逐步形成的。它感性地存在于人的脑每之中。人们在审美实践中历史形成的审美经验,通过艺术品、工艺品和器物等创造物进行交流,得以传世,得以

---

① 朱志荣主编,朱志荣、朱媛著:《中国审美意识通史》史前卷,北京:人民出版社,2017年版,第4页。

继承。优秀的艺术家们通过艺术创造展现其审美意识、引发人们的共鸣和接纳，久而久之，便形成了生生不息的审美意识变迁的洪流。

通览这部《中国审美意识通史》，可以发现，各卷作者面临的一个重要问题，便是如何在中国五千年悠久文化中，表出这一混沌朦胧的先验的，然而也是与时俱进的艺术本能集体无意识。

进入新世纪以来，以中国美学为题的多卷本通史类著作，多有面世。自2000年陈炎主编的《中国审美文化史（4卷）》以来，相继有许明的《华夏审美风尚史（9卷）》、祁志祥的《中国美学通史（3卷）》、叶朗的《中国美学通史（8卷）》、曾繁仁的《中国美育思想通史（9卷）》等，皆恢宏盛大，力求发掘历史材料中的常新不败经典意蕴，写出一种时代精神。比较来看，上述通史大都以先秦为叙述起点。许明的《华夏审美风尚史》则声称要写一部将艺术部分与日常生活包括进来的"大美学史"，从而顺理成章上推史前，这在体例上与朱志荣这部《中国审美意识通史》，有相似处。许明感慨这样无边无际的写法不好把握，故但凡抱定"人的审美精神及其外化表现，是可以被思维和语言表达的"①，实际上是写到哪里算哪里。朱志荣同样面临着如何将更含混的"审美意识"，诉诸系统语言表述的现实问题。由此来看该通史8卷书目《史前卷》《夏商周卷》《秦汉卷》《魏晋南北朝卷》《隋唐五代卷》《宋元卷》《明代卷》和《清代卷》，读者可以质疑该书厚古薄今的框架，但是以年代来做分界，可以见出相对平实的学院作风。在出奇制胜和面面俱到两个极端之间，《中国审美意识通史》应是在力求开拓一条中庸之道。

开辟中庸之道，其实谈何容易。孔子说，"中庸之为德也，其至矣乎"（《雍也》）。对此作者多年经营下来，该是深有体会。意大利美学家安贝托·艾柯晚年写《美的历史》，亦开宗明义：此书不从任何先入

① 许明：《华夏审美风尚史》序卷，郑州：河南人民出版社，2000年版，第1—2页。

为主的美学出发,而是综观数千年人类视为美的事物,是以事实上写成一部以古希腊开篇的艺术欣赏史。个中缘由,艾柯的这一段话值得回味:

大家一定会问:这本《美的历史》为什么只征引艺术作品为其史料? 理由是,古往今来,是艺术家、诗人、小说家向我们述说他们认为美的事物,而为我们留下美的例子的,也是他们。农夫、石匠、烘焙师、裁缝师也制作他们认为美丽之物,但其中只有非常少数能留存于世(瓶罐、牲口栖身的建筑、一些衣服)。最重要的是,他们没有片言只字告诉我们,他们何以认为那些东西美丽,或者,向我们解释自然之美对于他们是何意义[①]。

艾柯的做法是大量插图,期望美轮美奂的视觉盛宴,可以比肩他当年国际畅销小说《玫瑰的名字》,再度打造出一部惊艳绝伦的学术畅销书来。是以数年后如法炮制出《论丑》,配套《美的历史》,一样是图文并茂,阐述亚里士多德以降,化丑为美的美学原则。只可惜艾柯似乎用心过度,只顾通俗,反而是可惜了他古典和中世纪美学的满腹经纶。说这些并非信口开河,因为艾柯以艺术史来分别图解美和丑的历史,一样也是《中国审美意识通史》的写作理路,只不过艾柯不以为然的日常生活层面,却被朱志荣兼收并蓄网罗了进来。诚如《夏商周卷》开篇枚举的审美意识起源观念:神赋说、游戏说、劳动说、巫术说、模仿说、表现说、压抑说、集体无意识说、原道说、理气说等,除却原道说和理气说为中国本土的文学和哲学思想,其余皆为20世纪通行西方的艺术起源论。

所以不奇怪,包括文学和器物制作在内的广泛意义上的艺术,同样构成了《中国审美意识通史》的主体叙述构架。作者认为这也是秉了先师蒋孔阳的传统。通史《总绪论》中志荣指出,蒋孔阳研习中国

[①] (意)艾柯:《美的历史》,彭淮栋译,北京:中央编译出版社,2007年版,第10页。

古典美学，主要是按照美学思想和审美意识相统一的方法进行的。

他分别引证蒋先生 20 世纪 80 年代为郁源《中国古典美学初编》等所撰写的序言，重申中国古代虽然没有美学这门学科，但是美学思想大量存在，不但附丽于哲学和文艺论著，而且具体体现在文物和器皿之中，而"比较起来，文学艺术又最为集中地反映了中国古代的审美意识和美学思想"①。作者没有说错，蒋孔阳美学的一个特点，的确就是凸显审美意识，即便尚未及敷出专论。

朱志荣交代了审美竟识与美学思想的区别。总绪论中他说，审美意识是美学思想和美学理论的源头活水，它是审美主体受自然、社会和时代所激发而存在于脑海中的模糊的、零星的、未定型的、类同电光石火的灵感，是美学思想乃至美学理论的基础。这个说明再一次指向了我们的无意识摆面。在这个层面深究下去，那么诚如志荣所言，中国美学中许多独特的观念，诸如器与道、技与艺、阴与阳、形与神、虚与实、动与静等，以及古人与自然的那种亲和态度、那种强烈的生命意识、那种充沛的情感和纵横驰骋的想象力，乃至独特的时空意识和抽象方式，如何最终从审美意识脱颖而出，亦当是有迹可寻。这个轨迹，也就是由器到道的研究进路，只是知易行难。

写通史当然要求实证。但是在今天正在走向大数据的网络时代，材料的相对完备征集，已不复是难于上青天的畏途。《中国审美意识通史》的一个特点是注重既有材料的分析。分析可能不足剖析入微、鞭辟入里，而且有时候随机应变，不好琢磨，如《隋唐五代卷》谈青绿山水，照例是展子虔的《游春图》、大李将军的《江帆楼阁图》，接下来料想该是小李将军的《明皇幸蜀图》，可是作者虚晃一枪，交代完李昭道山水绘画与其父一脉相承后，干脆就跳过了作品介绍。又《清代卷》有专章《小说审美意识》，分别讨论了《聊斋》《红楼梦》与《儒林

---

① 见蒋孔阳、王琪森：《中国艺术通史》序文，《蒋孔阳全集》，合肥：安徽教育出版社，1999 年版，第 291 页。

外史》。可是《明代卷》却不见《西游》和《水浒》踪影。但是,考虑到
《中国审美通史》的各卷作者多为学界新锐,其革故鼎新、少有陈规的
大开大阖作风,反而令人刮目相待。如《秦汉卷》梳理汉代神话,作者
提请我们注意《山海经》中记述西王母的地方共有三处,分别为《西次
三经》中的"西王母其状如人而豹尾虎齿"、《大荒西经》中的"有人戴
胜,虎齿,有豹尾,穴处,名曰西王母",以及《海内北经》中的"西王母
梯几而戴胜状"。进而表示认可袁珂《中国神话史》中的考证,以此三
种有关西王母的资料,反映出西王母形象在《山泡经》内部的演化过
程:其一,"其状如人"说明西王母此处的非人身份;其二,"有人"已表
出西王母人神相兼、人兽参半的形貌特征;其三,"梯几","梯谓凭也,
隐然有了雍穆和平的景象。这类读解固然前人多有述及,但是通史
的各卷作者将它们有条不紊地整理出来,于平实流畅中见出谨严,是
为不易。朱志荣自信他的中国审美意识史研究,可以为中国美学史
研究提供新的思路和方向,要言之,从古代器物、艺术作品等古人的
审美实践出发,研究中国审美意识的历史,可以将中国美学史研究建
立在坚实的实证基础上。大道至简,诚哉斯言。然意识之为意识,历
史之为历史,除了泛审美主义的解决之道,我们或许可以期望有更为
深入的理论说明。

生命·意象·审美意识

——评朱志荣教授主编的《中国审美意识通史》

韩　伟

就中国美学的学科构建而言,它最初萌动于西方美学的影响。经历了王国维、蔡元培、梁启超、朱光潜、宗白华、李泽厚、刘纲纪、叶朗等人前赴后继式的不断努力,"中国美学"以及"中国美学史"以不同于西方美学的样态出现在中国的学科体系之中。1961 年宗白华先生受当时的全国文科教材办公室的委托编写《中国美学史》,但可惜最终未能写成。到了 1979 年,宗白华《中国美学史中重要问题的初步探讨》一文发表,这篇文章不仅对中国美学的特点和学习方法做了介绍,也对中国美学史上的重要时期、美学范畴和艺术门类做了较为精到的论述,为后来美学史的写作模式奠定了基础。同年,施昌东的《先秦诸子美学思想述评》由中华书局出版,该书属于断代史,也为后来断代美学史的写作建立了模板。在上世纪 80 年代的美学热潮中,具有奠基意义的美学史著作几乎同时出现,李泽厚和刘纲纪的《中国美学史》、叶朗的《中国美学史大纲》、敏泽的《中国美学思想史》等便产生于这个时期。进入新世纪,美学史研究的视野逐渐打开,出现了从广义文化角度书写美学史的尝试,其中陈炎主编的《中国审美文化史》、吴中杰主编的《中国古代审美文化论》、周来祥主编的《中华审美文化通史》为突出成果。回顾百年来书写美学史的努力,可以看到我们对中国传统资源的挖掘逐渐充分,对中国艺术精神的理解也日渐深入。但必须承认的事实是,在90年代以后美学史书写出现井喷式样态的同时,品质也开始良莠不齐,且陈陈相因的情况较为严重。此种背景下,对固有的美学史研究视角、研究模式进行拓展,对作为生命形式的审美意识进行深掘就显得十分必要。在笔者看来,近年来朱志荣及其研究团队做了诸多有益尝试,虽然朱先生的某些观点存在继续商榷的空间,但其对"生命"、"意象"的重视,以及以之为视角对"中国审美意识史"的书写还是值得肯定的,本文将围绕《中国审美意识通史》的得与失进行整体性考察。

"生命意识"的灌注与呈现

某种意义上,人类存在的历史就是感性不断进化的历史,同时也是审美活动逐渐成熟的历史。因此,在新的历史语境下去感知、预想我们祖先的感性状态,除了要依靠出土文物、典籍文献之外,最为根本的是对他们的生命存在进行设身处地的"同情之理解"。人类生命的历史就是文明的历史,同样,人类的生命意识史也应该是审美意识史。这样,美学史、审美意识、生命体验之间就构成了水乳交融的同构关系。

相比于西方哲学美学背景下的逻辑演绎传统,中国美学的艺术性更加突出,感性色彩更加明显,生命气息的灌注更加充分,这构成了中国美学与西方美学的显著区别。因此,将生命体验看成是美学史的根基应该是中国美学研究的独特发现,也是完全符合中国艺术美学的实际情况的。客观而言,西方美学学科自产生之日起就异常重视感性的力量,"感性学"虽然是以理性的方式研究感性,但其出发点无疑属于人鲜活的感性经验。人对美好事物的感官体验密码是美学首先关注的对象,因此鲍姆加登承认"感性经验、想象以及虚构,一切情感和激情的纷乱"都理应成为人们关注的对象,他的这种主张是针对古希腊以来西方哲学一贯重视抽象和理性的固有传统而提出来的。与这种倾向相一致，康德对判断力、审美鉴赏的论述也完全可以纳入审美意识的框架之下，在这一点上可以看出英国经验主义传统在其思想中的遗存，鲍桑葵在《美学史》中指出："康德虽然博览群书，却喜欢依靠他自己和别人新观察到的有关自然和人类的事实，而不喜欢依靠那些讨论书本和艺术的第二性的理论。"[①]如其所述，来源于审美主体的直观感受应该是康德据以建构思想体系的重要基石，在其思想中个体的主观性是符合合目的性的，或者说是合目的性的体现形式，于是，主观性与普遍性、客观性就实现了统一。对此，蒋孔阳先生就指出，对于康德来说"主观性实际等于普遍性"[②]。按照这样的逻辑，康德眼中的鉴赏判断某种程度上可以视作是个体审美意识，以及由之构筑的普遍性审美意识的结合体。

如果按照历时线索，康德之后审美意识的发展应该涉及以伽达默尔为代表的诠释学。对此，王怀义在《中国审美意识通史·秦汉卷》的绪论中已经做了较明晰的交代，不再赘述。我想补充的是，康德、伽达默尔等人对审美意识的强调，虽然对传统的高蹈的哲学演绎传统有所规避，有将玄之又玄的形而上推演向形而下经验世界拓展的努力，但其在多大程度上达到这一目的是值得推敲的。或者，我们可以追问，审美意识中强调的经验是谁的经验？要想回答这一问题，必然要将视角集中在审美主体，也就是人的身上。审美经验是人的经验，审美意识也是人的意识，这是毋庸置疑的。因此，与其关注抽象的审美经验、审美意识，不如关注人的生存、生命，这样才能更加接近问题的本质。对此，存在主义哲学开始了新的尝试，虽然表面看来存在主义哲学家不像古典时期哲学家对美的本质、审美机制之类的问题那样热衷，但是他们对生存问题的讨论则为我们打开了新的视

---

① （英）鲍桑葵：《美学史》，张今译，商务印书馆1985年版，第333页。

② 蒋孔阳：《曹俊峰译康德〈对于美感和崇高感的观察〉序》，《蒋孔阳全集》(4)，上海人民出版社2014年版，第354页。

角。在海德格尔看来,艺术和诗是达到这一境界的载体,于是在他眼中,梵·高笔下一双简单的农鞋就具有了生命的活力,它不仅凝聚了劳动步履的艰辛、回响着大地无声的召唤,甚至也隐含着农妇分娩时的阵痛,对生命的渴望,对死亡的恐惧。借助农鞋,农妇对自己的世界有了把握,同时也有了自己存在的证据;借助农鞋,我们对农妇的生命有了感知,也对生活的实质、存在的实质有了诗意的体认。所以,对美之本质的认知,对审美密码的剖析,必须要回归到"生命"的这个主题上来。或者进一步说,生命意识、生命体验才是艺术和美的源泉,海德格尔指出"美学把艺术作品当作一个对象,而且把它当作(感知)的对象,即广义上的感性知觉的对象。现在人们把这种知觉称为体验。人体验艺术的方式,被认为是能说明艺术之本质的。无论对艺术享受还是对艺术创作来说,体验都是决定性的源泉。"①尽管海德格尔在这里谈的仍然是审美体验,但完全可以将这一概念视作是对审美意识的另类表达。海德格尔与康德、伽达默尔相比,他将康德尤其是伽达默尔眼中的带有理性色彩的个体体验上升到了生命体验的高度。可以说,海德格尔用了一种"反哲学"的方式向我们阐释着深刻的哲学观念,"存在之澄明"是一种基于主体生命意识基础上的对真理的洞悉、对美的体悟。西方美学历经了希腊存在哲学、犹太-基督教神学以及近代新理性传统的演绎,其关注的问题也开始从形而上的抽象实体,向形而下的感知世界滑移,突出表现就是人的地位的彰显,或者说人的感性体验、生命意识的高扬。无疑,这是审美观念的重要进化。

朱良志说"从崇拜生命到重视感性生命再到哲学中抽绎出一种生命精神作为宇宙之本质的认识过程,说明了古代中国人对生命认

---

① (德)海德格尔:《艺术作品的本源》,《林中路》,孙周兴译,上海译文出版社 2008 年版,第58 页。

识的不断深化,其中突现出古代中国人的唯生思想"①,的确,在唯生思维的统御之下,中国艺术是充满生命质感的艺术,这就使得中国艺术思维与上述西方传统大相径庭,其突出表现就是生命意识的持续灌注。也就是说,对于中国艺术来说,从产生之日起就与人生、人的感性经验水乳交融,甚至可以认为没有对自我生命的关怀就没有中国艺术。对此,《中国审美意识通史》给予了集中关注,个人认为,这对把握中国艺术以及中国审美意识的实质尤为重要,也更加接近中国美学史的本来面目。史前艺术是中国艺术的源头,某种意义上,它所呈现的形态相当于文化密码一样会在中国艺术史中持续存在。如果说我们往往将夏商周以降的先秦时代视作中国文化的轴心时代的话,那么史前时期就相当于轴心时代的酝酿期,虽不成熟但却不可或缺。对此,《通史》正是从史前时期开始,描绘中国审美意识的发展线索的,其重要的关注点恰是"生命意识"。朱志荣在全书的总序言中专辟一节讨论中国审美意识史中的生命意识,并认为这种生命意识"主要是指主体在审美活动和艺术创造的具体情境中,对物象、事象和背景的拟人和象生等方式加以体验和表达中的生命意味,它以物态人情化、人情物态化的审美思维方式,自发或自觉地体现了对感性生命乃至精神生命及其贯通的礼赞。"②这段话较长,也有些晦涩,如果对之加以简化,实际上是说,审美对象作为美学研究的实际落脚点,它并非纯然的自然客体,而是人的创造物,"物象"也好,"事象"也好,连同它们存在的历史背景,共同构成了蕴含主体精神生命的"意象"。如果用马克思主义美学术语诠释之,可以说,任何意象又都是"人本质力量的对象化",在这一过程中,外在之象成了人的全部精神生命的呈现形态。事实上,无论是史前文明中的生殖崇拜,还是以巫

① 朱良志:《中国艺术的生命精神》,合肥:安徽教育出版社1995年版,第7页。
② 朱志荣、朱媛:《中国审美意识通史·史前卷》绪论,北京:人民出版社2017年版,第32页。

术沟通天人的努力，都是人类实现生命延伸的手段。哪怕以实用目的创造的早期石器、骨器、玉器，本质而言都是原始先民"外师造化，中得心源"的结果。

按照上述逻辑，"生命意识"在《通史》的各分卷中获得了集中体现。在史前卷，集中讨论了新旧石器时代的陶器、玉器、岩画等艺术形式，认为在它们身上呈现出了中国美学思想中"意象表意"、"生命意识"和"天人合一"等观念的雏形[①]；在夏商周卷，谈到西周艺术的时候，认为西周器物的生命意识主要体现在器物的造型、装饰和青铜器的铭文之中[②]。这种认识，在我们以往的"器以藏礼"的惯性认知中，加入了生命的维度，展示出了周代器物的另一种品质；在秦汉卷，该卷作者的基本立足点是认为生命存在和审美活动密不可分，两者也是构建美学史的真实内核，并直言"审美意识史同时是生命意识史"[③]。在后续的其他各卷中，无论对魏晋清谈名士形神之美的讨论，对隋唐文学冲淡平和自然观的重新认知，还是对宋元画境的探幽，对明清世俗文艺的再度发掘，都随处可见生命意识的影子。综上，中国美学具有内在生命意识，它是蕴含于文化深层的指导思想和潜在逻辑，对这一问题的揭示是充分把握中国审美意识史的前提，也是总览美学发展的纲领线索，《通史》对这一问题的重视是其区别于其他美学史的特色所在。

"意象创构"的美学史实践

"意象"是中国美学的核心范畴之一，上世纪 80 年代以来，学界已经对之展开了深入、系统的研究。概而言之，在历史维度，认为其源自上古时期的象数思维，老庄哲学、《周易》是其显性的源头，经历汉魏时

---

① 朱志荣、朱媛：《中国审美意识通史·史前卷》，北京：人民出版社 2017 年版，第 325 页。

② 朱志荣：《中国审美意识通史·夏商周卷》，北京：人民出版社 2017 年版，第 272 页。

③ 王怀义：《中国审美意识通史·秦汉卷》，北京：人民出版社 2017 年版，第 42 页。

期"天人之学"和玄学的进一步加工,象与意的关系开始明朗化,并在唐代获得了充盈的内涵,在王昌龄、司空图等人的理论中,它的美学特征更加完善。甚至在明清的世俗性叙事作品中,也"依然体现着以意象为特征的中国艺术精神"①;在性质层面,上世纪初至 80 年代的一段时间,曾有研究者认为"意象"是西方舶来品,是移植以庞德为代表的意象派诗歌的产物。这种观点受到了钱锺书、敏泽等人的反驳,最终得以正本清源;在当代价值维度,将意象看成是"形象思维"讨论的副产品,上世纪 90 年代以来,对文学形象性的强调开始让位于对文学意象性的强调,并将之视为中国美学、文学的核心概念,同时也有意识地用之指称西方现代派中的符号化形象。至此,其内涵获得了最大程度的拓展,也完成了这一美学范畴的现代扩容和转化。

朱志荣先生自上个世纪 90 年代就开始持续关注意象范畴,并曾以专著和专文的形式进行重点研究。近年来,更是提出"美是意象"的命题,尽管本人对这一命题的科学性,有保留意见②,但亦十分欣赏朱先生执着本体论建构的学术勇气。必须承认,朱志荣主编的这套《通史》带有明显的倾向性,或者说是在其基本美学观指导下进行的理论实践。这里需要澄清的是,学术著作承载作者或编者的倾向性是十分必要的,较典型的例子比如罗素的《西方哲学史》、比厄斯利的《西方美学简史》都是这方面的权威之作,中国学者的美学史著作也多是如此,朱光潜的《西方美学史》是以形象或典型问题为指导的、李泽厚和刘纲纪的《中国美学史》具有马克思主义实践论的色彩、叶朗的《中国美学史大纲》以意象范畴为主线结构全书,等等。在笔者看来,朱志荣主编的《中国审美意识通史》尽管在规模上远超于上述诸书,但在思路和方法层面却有相似之处,尤须提及的是叶朗的《中国美学史大纲》。作为上世纪 80 年代带有拓荒性质的书写美学史尝试,叶朗以"意象"为潜

---

① 朱志荣:《中国文学艺术论》,太原:山西教育出版社 2000 年版,第 57 页。
② 见拙文《美是意象吗——与朱志荣教授商榷》,《学术月刊》2015 年第 6 期。

在的线索对中国美学的发展进行了梳理,在后来的研究中又逐渐夯实这样倾向,进入新世纪以来,则明确提出了"美在意象"的命题。朱志荣先生对意象的研究受其硕士导师汪裕雄先生的影响较大,汪先生的《审美意象学》(辽宁教育出版社 1993 年版)、《意象探源》(安徽教育出版社 1996 年版)等著作在意象研究领域具有较大影响。同时,与叶朗以"美在意象"来描述美的性质不同,朱志荣提出的"美是意象"的命题带有明显的本体论味道,在此基础上,他主张审美活动是意象创构的过程。如果说,叶朗在"美在意象"的指导下,以"意象"勾连中国美学史的话,那么朱志荣则以"美是意象"为参照,以"意象创构"来建构中国审美意识史。比较而言,前者偏于静态,后者重视动态;前者青睐文艺学梳理,后者侧重心理学分析。

在朱志荣看来,意象创构是"主体通过体悟外物呈现为空灵之象、获得精神愉悦的过程,也是主体通过直观体悟诱发情感和想象,满足创造欲,力求自我实现的过程,其中体现了体悟、判断和创造的统一"①,在《通史》的总绪论中他又明确地指出"审美活动的过程是一种意象创构的过程,从中体现了物我生命的贯通"②。由此可见,朱志荣对意象问题的讨论,是建立在微观心理分析的基础上的,进而延伸到对审美意识以及审美活动的研究。如果回溯现代以来对艺术创作过程以及意象创构的微观考察,那么不能绕开的两座高峰是朱光潜和宗白华。首先来看朱光潜,其早期美学思想总体上是以克罗齐"直觉说"为基本指导的,一旦外物成了主体审视的对象,它便具有了主观色彩,而进化为美的存在。按照汪裕雄先生的观点,朱光潜的早期美学观实际上包含这样的等式:审美意象=审美对象=广义的美③。当然,这

① 朱志荣:《论审美活动中的意象创构》,《文艺理论研究》2016 年第 2 期。
② 朱志荣、朱媛:《中国审美意识通史·史前卷》,北京:人民出版社 2017 年版,35 页。
③ 汪裕雄:《朱光潜论审美对象:"意象"与"物乙"》,《安徽师范大学学报》(人文社科版)1997 年第 1 期。

里所说的广义的"美",属于形容词,而不是名词。在他早年完成的
《文艺心理学》中对美感经验进行了全方位的分析,且较自觉地融入
了西方文艺心理学的观点,受克罗齐的影响,他承认"'美感经验'可
以说是'形象的直觉'"①;受布洛的启发,他主张"美感经验的特点在
'无所为而为地观赏形象'"②;受立普斯、费肖尔等人的影响,他认为
"一切美感之中……都含有'自我价值'的意识"③。文学、哲学、心理
学是朱光潜最感兴趣的三个领域,而三者最终统一于美学,因此在朱
光潜的美学研究中,既有文学的细腻,又有哲学的思辨,更具有心理
学的科学性,也正因如此,形象、美感、意象、世界获得了完满的整合。
于是,他说"美感的世界纯粹是意象的世界"④、"美感经验是一种极
端的聚精会神的心理状态。全部精神都聚会在一个对象上面,所以
该意象就成为一个独立自足的世界"⑤。凡此种种,构成了朱光潜早
期美学观念。到了 50 年代,在对意象的心理学认知中逐步形成了主
客统一的理论建构,这也为"物乙"说的提出奠定了基础。客观而言,
尽管"物乙"说更具唯物色彩,在主客关系方面也更加浑融,但在审美
经验、审美心理的微观考察层面,则并未偏离 30 年代已开创的路数。
"形象的直觉"、"心理距离"、"物我同一"也成了审美经验、审美意识、
审美意象研究者无法绕开的基本母题。

　　再来看宗白华,"在'艺术心灵'与'天地之心'之间,宗白华发现
了、探讨了'象'这个中间环节,成为他的艺境理论的一大创获"⑥。
宗白华对意象的微观考察是包含在意境理论之中的,这在其著名的

---

① 朱光潜:《文艺心理学》,合肥:安徽教育出版社 1996 年版,第 12 页。
② 朱光潜:《文艺心理学》,合肥:安徽教育出版社 1996 年版,第 29 页。
③ 朱光潜:《文艺心理学》,合肥:安徽教育出版社 1996 年版,第 44 页。
④ 朱光潜:《谈美》,合肥:安徽教育出版社 1997 年版,第 6 页。
⑤ 朱光潜:《文艺心理学》,合肥:安徽教育出版社 1996 年版,第 16 页。
⑥ 汪裕雄:《中国传统美学的现代转换——宗白华美学思想评议之二》,《安徽师范大学学报》
　(人文社科版)1999 年第 1 期。

《中国艺术意境之诞生》一文中表现尤为明显。该文讨论的对象是"意境"无疑,"意象"是其基本构成要素。关于意象,宗白华强调"心"或"心灵"的作用,在他看来中国古代艺术家澄怀、游心的过程就是与万物合一、创造意象、构筑意境的过程,他说:"画家诗人'游心之说在',就是他独辟的灵境,创造的意象,作为他艺术创作的中心之中心。"[①]在他看来,心灵是一切美的源泉,它可以化虚为实、化情为景,甚至实现时空的穿越、转换,"艺术家以心灵映射万象,代山川而立言,他所表现的是主观的生命情调与客观的自然景象交融互渗,成就一个鸢飞鱼跃,活泼玲珑,渊然而深的灵境"[②]。客观而言,宗白华对"意象"的认识仍是带有一定局限性的,有时他将象视作言与意的中介,带有明显的主观色彩,而有时他却将之视为纯客观的自然景物,称"意境是'情'与'景'(意象)的结晶品",今天看来,这种认识是不够准确的。宗白华很多时候有将意象与意境混同的嫌疑,他的很多对意境的论断同样适用于意象,比如作为意境三要素的主客统一、情景交融、虚实相生便是如此。汪裕雄在分析宗白华思想的时候提出了"艺境创构"概念[③],以之概括宗白华对意境内在肌理研究的贡献。实际上,主客统一、情景交融、虚实相生具有普遍的解释能力,朱志荣对"意象创构"理论的分析就与此较为接近。足见,宗白华思想的涵容性,以及意象与意境的水乳交融关系。

宗白华在《西洋的概念世界与中国的象征世界》一文中有这样一句话:"象者,有层次,有等级,完形的,有机的,能尽意的创构。"[④]将意象看成是一种有内在复杂性(如上段所述)的"尽意的创构",把它与汪裕雄的"艺境创构"和朱志荣的"意象创构"放在一起,便可以明

① 宗白华:《美学散步》,上海:上海人民出版社1981年版,第59页。
② 宗白华:《美学散步》,上海:上海人民出版社1981年版,第60页。
③ 汪裕雄:《审美静观与艺境创构——宗白华艺境创构论评析》,《安徽大学学报》(哲社版)2001年第6期。
④ 宗白华:《宗白华全集》(第1卷),合肥:安徽教育出版社2008年版,第621页。

显看出理论的沿革关系。据此,我们似乎完成了对朱志荣理论体系以及《中国审美意识通史》指导思想的知识考古。

沿着这样的逻辑,再来看《通史》。"意象创构"成了审美意识形成和表现的重要维度,"意象"也成了对各种艺术门类进行分析的着眼点。"史前卷"认为原始先民通过"近取诸身,远取诸物"的方式"开启了中国审美意识最早创构形态"[①],在分析岩画时,从微观层面剖析了地域、时代因素对"意象"形成产生的影响,并据以分析原始思维"由早期具象写实向晚期抽象写意演化的审美历程"[②];在"夏商周卷"中,认为"新石器时代流传下来的原始神话,其审美的意象创构充分体现了该时期原始先民的宇宙观和他们对世界万物的独特体悟与理解"[③],在分析甲骨文字的时候,认为甲骨文通过象征的方法,"实现了具象与抽象统一的意象创构"[④]。作者看来,甲骨文中记载的简短神话,充分体现了当时人丰沛的想象力和拟人化的思维方式,说明商代人已经具备一定的审美意象的创构能力。这里涉及到的"神话意象",在"秦汉卷"被重点分析;"秦汉卷"列专章讨论原始诸神的形象增殖过程,并重点对汉代神话进行了考察。本卷作者是王怀义,在师承关系上,其博士生导师为朱志荣,朱志荣曾师从汪裕雄。汪先生曾专门对中国古代"从神话意象到审美意象"的内在机制和发展过程进行过系统研究;在其他各卷,"意象"问题也往往充当基本的行文线索。比如"隋唐卷"以"意象"为着眼点考察当时诗歌的审美意识。"明代卷"考察了明代服饰的"综合征象"。而"清代卷"与其他各卷相比,则更为自觉地以意象为宝钥,最为集中地分析了各艺术门类的意象符号和意象特征,试图还原清代的审美意识和美学精神。所以,可

①　朱志荣、朱媛:《中国审美意识通史·史前卷》,北京:人民出版社 2017 年版,8 页

②　朱志荣、朱媛:《中国审美意识通史·史前卷》,北京:人民出版社 2017 年版,第 46 页。

③　朱志荣:《中国审美意识通史·夏商周卷》绪论,北京:人民出版社 2017 年版,第 7 页。

④　朱志荣:《中国审美意识通史·夏商周卷》,北京:人民出版社 2017 年版,第 200 页。

以说朱志荣主编的这套《通史》，既可视为对生命意识演变历程的梳理，也可看作是对意象创构延展脉络的总结。

"可写"的审美意识史

我们知道，美学思想的发展是沿着美感经验、审美意识、美学思想的路径逐步成熟的。审美意识既是美感经验的升华，同时也是美学思想的基础，它具备感性与理性合一的特征。同时，审美意识亦带有鲜活的生活气息，其源于生活但又高于生活，个人认为，对之进行梳理一方面可以避免以往美学思想史过度抽象、只见树木不见森林的弊端，另一方面也可以防止广义的审美文化史偏于宏观，而缺少理论概括的通病。

朱志荣主编的这套《通史》是重新书写中国美学史的有益尝试。上文提到的意象创构是其显性的研究线索，生命意识则属于隐性的书写脉络，在朱志荣看来，意象创构本身就已经蕴含着主体精神与外在世界的生命律动，而且他也将生命意识看成是中国艺术精神的基本底蕴，所以意象创构与生命意识成了《通史》中互为表里的两条主线。除此之外，在方法论层面，亦采取了"从文物出发的实证研究"方法，对出土文物和考古学的最新成果给予了充分关注。这种研究方式源于王国维以"地下之新材料"参证"纸上之材料"的"二重证据法"，宗白华先生是最早将这种思路引入美学研究领域的人，在其具有学科奠基意义的《中国美学史中重要问题的初步探索》一文中，对于出土文物异常重视，甚至将之作为审美意识、美学思想的载体，该文指出："大量的出土文物器具给我们提供了许多新鲜的古代艺术形象，可以同原有的古代文献资料互相印证，启发或加深我们对原有文献资料的认识。因此在学习中国美学史时，要特别注意考古学和古文字学的成果。"[①]近年

---

① 宗白华：《美学散步》，上海：上海人民出版社 1981 年版，第 27 页。

来，随着中国美学研究逐渐向纵深发展，张法、朱良志、朱志荣、刘成纪等人的研究中已经能够看到明显的实证色彩。朱志荣的《通史》以最新的考古发现和扎实的文献考证为基础，遵循双线互动的行文逻辑，做到了考古学、文献学、文艺学、美学的多维统一，这恰是美学研究的难能可贵之处。我们知道中国美学实际上属于文艺美学，这种学科性质就决定我们在进行研究的时候，一方面要避免西方哲学美学式的概念演绎，以及由此导致的过分灵动化的思想漂移。这种研究方式在新世纪之前的中国学界较为普遍。另一方面也要避免就文献谈文献，僵化地进行学术考据和材料钩沉的弊端。将两者结合起来，使学术研究回归到材料与思想相得益彰的科学轨道上来。

即便如此，也不能说朱志荣的这套《通史》就完美无瑕。其特点已如前文所述，但仍然存在诸多不足，就是说它绝非"只读性"文本，目之为有待完善的"可写性"文本当较为客观。审美意识就其本质而言应该是一种具有普遍性和时代性的共同艺术感知，因此其涵盖的领域极为广泛，既包括音乐、舞蹈、文学、绘画、雕塑、建筑，也涵盖庙堂与民间，各个领域之间有时会存在共同性，但更多的则会体现出各自内在的特质。因此，如何对各个领域进行整合，形成一个较为宏观的艺术观念，以及分析出这种观念的内在哲学基础、信仰基础、道德基础等，将是衡量研究深入程度的标准。这也构成了这套《通史》的第一方面的不足。总观整套《通史》，各卷都是按照不同艺术门类行文的，但并未将各门类艺术体现的审美意识进行勾连，很多时候处于各自为政的状态。就单独的章节而言，往往达到了专题研究论文的水准，但这种深度却没有兼顾到整个时代的总体状况，个体的深刻消解了整体的学术性。而且，在不同卷次之间，同一艺术门类也缺少适当的联系和前后照应，各卷的"断代史"联系在一起并未形成"通史"。

在技术层面，《通史》亦有可完善的空间。部分章节出现了雷同现象，一方面表现在整套书的总绪论部分，比如在朱先生为全书作的总绪论中,对李泽厚、蒋孔阳、宗白华等人同一材料、观点反复征引,且所谈的问题多是近似的。另一方面也表现在不同卷次之间,比如"史前卷"的绪论就与"夏商周卷"的绪论多有句式、词语相近的表达。在笔者看来,这种情况一方面与研究对象自身的复杂性有关,另一方面也与多位作者与朱志荣有直接的师承关系有关,从而在学术观点和表达上出现了与老师近似的情况。

　　瑕不掩瑜,这套《通史》仍不失为近年来美学史研究领域的重量级作品。虽然其中的一些观点,以及写作模式,仍有商榷的余地,但作为拓荒性质的著作,被当成靶子,受到指摘是在所难免的。重要的是,在这一过程中,靶子已经成了后来人无法绕开的风景,甚至往往会借此改善以后的景观,为制造出更为完美的理想境界做准备。

依史而论，纲举目张

——评朱志荣《西方文论史》

张 硕

人文学科在 20 世纪得到了巨大的发展，这主要得益于科技和经济的突飞猛进，进而有更多的学者开始关注和投入人文社会科学的研究。随着全球化的进一步推进，中国学者对西方的人文学科有了更深的认识和了解，对于学科的划分和研究也更加深入、细致和科学。其中，就西方文学理论这一重要分支来说，已经在中国本土的学术研究中取得了相当丰硕的成果。西方的文学理论简称"西方文论"，主要是指自古希腊以来，"主要包括对文学规律的总结，对具体作品的评判，对文学新潮的倡导、推动等方面的系统理论"①，同时涉及心理学、哲学、历史、宗教等不同学科形态的研究。而对于西方文论的引进传播和教材编写，国内有不少相关专家学者已经做了大量的工作，例如胡经之和张首映的《西方二十世纪文论史》、董学文的《西方文学理论史》、朱立元的《当代西方文艺理论》、王岳川的《当代西方最新文论教程》、赵一凡的《西方文论讲稿》系列等，都对西方文论在中国的发展起到了推波助澜的作用。西方文论引介成果的百花齐放，引起笔者对于文论史观的思考，西方文论史的特有功能是什么？我们应该坚持怎样的书写原则？首先，文论史是以史的形式提

---

① 朱志荣：《西方文论史》，上海：华东师范大学出版社，2017 年版，第 3 页。

取理论精华,供研究者学习和借鉴,并且指导我们学习和解读文学作品,同时具有历史的宏观和微观的特征。我们在书写文论史的过程中,应该尽量做到客观、系统、丰富和适用四个原则,并且注意内容的更新,做到与时俱进①。

华东师范大学朱志荣教授编写的《西方文论史》,作为上海"十三五"重点图书出版规划、上海市重点图书,由华东师范大学出版社于2017年4月出版,这部50多万字的文论史是在其《古近代西方文艺理论》(华东师范大学出版社,2002年)和《西方文论史》(北京大学出版社,2007年)的基础上修订而成,内容和排版都有很大提升,可以说,这是朱志荣教授多年潜心研究学术的重要成果之一。朱志荣教授在上世纪八十年代末就已经开始关注西方文论,撰写了大量的相关论文,并相继出版了

《康德美学思想研究》《中西美学之间》《西方文论选读》《西方文论史》等著作,对西方文学与理论研究都有较深的造诣。三十多年的学术道路,他总结说:"我们当下对待西方文论的态度是,既不能一概排斥,也不能盲目崇拜。我们要把西方文论这一西方文学实践背景下的产物看成人类文学实践的重要2007结,看成中国已有文论的重要补充,看成在范畴体系、思想方法上有重要成就和启发性的榜样,这样才能有利于深刻了解西方文论,有利于我们当代的中国文论建设。"②正是抱着这样的目的,我们应该认真学习西方文论,充分认识这本《西方文论史》(华东师范大学出版社,2017年),它在章节编排、内容归纳、理论表达等方面都有独到之处。全书共分为19章,分别为古希腊、古罗马、中世纪、文艺复兴、古典主义、启蒙运动、德国古典

---

① 聂珍钊曾经具体阐述了文学史的类型与功能、20世纪西方文学史的写作原则,笔者从中获得启发,在此基础上讨论文论史的功能与书写原则。具体参见聂珍钊:《关于建设20世纪西方文学史教材的研究》,《浙江大学学报》(人文社会科学版)2009年第4期。

② 朱志荣:《西方文论史》,上海:华东师范大学出版社,2017年版,第422页。

时期、浪漫主义、现实主义、唯意志论、实证主义、自然主义和象征主义、精神分析、苏俄形式主义、新批评、结构主义、现象学与存在主义、诠释学与接受理论、西方马克思主义、结构主义、后殖民主义和女性主义。本书的撰写体现了以史为基，史论结合，重点突出，详略得当，逻辑清晰，视野开阔等特点，可以作为学者研究西方文学理论历史的参考书，也可以作为大学文学理论和美学专业的教学参考书。笔者试图从以下几个方面对此书进行评介。

一、依史而著，立论公允

从马克思主义的唯物史观来看，一切历史都是螺旋上升、动态生成的，不同时期的文学思潮、理论实践都是历史自身发展的外在表现，会刻上深深的历史烙印。古人语："以史为镜，可以知兴替。"这句话也可以用在研究文论史中。西方文学理论的发展在不同时代的表现各具特色，这也明确了作为书写者的重要方法之一，即力求还原文学理论在时代中的原貌，揭示西方文论在历史演化过程中的内在规律和变化情况，让读者能够把握住西方文论在历史发展过程中的"变"与"不变"。用朱志荣教授的话来说就是，我们学习西方文学理论，"要正确看待文学传统，准确理解西方古代的文学遗产，就必须先了解西方文论发展史的脉络"[①]，只有这样，才能把握西方文论发展的"源"和"流"，才能理解文学理论的来龙去脉。例如，西方文论重要的范畴之一"模仿说"，在柏拉图那里，真正的"模仿"只是对永恒理式的一种回忆，现实世界的万事万物只是理式的摹本。而到了亚里士多德那里，"模仿"能体现可然律和必然律，包含着理性，是理想与现实，再现与表现的统一，这是对柏拉图的"模仿说"的批判继承和发

---

① 朱志荣：《西方文论史》，上海：华东师范大学出版社，2017年版，第3页。

展。这一学说在文艺复兴时期又发展为"镜子说",新古典主义时期的"自然模拟说"等。可见,在西方文学理论的发展史上,作为"模仿"与"再现"这对经典的理论范畴是不断变化发展的,它的内涵在不断丰富和完善,这样一条发展脉络正是体现了理论的历史生成性。或许我们可以再追问自己,中国古代文论中有没有"模仿说",或者是否存在相关的学说和理论? 这就涉及到东西方文化差异的问题,先秦时代礼崩乐坏,"诗言志"传统形成,此时文论多为实践所得,如诗言志,诗缘情,删诗等,而西方则为神话到英雄史诗,强调摹仿宗教天神等,讲究灵感与技巧。中西方文论历史的对比,也是我们学习西方文论所带给我们的思考。

朱志荣教授的《西方文论史》注重从基本史实出发,从西方文化发展的漫长历史中汲取营养,从时代背景入手,到文化环境的还原,使得读者对西方文学理论的发生产生较高的代入感,更易于理解。在每一章的概述中,按照社会背景—文化背景—文学概貌—文论综述的逻辑思路对这一时期的文论环境进行归纳整理,层层深入分析,逐渐缩小阐述范围,这样对具体文学理论的引介更显其自然、科学。例如在文艺复兴时期,重要的社会背景是西欧开始由封建制度向资本主义过度,新兴资产阶级打破了基督教神学的束缚,在文艺思想中产生了新的意识形态,提倡人道、人权和个性解放。这一时期的文化背景则为建筑、雕塑、绘画等艺术形式的发展带动了希腊古典文化与基督教神学的融合,直接影响了欧洲的文艺复兴运动。而在文学方面,但丁、彼特拉克和薄伽丘称为旗手,引领文学思潮,意大利文学的发展蔓延到整个欧洲,拉伯雷、蒙田、塞万提斯等一大批作家应运而生,英国的诗歌和戏剧也达到了创作高峰。因此,这一时期的文学理论则带有鲜明的时代特色,它随着文学艺术的繁荣而发展,又护卫着文学艺术的发展。下面则具体展开这一时期具有代表性的文学理论提出者和详细内容。周宪曾经指出三种文学史研究模式的悖论问题①，其中在形式史模式中形成的研究倾向，即关注文学史自身的发展，突出文学自身的审美——形式特征，"相当程度上克服了那种用一般的社会经济文化因素湮没乃至取代文学自身特征的历史解释，在描述文学演变发展的内在机制和过程方面，是有其积极意义和重要贡献的"②，但与此同时，文学史的发展缺少了社会——经济——政治因素，必然会导致孤立和突兀。这一悖论同样可以应用在西方文论史的书写中，如何既要重视文论本身的演变发展，又能够展现出这一时期的政治经济文化背景，形成多维立体的叙述模式，让文学理论的发生和时代的发展形成有机的整体。朱志荣教授的《西方文论史》正是遵循了这样一个原则，力求做到多种因素的自洽和融合，为文学理论的表达奠定良好的基础。

西方文论史作为一门现代学科，讲述方式的复杂性往往会影响自身发展的客观性，尤其是在其理论形态的阐释和研究过程中，涉及到解读者的"历史感"，正如艾略特所说："历史感蕴含了一种领悟，不仅意识到过去的过去性，而且意识到过去的现在性。"③这种历史感强调了事件发生的客观性，排斥研究者受到价值观和宗教信仰的影响，是一种再现历史的纯粹形式。而事实并非如此，仍然有诸多史学家按照自身的认知重建历史，对历史客观事实进行再创造，这两种史观在当下的学术研究中仍然并行。朱志荣教授的《西方文论史》更倾向于站在历史的事实中把握文学理论的发展脉络，坚持唯物史观的辩证法，以史为基，对基本材料的阐释力求做到客观、明晰，编写有理有据，立论公允。例如在分析康德的理论观点时，还原康德思想中艺

①　周宪认为，文学史的历史思维主要有三种研究模式，即精神史模式：文学史作为一般精神史或特殊历史类型的悖论，形式史模式：文学史自律性与他律性的悖论，接受史模式：重建过去的历史相对论与现代透视的历史观的悖论。

②　周宪：《三种文学史模式与三个悖论——现代西方文学史理论透视》，《文艺研究》1991年第5期。

③　朱志荣：《西方文论史》，上海：华东师范大学出版社，2017年版，第467页。

术与自然、艺术与科学、艺术与手工艺的客观描述，以史学书写的视角陈述康德思想中的理论观点，将康德对于天才的定义和特征，以及艺术的分类和审美原则原汁原味呈现在读者面前，而并非刻画出一个朱式眼中的康德思想。客观公允的书写态度，和朱志荣教授多年的学术研究思想是分不开的，他曾经说："中国艺术哲学的研究需要从比附研究、比较研究向独立系统的研究过渡。"①比附是以西方为参考坐标，比较是将中西方做对比，两者都会影响研究的客观性和科学性，因此，我们应该追求立论公允的研究态度，用材料和史实说话，这也是一个学者应有的学术精神。有学者认为，西方文论对中国文论话语体系的影响主要体现在两个方面，"其一是通过中国学者的译介和转化，内化为中国文论自己的话语表达方式，进而形成了具有西方学术视野和问题意识的文论话语。其二是西方学者通过与中国问题的接触、观察和思考，直接发表对中国问题的看法，展开对中国文学和艺术问题的思考。"②笔者认为这两种影响途径的基本方式还是通过客观认识西方文论的基础上才得以实现，不能对西方文论进行曲解、误读和过度阐释。朱志荣教授在《西方文论史》的结语中也强调："在当代文论的研究和建设中，我们需要坚守中国文论的主体性立场，借鉴西方文论的思想方法，继承中国古代文论的传统，立足中国当代文学的实际，而不能生搬硬套西方的文学理论。"③

二、重点突出，提纲挈领

西方文学理论的发展具有复杂性，在漫长的历史发展轨迹中涉及到哲学、历史、心理学、宗教、伦理学等诸多学科内容，而早期的文

---

① 朱志荣：《中国艺术哲学》，上海：华东师范大学出版社，2012年，第6页。
② 曾军：《20世纪西方文论阐释中国问题的三种范式》，《学术研究》2016年第10期。
③ 朱志荣：《西方文论史》，上海：华东师范大学出版社，2017年版，第422页。

论思想也并非是作为文学理论的形态出现，文学理论的自觉经历了一定时代的演化才逐渐形成。如何在书写西方文论史的过程中体现出文学理论的纯粹性是撰者应该考虑的一个重要问题，也即要弄清什么是文学理论？只有解决好这个问题，才能将西方文学理论的历史与西方美学理论、文化理论、哲学理论等的历史区别开来，更加规范其学科属性，增加文学理论的书写价值和意义。英国学者拉曼·塞尔登说："把文学和历史联系起来的任务是文学研究所面临的最复杂的任务之一。"①同样，把文学理论与历史联系起来也是文论研究所面临的重要难题，如何化简去繁，重点突出，做到提纲挈领，眉目清晰，也是撰者要考虑的一个重要问题。

朱志荣教授的《西方文论史》在编排时就非常注意上述问题，他认为首先要选取西方文论大家，"如一个公认的理论家，或是时代理论的启蒙者，或是时代理论的集大成者"②，取材具有一定的典型性和代表性，这样才能够把握住那个时代文学理论的根本问题和整体思想。例如在启蒙运动时期，面对众多的文学理论启蒙者，朱著主要选取了卢梭、狄德罗、维柯、鲍姆嘉通、莱辛和赫尔德等人的理论观点，集中阐释他们的文论思想，尽量避免涉及美学、哲学、宗教等内容，体现文论的纯粹性和明晰性。例如对于莱辛，朱著只集中介绍了莱辛对于诗与画的界限问题，以及莱辛的戏剧理论，这些都是莱辛在西方文论史上的重要贡献，也是本书重点阐释的内容。虽然这不是一部研究性著作，但作者始终牢记书写内容的规范性和学科性，西方文化历史长河中的伟大人物，并非都能以文论家的身份进入《西方文论史》，有些也并非在文论史中依然占据如此重要的地位，衡量的唯一标准是西方文学理论的学科性和科学性，这也是朱著能够做到重点突出的关键因素。

在某种程度上说,学科的重点内容就等于该学科的重要范畴,而要把握住该学科的重要内容,往往就意味着要弄清核心范畴的内涵。叶朗曾说:"学术研究的目的不能仅仅限于搜集和考证资料,而是要从中提炼出具有强大包孕性的核心概念、命题,思考最基本、最前沿的理论问题。"①朱志荣教授在长期的学术研究中非常注重对重要范畴、核心概念的整理和研究,尤其是在近年对中国艺术和美学的研究中,重点关注意象的创构问题,在学界产生了较大影响。"举一纲而张万目,解一卷而众篇明",对于西方文论史的编撰,也同样坚持对重要观点和范畴进行阐释的原则,例如在第十六章第三节,主要介绍了英伽登艺术作品的结构和阅读理论两个内容,艺术作品的结构理论是英伽登借鉴现象学研究的成果在文学理论领域的重要体现,而阅读理论这是英伽登在文学理论研究中的一个高峰,因此,朱著花了大量笔墨以求读者可以弄清英伽登文论思想中的这两点。又如在对朗吉努斯"崇高"概念的阐释时,朱著以客观的视角指出朗吉努斯本人对于崇高的理解,即崇高是人的伟大的灵魂对比人更为伟大的对象的渴慕、追求和竞赛的结果,强调了主体在欣赏崇高时的作用。这种撰写的思路更为理性,也更具参考性。以此书为例来讲,朱志荣教授"善于抓住问题的关键来谋篇布局的学术思想,对于核心范畴的价值认定,有助于构建合理科学的思想体系"②,也是此书有别于纷繁的文学理论史著作的重要所在。

文学理论的历史是整体的、连贯的、有序的,本质上是对重要的概念、范畴和理论的勾连、实践和发展的书写。张英进曾经指出,欧美文学史的理论化过程逐渐呈现出一种非连续性和碎片化,"文学史

---

① 叶朗:《意象照亮人生》,北京:首都师范大学出版社,2011 年,第 5 页。
② 张硕:《从方法论角度看朱志荣美学研究的思想体系构建——读朱志荣〈中国艺术哲学〉》,《美与时代(下)》2015 年 4 期。

和文化史的整体性经常被当作一种不可能、因而不受欢迎的研究对象"①。整体性正是我们书写文学史应该坚持的重要原则之一，面对当下学术研究的误读与曲解之风，朱志荣教授在编撰《西方文论史》时特别注重时代—人物—范畴的有机整体。以社会背景和文化背景为理论土壤，文学概貌和文论综述为生长机制，对重要理论家的核心范畴和观点作详细阐释，每一个章节之间都有联系，以时间顺序为轴，可以窥见整个文学理论的发展全貌。例如在对谢林的文学理论挖掘中，朱志荣教授这样阐述："谢林在《先验唯心论体系》和《艺术哲学》两书中，继承了康德的天才论，并从自己的思想体系出发，对天才问题进行了系统阐述。""谢林认为悲剧因素的本质在于命中注定的同时又是自愿选择的不幸。这一点，后来影响到了黑格尔的悲剧的永恒公理说。"②这样不仅将谢林的文学理论观点阐述清楚，而且把它的来龙去脉也做了解释，使得整个理论的发展变成了有机的整体。

三、逻辑严密，表达自如

西方文学理论的发展所呈现出的历史形态并非是规整的、线性的和有序的，它更多的时候是一种复杂的、多变的和零散的形式存在。因此，为了避免落入"故事式"或者"人物介绍式"的俗臼，朱志荣教授的《西方文论史》尽可能地体现出编排的逻辑性特征。作为一门独立的学科心态，西方文论的内容是丰富而有深度的，作者要通过筛选西方文学理论在几千年的发展历史中的零散的、碎片化的，有时甚至是相互矛盾的观点和理论，进行整理和归纳，构建这些理论的历史逻辑，使西方文学理论的历史更加科学地呈现出来。换个角度来看，

① 张英进:《历史整体性的消失与重构———中西方文学史的编撰与现当代中国文学》,《文艺争鸣》2010 年第 1 期。
② 朱志荣:《西方文论史》,上海:华东师范大学出版社,2017 年版,第 181—183 页。

理论的产生一定是抽象的,是建立在文学和艺术发展之上的形而上学,它不像一部部文学作品可以直观地呈现在读者面前。因此,对于文学理论的研究路径如果仅仅以时间和空间作为基本方法的话,仍然会存在很多弊端和疏漏,理论的内在属性也无法被真正理解。当我们用文学理论何以成为文学理论的视角来看待西方文论的时候,它的理论要素才被我们真正关注和重视,这也是朱志荣教授的《西方文论史》所采用的逻辑思路。通过剖析不同时期的文学理论因素以及呈现出的理论观点,明确文学理论的发展脉络,例如对于古希腊的文学理论,朱著这样描述:"这些理论处在希腊文学从高峰走向衰弱的时期,总结了当时的文学实践,成了后世文学理论的可贵源头。但这些理论在当时也对文学的衰弱起到了推波助澜的作用,并且对罗马时代的文学与文学理论都产生了消极的影响。"①"古希腊的文艺理论,有着丰富的遗产。早在柏拉图以前,希腊的思想家、文艺家们就曾对文艺有过自己的看法。这些看法因记录和流传方式的局限,大都逐渐消逝了,但古希腊的后继思想家们却知道其中的许多内容。在极少数流传下来的作品中,在后继者的著作引述中,我们得以知道希腊早期学者对文艺的看法的一鳞半爪,而这些思想许多都是柏拉图以来的思想的源头。"②这样的描述和论断不仅阐明了西方文论发展的源头和动因,从理论的表面化介绍到深入内在的逻辑起点,可以感受到这种方式对理论认识的逻辑优势。同时在涉及到这一时期的柏拉图、亚里士多德两位重要理论家的思想时,作者重点剖析了摹仿说、灵感论、悲剧等重要范畴和理论,并对他们理论的影响做了梳理,可以看出作者把握西方文论发展历史的时空间性、立体性和整体性。用卢卡奇的话来说就是:"无论是研究一个时代或是研究一个专门学科,都无法避免对历史过程的统一理解问题。辩证的整体观之所以

①　朱志荣:《西方文论史》,上海:华东师范大学出版社,2017年版,第9页。
②　朱志荣:《西方文论史》,上海:华东师范大学出版社,2017年版,第13页。

极其重要,就表现在这里。因为一个人完全可能描述出一个历史事件的基本情况而不懂得该事件的真正性质以及它在历史总体中的作用,就是说,不懂得它是统一的历史过程的一部分。"①

　　文学理论的话语表达一直是学术研究的热点。西方文学理论的语言形态和思想内涵具有独特之处,相比较中国文学理论较多的感性范畴,西方文论的思辨性和形而上学更为突出,严密的理性分析和话语构建给中国学者的研究带来一定的难度,也为《西方文论史》的编写增加了挑战。韦勒克曾经指出:"编写某一时期的文学史首先遇到的问题是关于如何叙述的问题,而我们需要辨出一种传统惯例的衰退和另一新传统惯例的兴起。"②对于文论史来说,叙述的方式会直接影响接受者的理解,如果表达方式不够严谨、条理不够清晰、范畴阐释模糊,则会导致理论的被曲解和误读,引介的效果就会大打折扣。另外,历史的生成是一个动态的、连续的过程,文学理论在这个过程中也要经历从不成熟到逐渐完善,因此,选择严谨清晰的表达话语就显得额外重要。朱志荣教授的《西方文论史》采用了准确、严密的学术语言来阐述这一过程。首先,对于背景和常识化的介绍,即知识表层的梳理工作,朱著尽量删繁就简,概括性地陈述,不使之成为重点。其次,把文论家的理论观点、重要范畴加以归纳整合,以客观性的学术语言予以阐述,保持理论的纯粹性,使得整个文论史在线性发展中呈现更加理论化的形态。如介绍罗兰·巴特的部分,朱著从零度写作、语言符号与文本符码、叙事层次、读者与批评四个方面具体阐述其文学理论的主要内容,这四个方面各具特色又相互联系,文中多采用巴特的原话和陈述性的学术语言来分析其理论的内容,不带个人感情色彩,力求理论话语的纯粹性。又如在分析萨特的存在

---

① ［匈］卢卡奇:《历史与阶级意识》,北京:商务印书馆,1996 年,第 60—61 页。
② ［美］勒内·韦勒克、奥斯汀·沃伦:《文学理论》,刘象愚、刑培明、陈圣生、李哲明译,北京:文化艺术出版社,2010 年。

主义理论时,朱著写道:"萨特以胡塞尔的现象学理论为出发点,但反对胡塞尔忽视客观事实的做法,而倾向于海德格尔。海德格尔也批评胡塞尔过分理想主义……受海德格尔的影响,萨特重视理论中的实践性,到了后期还从马克思主义理论当中寻找实践性的根据。"①我们可以看出,在规范话语表达的同时,朱著还强调理论之间的互参性和互补性,在理论之间比较发现,增强了理论化表达的深度,文论史的整体观在这里也得到了很好的体现和呼应。

结　语

　　总而言之,朱志荣教授的《西方文论史》为中国文学理论的发展和当代文艺学的构建和创新性转型提供了借鉴和参考。上至西方文论的源头,古希腊文艺理论的产生,下至当代文论的热点话题,后殖民主义、女性主义等,历时几千年的文学理论发展,可谓是视野开阔的一本著作。同时能够在如此宏大的历史长河中遴选具有引介价值的理论,归纳整合,不失整体性和理论性,可谓披沙炼金,难能可贵。依史而著,立论公允,重点突出,提纲挈领,逻辑严密,表达自如等优点值得我们学习,与此同时,笔者也发现了其中的不足之处,对于理论的阐述往往止步于文论家本身及其作品,并未涉及对于该理论的应用范本分析,在实践性上还存在瑕疵。但瑕不掩瑜,朱志荣教授的《西方文论史》从整体上说依然可以成为学习和研究西方文论必不可少的参考之作。

---

① 　朱志荣:《西方文论史》,上海:华东师范大学出版社,2017年版,第360页。

真正的好小说在于直面现实

——朱志荣教授访谈

孙婧

时间:2011年9月12日

地点:上海华东师范大学

采访人:孙婧

【采访手记】对于朱志荣教授一直关注的都是他的理论著作,一部《大学教授》,让读者彻底推翻了"大学教授,只能讲理论"的评价。随着小说引起的热评,作者朱志荣教授也让读者们见证了大学教授课堂之外非凡的文学艺术表现力。而我有幸在2011年华东师范大学举办的研究生暑期学校中和朱老师再次近距离的相处交流。

孙婧(以下简称"孙"):《大学教授》是您的处女作,最初您是怎样想到写这样一本小说的?

朱志荣(以下简称"朱"):曾经有一篇文章叫《我的作家梦》发在《文汇报》上,在我的博客中也提到过,我接受记者采访的时候也谈到过,我对大学教授是有着独特的感悟的,而从中学阶段就开始做作家梦。作为一位中文系文学专业的教授,我觉得自己即使不从事专业创作,进行写作训练也是非常必要的。文字表达的凝练、流畅、精彩和朗朗上口,除了阅读以外,就是要多写。现在许多中文系的本科生、硕士生,甚至博士生,常常眼高手低,看别人的东西满脸的不屑,写出来的东西，却病句连篇，甚至自己也觉得不流畅。因此，即使语言天赋很好的人，要想表达凝练、流畅、精彩，充分的写作训练是必要的。

对文学作品进行专业的鉴赏、批评和研究，必要的创作体验也是基本的。我在大学和研究生时代，常常见到不少古代文学专业的老教授，不仅自己身体力行，写诗填词，还要求硕士生写诗填词，甚至博士考试面试还要求考生当场写诗填词。而现当代文学的教授，很多人也是经常写作和发表散文随笔的。至于外国文学教授，很多人都是从事文学作品的翻译的，而文学作品的翻译本身就是一种再创作。

文学教授可以不必在创作方面具有天赋，但对创作过程有一定的体验是必要的。文学教授从事文学创作是天经地义的，因而是无可非议的。文学研究需要多种类型的人才，而创作和批评兼而有之的教授，即使在两个方面都不突出，也是正常和需要的。从事文学研究兼创作的教授在中外都是屡见不鲜的。中国仅现代就有大家熟悉的胡适、沈从文、朱自清、老舍、吴组湘等，都是作家兼教授，当代的更是比比皆是。国外的则有美国的纳博科夫，英国的戴维·洛奇等人也都是著名的作家兼教授。

孙：您的身份是大学教授，写作这样一本关于大学教授的小说，您是亲身经历获得的素材，还是凭着您对象牙塔的认识经验、理解和想象进行创作？这种揭露是否给读者有自揭伤疤之嫌？

朱：一个作家在他的作品中肯定会有自身的经验，当然大部分还是虚构的。至于说揭伤疤，那我们看小说《围城》中哪个教授是正面形象呢，为什么我们仍然将之看成经典之作？既然《围城》如此，那为什么会这样要求我？反映教授可以很多角度，可以尊重事实，因为人性还是有救的。我们社会需要面对现实，作家不是救世主，只是拈出现实给人看，作家也不能补救社会，他们没有这个责任。

孙：您笔下的"酒囊饭袋"之人，和一直以来人们对大学教授的高尚地位产生偏离,在您的小说中似乎缺乏一种正面的形象,那么您是怎样设想的?

朱:大学教授写大学教授才能写到正处,有些写的很有隔靴搔痒之感,不像校园生活,更不像教授,我对这个群体有更深刻的认识,不像许多人写出来的东西包括报社的记者都说一看就不像。揭露的目的是为了引起重视,是为了疗养。教授也不完美,让他虚假高大完美起来,这样的掩饰是不对的。也许 80 后不理解,但这都是真实发生的,没有写实都是胡编乱造的文学,还有另外一种倾向就是太写实,这样也是不行的,文学还是要有加工改造的。

孙:大学教授中仍然有很多德艺双馨的人物,比如您就是这样一个为学生所敬仰的老师。通过这部小说,你想传达给读者的精神是什么? 是人性,还是对乌托邦的逃离,还是想在尖锐而又富有幽默的批判中建构审美的人生理想? 或者是其他?

朱:通过幽默、调侃、针砭本身也是追求理想,来净化心灵,最初设想就有理想的人生,对现实起到激励反思。我没能力改变社会,就是要改变,也只是通过文字本身的表述对人的启示、警醒作用。语言表达的明晰性比音乐的旋律,绘画的线条比起来,会引起更多的反思,颠覆以往的认识,自然而然的达到效果。大脑中有成熟的考虑然后通过嬉笑怒骂进行批判,歌颂一些好的东西,也更认清现在的现状。

孙:在现实中,您会特别关注大学教授的人生命运吗?

朱:是这样,因为我也是这个群体中的一分子。事实一些大学教授背离了伦理道德原则,是不应该的,但他们也是人,也会犯错误。一本小说表现是有限的,教授也是人,普通人犯的错误他们也会犯。我们经常对教授群体有误解,他们应该是一群血肉丰满的人。比如伟大的爱因斯坦也有问题,都不是完美无缺和高尚的。我进行有力的针砭,就是要引起社会对于知识分子的反思,学生和教授自身的反思。一方面说我是反映了现实,但不是照抄现实而是有加工的。

孙:您的小说使读者拉开了与大学教授的距离,以一种新的眼光重新审视和看待这样一个群体,那么今天您以一个读者的身份重新阅读《大学教授》之后,您有怎样的感觉?小说中哪一部分对您的感触最深?

朱:身为大学教授,我在体验和感悟方面是更深刻的。我深深感受着这一群体的快乐和无奈,也是一种"痛并快乐着",这种感受映照着我自身的人生体验,感受着时代的变化给大学教授们带来的冲击。小说中张渊之这个人物是我喜欢的,他在命运和人生变化中的挣扎正是大学教授这个作为普通人的人物缩影。

孙:当看到这部小说,人们首先想到的是您的身份问题。因为您身处高校,您的大学教授身份,所以读者宁愿将小说虚构的高校和人物去和现实里的人物事件对号,您是怎样看待这样的一种阅读心态?又是怎样处理现实和虚构的关系的呢?

朱:我的小说是在直面现实。很多细节有生活的影子,但我并没有选择哪个大学,哪个学校。完全找不到影子也不正常,我的写作只是对事不对人,不是有意地找极端的例子。寻求没有普遍性、必然性的东西,通过阅读能联想现实的人,这种对号入座是一种阅读心理很正常,人总想在现实中找到思想的影子,生活和艺术之间关系既不是照相式的反映也不是纪实,同时存在张力,和现实若即若离,不是完全简单的照搬,这是文学的规律。

孙:您在小说中的叙事风趣幽默的,对桃山李山等的描写又带有着历史的厚重感,您采取的是什么样的艺术手法去勾勒高校知识分子的群像图的或者说您是怎样处理众多的人物关系的?

朱:学校很讲究的历史的,所以我们看到一个学校对校庆都很重视,而发展的历史要讲究渊源,反映校园的历史感就很重要。学校的那种一代代知识分子的变迁,老一代知识分子的想法,比如以前老是批评学生,和现在的一代就有很大不同。老中青三代有代沟,尽管发展有不变,有一脉相承。五十年前一百年前是很保守的,而现在学生可以裸体抗议,整个大学的发展史有学统的。有变的,有不变的,有曲折的,有现代的。老一代是作为比衬的背景,就像《大学教授》中的张渊之,在小说中主要是表现现代知识分子身上的弊病。

孙:《大学教授》更像是一部彻底的男性小说,是因为您的男性视角,还是觉得这个社会给男性更多的压力?

朱:就像我接受《文汇读书周报》采访时曾谈到到过的,我身为教授中的一员,对各种压力和诱惑下的大学教授所持的是满腔怜悯,这也是我的小说《大学教授》的主导情调。我觉得用我的男性视角去折射这样的群体会更真切一些,可以把残酷压力下的人性的畸变事看得更清楚。

孙:有人认为人性本善,人性的多面是不是体现在见证了恶才能引发人们对善的寻找? 在您的小说中是否有这样刻意的设计安排?

朱:善恶的东西很复杂或者说人性本身就是很复杂的,不存在绝对的是非曲直,有很多矛盾是相互之间的误解,不是刻意的安排,是故事人物情节的自然发展。对弊端的剖析可以引发人们的思考,纠正一些人性的偏颇,这样的提炼容易肢解艺术,违反艺术规律,也会陷入简单化的窠臼。

孙:您的这个观点很好,事实上"恶"与"善"的界限模糊不明,《大学教授》人物性格矛盾复杂,人性也具有多面性。大学教授作为个体身份所面对的复杂问题,他们的生存境遇,我想这些也是您在高校里的切身体验,这也呼吁社会以一种更加理性的眼光来看待这样的一个知识分子群体,对他们的理解,甚至应该有对于人性伤痛的一些温暖与抚慰,因为在日常生活中他们也仅仅是普通人。

朱:对,确实有切身体验,人物性格本身复杂,但还有闪光的东西。有些事情是时尚的,例如"胆囊"认为这个社会上很多事情都是造假的,是他们的心态,本身对他们的批判,但是让小说的人物说出事实。社科处的处长抄袭,人们背后议论他,他说"乳房里可以打硅胶,就不允许我掺假",社会很多东西都在造假,是普遍的现象,甚至在大学校园里一样出现。

孙:近年来文坛上也存在一个窘境,从事创作实践的人越来越少,而真正一部作品出来,是满天飞的各种评论,有质疑,有赞许,甚至是打压。因为从事评论研究的工作,经常也让我反思,您作为一位理论学者仍然坚持从事小说创作,很大程度上让我们看到了批评与实践整合的学者意识。那么您认为这种教授写作与普通作家的创作有怎样的不同?

朱:丰厚的人可以有自己的主张,创作还是要靠灵感。严羽的《沧浪诗话》把理想放置的那么高,但他自己也做不到。作为理论工作者,可能不能成为最优秀的作家。我个人认为作为文学专业的教授,进行写作训练是必要的,中文系的研究生对此经常是不屑的,但写出来的东西不流畅,所以训练也是必要的。对评论、体味,我之前在接受《文汇报》的采访时也谈过这个问题。直面现实,正视现实是作家的义务。文学是多元的,文学不能只为一种人创作的,不能只为一类人生产,文学是大众的。

孙:原来写作还有这么强大的现实意义和力量。那么下一步您还有什么样的写作计划?还将给读者带来怎样的期待?您接下来的关注点还会集中在校园吗?

朱:下一步我想写一本以当前研究生为主线的小说。我有写作的冲动,但还不敢动笔,因为写作要耗费几个月,半年甚至一年。我缺少的就是时间。我生活在校园,是老师,学生们是我最熟悉的群体,对这些学生我有更深刻的理解。作家应该表现他熟悉的东西,闭门造车的结果是作品与现实很隔。学生的思想、心理,动态、婚姻、感情、经济问题,我甚至很想采访一些犯错进入监狱的还有那些出去做小姐的学生,去揭示这些人的心路历程,是个性还是什么使他们那样选择那样做,不过最大的困难还是时间问题,我的睡眠严重不足,而写作本身就是一件耗费精力的事情。

　　孙:再次感谢您,期待您的新作出现。

中国·艺术·哲学

——评朱志荣《中国艺术哲学》

谢尚发

如何将中国古代艺术理论进行现代转化,以及如何将西方艺术理论进行本土如转化,曾经是、现在也依旧是一代又一代文艺学美学学者为之焦虑的事情,其转化的结果则是学者们梦寐以求的。然而直至当下,学界也并未实现这样一桩宏伟的梦想,依然在为之拼搏、努力。中国古代艺术理论的现代转化往往会出现将古代艺术理论作为材料和填充物,以现代的理论框架对之进行概括和归纳,而这样一个"现代"某种程度上就是西方理论的代名词。如此一来,总让人觉得这种现代转化有不伦不类之嫌,既失去了中国古代艺术理论的那种鲜活、灵动、自由,也使得现代的理论框架显得由于负重过多而疲惫不堪。西方艺术理论的本土化工作遭遇同样的困境。所谓本土化,经常被误解为将西方的艺术理论拿来,将中国的艺术理论进行一定程度的比照,证明中国的艺术理论有着同样的表述,并不逊于西方的艺术理论。要么就是将西方理论和中国艺术理论进行一定程度的杂糅,谓之曰结合,实则是将风马牛不相及的东西拼凑在一起。那种以宽广的视野和开阔的心胸吸收人类一切优秀文化遗产,并在此基础上形成独特的艺术理论的学者还寥寥无几。虽然朱志荣的《中国艺术哲学》还不能够堪称这方面的典型代表,但是这部著作已经在某种程度上接近了这样的标准。在该书中,朱志荣恰当地运用西方的理论方法,对中国古代艺术理论进行了梳理总结。

一、中国之谓与生命意识

对千梳理、概括和总结中国古代艺术理论的学者来说,适当的方法是必不可少的,而且可谓是首当其冲。在《中国艺术哲学》一书的篇首,朱志荣指出:"这里所说的中国艺术哲学,是我在借鉴西方的系统理论作为参照坐标的基础上,对中国古代的艺术理论所作的一种梳理、概括和总结,其中体现了我对中国古代艺术理论的哲学思考和当代意识。"可以看出,中国古代艺术理论的现代化始终存在着一个西方的向度或者参照物,总是在对西方的理论体系进行比照的同时进行中国艺术理论的建构。某种程度上我们可以说,中国古代艺术理论的现代化和西方艺术理论的本土化乃是一枚硬币的两面,它们不仅是紧密相连的工作,甚至可以说一方的整理正是另一方有所成就的基础。只是两者偏重的方向不同,现代化的诉求要求中国古代艺术理论朝着现代西方的理论体系靠拢,而本土化的诉求则是要西方的艺术理论来适应中国的水土。在《中国艺术哲学》一书中,朱志荣恰当地结合了两者,也就是说,从西方所借来的方法乃是一个"参考坐标",以此来搭建"梳理、概括和总结"中国艺术理论的框架,并且在这一框架中进行相应的论述。然而该书所强调的并非仅是此一维度,"中国古代的艺术理论"才是该书真正的主角。在"当代意识"的关照之下对中国古代艺术理论的这种"梳理、概括和总结",其现代转化为何要强调"中国之谓"呢? 其所指到底为何? 粗略地来看,学界所谓的现代化和本土化都始终存在理论上的"中国之谓"这一维度。这个"中国"首先指向的是研究对象,亦即其所处理的乃是"中国的"艺术理论,不管是时间维度的现代化的诉求还是空间维度的本土化的诉求,都强调了"中国"的重要性。第二乃是就其结果而言,学者们所要建构的乃是属于"中国的"艺术理论体系。在这一"中国之谓"中始终能够看到面对西方这个代表了现代和先进的理论体系之时学人们"影响的焦虑"。正是由于"焦虑"的存在,那种不甘于落后的心态使得学界对真正兼收并蓄的研究策略视而不见,一较高下的决心和雄心主宰了研究的方向。《中国艺术哲学》一书则开辟了新局面,将西方的理论体系作为参考的视角,真正的意味乃在于中国古代的艺术理论。于是,"中国之谓"就有了第三层的含义,抛却中国和西方的决然对立,而是将中国的艺术理论做一种整体的关照,同时又不抛却西方优秀的理论资源。虽然朱著也将落脚点放在了"中国"的艺术哲学构建,但其研究视野中的"中国之谓"显然更倾向于兼收并蓄的包容态度。

把"生命意识"作为梳理、概括和总结中国古代艺术理论的一个核心,是该书的另外一个较为明显的特色。中国古代艺术理论一直强调其生生不息的蓬勃之气,其批评的着眼点也总是将鲜活的生命感觉和体悟看为重中之重。在对其进行现代化关照的同时,朱著能够始终体察古代艺术理论的精髓,以古代的视角来观看古代的艺术理论,实在难得。作者指出:"中国艺术思想中的独特范畴、诗性的思维方式和强烈的生命意识等,是值得我们反思和继承的。"以"生命意识"为核心,朱著将中国艺术理论的体系始终定位在"生成论"的位置上,把生命存在纳入其中以促成艺术理论之"生成",从而构筑了独特的"生成的"中国艺术哲学。事实上,"中国的艺术哲学体现了中国古人对艺术和生命的尊重,反映了中国人的独特的思维方式,尤其突出了人的生命意识。它与中国人的人生哲学紧密相连,从中显示了中国人独特的审美趣味和审美感悟"。或者可以说,中国艺术哲学乃是中国人的人生哲学的重要组成部分,是中国人体悟自然、艺术的一种自然的结晶。正是在这样一种艺术哲学中,生命意识的重要性和独特性也才是不言而喻的,并非是冷冰冰的理论的推理和演绎,而始终是和生命、生活相连接的。

二、主体论与客体论

艾布拉姆斯在其艺术批评名著《镜与灯:浪漫主义文论及批评传统》中提出了著名的四要素说,认为"文学诸多的现象和理论要旨""均脱离不了自己所提出的'世界—作品艺术家—欣赏者'四要素框架"[①]。而这四要素,如果进一步简化的话,则可以抽象出主体和客体两元素,因为世界和作品相对于作为主体的艺术家和欣赏者来说正是客体。朱著正是以生命意识为核心,以生成论的视角来论述中国艺术哲学的。在这一生成的艺术哲学中首论主体,是因为在艺术的生成过程中,艺术家的创作是其开始,倘使缺少了艺术家的创作,那么艺术作品就不会存在,所谓的艺术的生成也无从谈起。同时,艺术作品总是在欣赏者的欣赏中才最终完成,因此艺术主体论的另外一个重要组成便是欣赏者。"艺术作品是由主体进行创造、欣赏和批评的。主体是艺术活动的主导者和接受者。"在论述中国古代艺术理论的创作主体之时,朱著着重分析了天才、虚静和创作。这三个要素基本上构成了创作的整个环节。天才是创作者能进行创造的前提,包括其禀赋、个性、学养和灵感等,假若缺少了此一环节,创作者在储备上并不具备创作的可能,那么创作的活动也就无从发生了。天才所强调的乃是创作活动未发生之前的主体之可能性。虚静则是强调创作之前和创作之时的状态的要求。刘勰在《文心雕龙》的《神思》中认为,"是以陶钧文思,贵在虚静,疏瀹五藏,澡雪精神。"其所立足的正是虚静的状态。当然,"主体在艺术活动中,无论是创作,还是欣赏,都以虚静为前提"。具体的创作活动的实施是艺术作品产生的最后步骤,在创作中,创作

---

① 转引自王晓路:《艾布拉姆斯四要素与中国文学理论》),《文学评论》2005 年第 3 期。

主体需要养气、感动、妙悟，当然更重要的是神思。所谓"形在江海之上，心存魏阙之下"，"寂然凝虑，思接千载，悄然动容，视通万里；吟咏之间，吐纳珠玉之声；眉睫之前，卷舒风云之色"。正是神思之妙。主体论中，相对千创作主体，中国古代艺术理论虽然对欣赏主体的论述不多，但是其要求也不容忽视，甚至某种程度上对欣赏者的欣赏要求更高。欣赏者首先要调动自己的"生命节律"，并且能够和艺术作品中的语言节律结合起来。当然，"主体的欣赏心态，是通过文化形态熏陶及主体心灵的自觉醒悟而形成的"。此一素质的养成有赖于欣赏者的"欣赏经历、人生经历及其心路的发展历程所造成的"。具体到欣赏活动，就需要"对作品既入乎其内，又出乎其外"。如此，朱著构建的中国艺术哲学的主体论囊括了创作者和欣赏者，他们分别位于生成艺术的两端，最为直接地体现了中同艺术理论的生命意识，沟通主体论中创作主体和欣赏主体的，自然是艺术作品，也就是朱著论述的客体论部分。甚至可以说，艺术的形态或者艺术的主要构成元素就体现在艺术作品中。作品也正是艾布拉姆斯所谓的四要素中较为重要的一环，举凡西方的形式主义文论、结构主义文论、新批评等均是着眼于作品而构筑了独特的理论话语体系。在论述作品这一客体的时候，朱著将之分为两部分，特质和神采，颇让人出乎意料。一般而言，神采也正是艺术作品的特质之一，何故要单独列出来？殊不知，神采所指虽然关涉艺术作品的特色，但神采也同时强调艺术作品的神采是创作者的神采投射所致，其中包含了创作主体的神在其中。并且，它也要求欣赏者能够调动自我的生命节律，来感应这种来自于创作主体、彰显千艺术作品中的生命的神采之气。可以说，正是客体论，构成了《中国艺术哲学》的主要部分。论述特质，朱著分别着眼千节律、和谐和时空。事实上，从全书的论述可见，这一节律至少应该包括语言节律、情感节律、节律的主客消融三部分。"节律包括节奏和韵律。"这正是以诗著称的古中国艺术理论构筑的基础。"中国艺术的根本特征在于它体现着和谐原则。"追求天人合一境界的中国艺术,体现着"自然之道",本身乃是"协调、相融和恰到好处"的,也彰显了"心物交融"的境界,在风格上则体现为"刚柔相济"。在论述艺术作品的特质之时,朱著始终把握住"生命意识"这一核心,指出"中国人的时空观念最初是同生命意识紧密联系在一起的"。它体现在艺术作品中就是"心理时空与现实时空"的差别,及其营造的独特的"艺术时空"。"艺术时空是审美意象生存的基础,既体现了宇宙的根本大道,又反映了主题的心理内蕴。"在客体论中,艺术作品所彰显的生命意识,是朱著深度挖掘的一个主要向度,也成了其论著的典型特色。

艺术作品的神采,"主要体现在气韵、体势、风骨和趣味中"。气韵"体现艺术作品本体特征的感性风采,是中国艺术生命精神的核心所在"。它体现了"形神关系",体现了"自然之道"、"反映了生命的律动",它"本于人的精神生命",是"个性特征的风姿和神态"的表征,它还包含了"风格特征"。体势"体现宇宙之道和生命规律",其"势"遵循和谐的原则,体现了一种境界,极具感染力。体现神采的风骨,更是首先出现在对人物的品鉴,然后被运用到艺术批评领域,成为品评艺术作品高下的标准。千是艺术作品的风骨,一定程度上成了主体的生命意识的体现,它也指向了艺术中的生命意识。趣味也可以作相同的理解,首先是指人的趣味,而后才运用到艺术领域,成了评判艺术作品的尺度,它同样呈现了艺术作品的生命意识之张力。中国古人所谓的"天趣自得""化理为趣",并且强调趣味是只有通过欣赏才能体味到的一个要素,正是出自对这一概念的复杂理解,包括其隐含的主体和客体两方面的生命意识。

三、本体论与流变论

本体论之于中国古代艺术理论,显然是一个极其陌生的概念。

他们对具体的艺术存在倾注了大量的心血,而对"艺术"本身的思考则极为有限。因此关于中国古代艺术理论的本体论建构,则可谓是智者见智,仁者见仁。有的学者就主张"艺"与"道"的关系问题,是理解中国艺术哲学、艺术精神的核心、关键和根本"12J①。然而朱著主张中国古代艺术哲学"生成论的"本体论,指出:"中国古代的艺术本体,不只是指静态的作品,而是将其放在一个动态的生成活动的过程中加以理解的,包含着作品创构、本体结构和欣赏生成诸环节。它由艺术家创构,以作品的感性形态为中介,通过欣赏接受的再创造而得以最终完成。"艺术的本质是一个动态的过程,是一个生成的过程。如此,主体论和客体论中的诸要素便一同包裹在本体论当中.形成一个以"生命意识"为核心的中国艺术哲学的生成的链条。在这个本体论链条的起始处乃是创构,所指正是主体论的创作者的创作活动。中国古代艺术理论强调"外师造化,中得心源"的天人合一式创构模式,在这个基础上达到"超形似"、"合技艺"的目标。艺术创造如同庖丁解牛,合千自然之道,又得自内在心源。创构所形成的艺术作品,作为生成论的本体论链条的中间组成部分,在朱著中包括以下几个层面:"最直接地呈现在我们眼前的言、"物我交融的产物"的象、"包孕作品感性形象的内在生命精神"的神、"艺术本体结构中的最深层次"和"艺术作品的生命之本"的道。如此而形成的"艺术作品虽然经历过创作者的审美活动,但在欣赏者接受之前,作品还没有最后完成,只具有潜在的审美价值。只有经历过欣赏者的审美活动,作品才算生成,其价值才能得到最后的实现。"千是在本体论链条的最末尾,便是艺术最终得以实现的欣赏,所考察的正是欣赏者的欣赏过程。在欣赏者的欣赏过程中,包含了同情、会妙和再创造,达到了创作者和欣赏者在艺术作品这一桥梁之上的汇合,使艺术最终得以生成。

---

① 刘纲纪:《"艺"与"道"的关系中国艺术哲学的一个根本问题》,《江汉论坛》1986 年第 1 期。

如此生成论的艺术本体的建构便完成了。

不同于思想史和批评史对艺术理论的史的描述,艺术哲学的流变论主要考察的是艺术发展过程中起源、中介、动力等。关于艺术的起源,一直以来都是艺术理论孜孜以求的课题,出现了诸如游戏说、模仿说等理论。"中国古人对千个体艺术发生的看法,一个流行的观点就是认为艺术是人的情感的表达。""诗言志"说在中国可谓源远流长,从《毛诗序》开始,一直到现代时期的鲁迅、闻一多都认为艺术的起源乃在于情感的表达。同时,"这种情感便是人类在劳、逸这两种基本活动中产生"。创作者在劳动和闲逸两种状态中,体悟生命,感受情绪,并且将之进行艺术的传达。不管是"饥者歌其食,劳者歌其事",还是"勤恤其民,而与之劳逸",中国古代艺术理论都是将艺术的起源定位在感情的抒发之上。"中国艺术的生成与发展,正取决于主体以情感为中心的艺术心灵的生成与发展。……与文化形态的不断积累和发展在其中起着中介作用又是分不开的。"流变论中的中介正是文化形态,它的累积和发展对艺术的流变起着一定的作用。不管是起始阶段的"陶冶感化",还是继之而来的"深化发展"、"继承革新",流变论所考察的这个中介,是将艺术的流变放人总体的文化形态中来加以分析的。文化形态的发展同时又是生命存在推动的,其中体现了深刻的生命意识。对于艺术流变过程中的动力,朱著集中论述了社会因素、个体创造、民族融合和外来刺激几个部分。由此朱著便构筑了一个模块相当完整的中国艺术哲学体系。我们可以以一个粗略的图示来看一下:

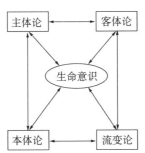

　　总之,朱志荣的《中国艺术哲学》一书以生命意识为核心,以生成论为基础,以主体论、客体论、本体论和流变论为四大模块,构筑了中国艺术哲学的崭新体系。它摒弃了以往学者论述中国艺术哲学的弊端,开创了全新的局面。但是统观全书可以看出,西方的方法和理论体系,只是一个外在的框架,在内里所论述的则全部是中国艺术哲学理论。也就是说,西方的方法借鉴已然成了一个壳子,其存在的必要已经丧失了必然性。倘若著者将目光集中在传统中国艺术理论的独特概念系统,抛却西方理论框架的限制,仍然以生命存在为中心,再行描绘出一幅中国艺术哲学的体系,如此又会展现怎样的一番面貌呢?

重视中国艺术思想的研究

赵以保

朱志荣的《中国艺术哲学》(华东师范大学出版社 2012 年版)突破了传统对中国艺术的诗性点化、零散性和单门类性研究,从宏观上鸟瞰中国古典艺术思想,将中国古人的人生体悟方式、思维方式,中国古代的艺术和中国古代哲学融会贯通。

中国艺术哲学的宏观把握,必须在研究方法和切入角度上进行突破,朱志荣的《中国艺术哲学》在这两个方面都有所贡献。他指出"中国艺术哲学的研究需要有体现自身特征的研究方法",必须从比附研究、比较研究向独立系统的研究过渡。比附研究易使中国艺术与美学降格为西方理论的印证,比较研究难以建立中国艺术的独立体系。该书以公允的立场全面系统地研究中国古典艺术,既体现出中国本土化特色,又具有全球视野的开阔性。作者指出:"我们应该以西方学说为参照坐标,从自己的传统和文化背景出发,吸收中国传统审美理论的积极成果,站在时代的高度,结合自己的国情,对西方的相关学说进行吸收和同化,创构出全球视野下的中国审美理论。"该书正是作者运用现代学科的理论方法,对中国古代艺术思想进行系统总结、整合、阐释和评述,积极促使中国学术与国际人文学科的接轨。

中国古代有着"诗乐舞"三位一体的传统,这就决定了研究中国古典艺术,必须突破单门类研究的误区,朱志荣的《中国艺术哲学》从跨学科的宏观视域,把中国传统的人生哲学、华夏古典艺术特征融为一体。作者跳出了为艺术而谈艺术的研究视野局限,从中国古代人的人生哲学切入中国艺术精神。在该书中,作者从哲学、诗论、画论、曲论中披沙拣金,从哲学思辨的高度求证中国传统艺术规律和特质;另一方面,他又参之于考古文献、出土玉器、陶器,以及音乐、书法、绘画、园林、诗词等具体艺术文本,既有形而上的思辨又有形而下的实证,从中显示出作者对中国传统文化的深厚功底和文史哲的贯通。

中国传统艺术思想内涵丰富深厚。朱志荣在《中国艺术哲学》中紧扣"生命意识"、"天人合一"等中国古人独特思维方式。该书指出中国古典艺术独特性体现出生命化倾向,在作者看来,中国艺术本体的内在结构,包括艺术语言、审美意象和内在风神。它们在本体中是有机统一、浑然一体的。这从根本上说便是统一于气,一气相贯,最终体现出生命之道。对中国艺术的欣赏是透过"言""象"去把握外在的"神"、"道";中国艺术的内蕴也体现出"和谐"、"气韵生动"、"风骨"、"节律"、"趣味"、"体势"等生命系统的律动和氛围。

艺术在中国古代起到了西方宗教的意义和作用。中国古人是通过生命艺术化来达到对现实有限性的超越与心灵的自由的。该书全面梳理了中国人的生命艺术化创构过程,进而由生命艺术化到艺术生命化。在这一逻辑结构的统摄下,作者系统梳理了中国传统的艺术理论范畴、概念,主要探讨了艺术主体、艺术本体、艺术特质、艺术神采、艺术流变等问题,并在立足于文献材料的基础上,提炼出了"超感性体悟"、"物我双向交流"、"言象神道"、"文化的中介意义"等命题,提出了自己独到而又合理的见解。作者对中国艺术起源问题的阐释;劳动也分为劳逸两种;中国宗教不发达的原因阐释,以及认为理性思维的发展不会湮没艺术等,令人耳目一新。

综观该书,作者从深入考察中国传统艺术思想渊源及其人生哲学基础出发,对中国传统艺术思想做了宏观的美学鸟瞰,资料翔实、论证公允、视野开阔,是中国艺术理论建设的重要创获。

烛照心底的光明与晦暗

——读朱志荣《大学教授》

王　俊

　　作为生活在这个世界上的人们,他们总是自觉或者不自觉,愿意或者不愿意被看作或者说被分成一定的群体。他们除了有我们作为人类所共有的普遍的情感,普遍的人性之外。每个各自的群体中的人们都会有区别于另一些社会群体人们的一些特征。正是因为这些,作为人的情感表达手段的文学也会对芸芸众生投以关注的目光。我们会有不断关注一些特定群体的愿望。大学教授这样一个在普通人看起来是光鲜亮丽高级知识分子群体到底是处在一种什么样的生存状态呢? 朱志荣教授的这部小说《大学教授》,通过大学教授的眼光来关注大学教授们的生存状态和他们的心灵世界,他们身上所具有的人性光辉,所暴露出来的人性的污点,心底的晦暗,都可以在这部小说里清晰地看见。

一、诗意的还是现实的生存?

　　海德格尔在他的哲学体系中曾经提到一个著名的,关于人类生存的命题:那就是人要诗意是在大地上安居①。但是,对于芸芸众

---

① 海德格尔著,郜元宝译、张汝伦校:《人,诗意地安居:海德格尔语要》,上海:上海远东出版社,2011年版。

生,能做到这一点谈何容易。生活的重压似乎使人们无暇顾及那么许多的浪漫和诗意,而在依然有些许诗意与浪漫的大学校园之中,那些整日与书本和文学为伍的大学文学院的教授们,是不是他们的生活应该有更多的诗意与浪漫呢? 在小说中,作者没有正面的回答这样的问题,作者所描述到的以张渊之为代表的三代大学教授的生存的困境,情感的纠葛,欲望的煎熬。无一不是诗意的安居与现实的生存之间激烈的矛盾的体现。诗意的安居真的是一件可望不可即的虚幻美丽的海市蜃楼吗?

《大学教授》中的大学教授们生活在拥有着桃山和李山的一座城里,而桃山就北越大学是在北越大学的校园里,坐拥桃山的北越大学的教授们,让人恍然想起鲁迅在其小说中描绘到的呆在知识之山上空谈的那些学者们。但是,北越大学文学院里的那些教授们似乎却不是那个样子,他们要么是跨越了新旧两个时代的,有着强烈的责任感和使命感,以学术为天职的中国知识分子,这些是以国学大师侯永昌为代表的。还有要么是从那场史无前例的"文革"中侥幸生存下来的,浩劫之后幸存下来的他们,对时代和自身都有了更深层次的认识,他们同时也是文革之后知识和学术的主要传承者,即使是他们有自己的缺点和不足,在关键的时候,他们还是保持了作为一名知识者所应具有的良心和操守,这类大学教授是小说里主要的人物,他就是外号"三猴子"的张渊之教授。侯永昌之子侯刚这一辈的年轻学人,他们处在前辈的挤压和变化快速的现实面前,他们的每一步的选择都有着时代的影子投射在其中,他们虽无大时代的乱离之苦,可是快速变化的时代,外界急速的变化,不能不会在他们心中引发波澜。他们处在一个已经开放了的时代,大多数都有过出国留学的经历,这使得他们知识结构更为完善,他们是以学术为志业的人,而这样的追求也使得他们接近于诗意生存的理想,虽然有时候被现实逼迫得有些狼狈。

　　作者在小说中所描绘的张渊之的成长之路颇具幽默性,张渊之的地主家庭出身本来可能会使他的人生之路一片暗淡,可是"三猴子"张渊之也并非浪得虚名,在残酷的生存困境面前,他似乎还保留了一些对知识的热情,最终他也凭借知识而出人头地,成为了一名大学教授。他在农村教书的时候认识了一个叫陈衡的人并且后来"靠着陈衡给他的那些书,以一个初中生的学历,竟然直接考上了硕士研究生,从此走上学者之路。"①"他张渊之不仅仅是个学者,他还要成为教授,要成为学术界的领军人物,要成为泰斗,要成为能和历代大师比肩的风云人物。"②基于这样的理想,张渊之在读研期间的发愤用功,倒是真的有点"以学术为志业",要诗意的在这个世界上生活的意思。而他所得到的结果可以说也是令他满意的"研究生毕业后,经导师向侯永昌教授大力推荐,张渊之被侯永昌看中,他便到了北越大学侯永昌教授掌门的中文系古代文学教研室工作"③从这段张渊之的经历来看,他的从学之路是具有一定的典型意义的,不管怎么说,不论这些人是出于什么目的,他们毕竟通过自己的努力改变了自己,同时也改变了世界。

　　人们在读书的时候可能有许多美好的幻想,然而在现实面前,会迅速的破灭甚至是幻灭掉。张渊之在进入北越大学之后,面临着与同事们如何相处的问题。他和所谓的"胆囊""酒囊""阴囊","三囊"教授:刘摩、范英俊、侯华因为各种不同的利益冲突,彼此摩擦、纠缠、争斗。现实的诱惑和利益的纠葛,在小说中被真实的暴露在我们面前之后,中文系文学院那层浪漫的面纱被无情的撕落了下来。"胆囊"刘摩的风流好色成性,不学无术,他的最终倒霉也是因为他的好色。当然他也并不是一无是处,他的胆色,有时候也使得他具有仗义

①　朱志荣:《大学教授》,合肥:安徽文艺出版社,2010年版,第18页。
②　朱志荣:《大学教授》,合肥:安徽文艺出版社,2010年版,第18页。
③　朱志荣:《大学教授》,合肥:安徽文艺出版社,2010年版,第19页。

执言,敢于犯上的特质。这些特质又不是一句"色狼"可以完全涵盖他的全部,人性的复杂之处在他的身上明白无误的显示了出来。这样的描绘不会使得我们把一个任务给完全的平面化,脸谱化。至于被张渊之称为"酒囊饭袋"的范英俊,真的有点靠了他的一张能吃能说的嘴而爬上了副院长的位置,这种舌如巧簧,搬弄是非的人当然是为人所不齿的,可是也没有人敢于得罪这样的小人,得罪君子是没有关系的,得罪小人往往是要提心吊胆。张渊之和他除了利益上的一些冲突之外,对于他的为人当然也是非常不以为然,冲突当然也就在所难免了。与小人斗者的还是需要一定的勇气的,不论结果怎么样,张渊之的这种勇气还是值得让人钦佩的。某种程度上也算是保有了知识者的气节,没有与流俗同流合污。有很多时候,别人其实是一面镜子,照得出自己的美丑妍媸,尤其最重名节的中国知识分子们更是这样。《大学教授》里的张渊之和他身边的"三囊"教授们以及自己的领导同事们的纠葛就彰显出了他的这些品质。即便是他有这样那样的为人们所诟病的地方,但是他的纯然的以一种知识者和学人的立场来看待这个事情的时候,这样的作为是值得称许的。而反观其他的那些所谓的大学教授们,他们似乎更多的把大学——这个一直被人认作是精神堡垒和象牙之塔的地方,看成了和外界社会没有任何区别的名利场。而其中的蝇营狗苟,利益交换,都比一般的追名逐利之徒有过之而无不及,让人丝毫看不出那想象中的大学在精神上的纯粹和高贵。

　　这些恐怕就是我们真正的所要面对的现实,所要面对的作为我们要生存的这个世界的事实。那些所有关于大学中文系的诗意的、浪漫的想象在现实的面前都被击得粉碎。可以诗意的思想,但是未必可以真的可以能诗意的生存。恐怕这也不仅仅是张渊之这也的大学教授所面临的一个很吊诡的问题,我们生活里的普通人,平凡的人生难道不也是这样? 不过,毕竟诗意的生活总是我们所向往的,每个人去试着改变一些,我们生活的可能也就不会那么猥琐。《大学教授》里有生活在世俗中的大学教授,他们抗争过,他们的抗争会给这样的世界带来一些改变。

二、日常生活中的"人的状态"

海德格尔说:"世界是人的一部分,世界就是人的状态",在张渊之们那一代大学教授之后的新一代的教授们当然与他们又很大的不同了,他们的状态的确也决定了他们所在的世界的状态。他们是比张渊之们晚一辈的学人,他们大多数有过出国留学的经历,他们没有父辈们身上因袭下来的沉重的压力。他们似乎不用关心太多的"粮食和蔬菜",在很多的时候,他们的情感生活是丰富的。侯刚与袁惠丽与姜晓莉,李卫东与袁慧梅。在他们的身上我们看到的是一种常态下的大学生的生活,至少和张渊之他们比起来,他们是幸运的。但是,谁又能保证自己的人生会是一帆风顺的呢? 在小说里,作者所给我们展示的也正是这样,侯刚与袁慧丽的有情人不能成为眷属,可以说是更加的符合生活的逻辑:尽管他们曾经那么热烈的相爱过,可是有时候实实在在的生活,往往使浪漫的爱情不堪一击。在这个时候,日常生活逻辑的强大显露无疑,在这个时候爱情的选择只能是逃遁。侯刚与姜晓莉的结合可能没有和袁慧丽那么浪漫,可这就是实实在在的生活。在成立了自己的家庭,母亲去世,有了自己的孩子之后,侯刚也完成自己真正的成人礼。他还要面对以"不论是谋利还是复仇,凡事都要在幕后处理"①为准则的师弟韦德的有力挑战。他要在这样的处境中迅速的成长起来,而且事实上他也做到了。他以自己的能力和自己父亲当年积攒下来的人脉再加上其导师张渊之的帮

---

① 　朱志荣:《大学教授》,合肥:安徽文艺出版社,2010年版,第83页。

助,最终得以坐上文学院院长的位置。可以说是子承父业,也给他的导师张渊之了结了长期的一份心愿。

人们通常认为:文学院是一个出奇人奇事的地方。在张渊之那一代,有所谓的"三囊"教授。而到了他的学生这里,当然也是少不了的。虽然没有那样奇特,可是,他的行为也足以让人忍俊不禁了,这个奇特的一分子就是他的学生李卫东。李卫东虽来自西北农村,但是通过自己的努力考上了北越大学,而且还由于自己的英俊长相与气质高雅的袁慧梅热恋,这也使得很多他的同学为之嫉妒。可是如果要是觉得他的道路就此一帆风顺,那可能也会觉得上天也对他太眷顾了。而事实上,他后来的生活和学术之路充满了坎坷,这些遭遇和他不羁的个性是有着直接的关系的。大学毕业之后到中学教书的时候,他因为揭露了女校长与局长的不正当关系,使他在单位的处境十分的不妙。而当他考上北越大学的研究生后,他不羁的个性得到了进一步的释放:从开会的时候对《在延安文艺座谈会上的讲话》的质疑,到参加学潮的时候错喊口号,以至于被关进看守所,最终也因为他的口无遮拦,率性而为的性格,毕业之后被分配到北山理工大学去了。他与袁慧梅的爱情和婚姻也是一波三折,最终也是归于平淡但是有滋有味的生活。在北越大学和北山理工大学合并之后,他才算又真正的回到北越。在李卫东的身上,我们可以看到一些中国传统的文人那种不拘礼法,率性而为的个性。这种个性所彰显出来的人格魅力是很有光彩的。当然这样的没有任何心机,率性个性格也是很容易遭人嫉恨遭人暗算的。好在小说还是给我们安排了一个光明的结尾。然而,我总是觉得这样的处理是作者出于好意。生活中的事实往往是很残酷的,未见得说所谓的好人就会有好的结果,我们所看到的更多的是恶人得逞,好人遭难。李卫东这样的人如果真的出现在我们的生活当中,他的结局应该是和小说中大相径庭的。

侯刚在小说里是作者极力刻画的一个人,他的简历也是较为坎坷的一个，本来作为"学二代"的他应该是有着极为光明和理性前途的，但他的前途也受到了政治事件的影响，以至于他的父亲在去世的时候，他还在异国漂泊。如果不是后来他的导师张渊之的帮忙，他的学术和院长之路都无从谈起。在他的母亲去世之后，他迅速地成长起来，在他的老师的协助之下，做上了院长的位置，然后又利用各个对手的弱点，将其各个击破，最后完成了文学院张门的"大一统"。可是如果据此认为侯刚完全是个官僚样的利欲熏心的人物，也是不能说得过去的。他在前任的"酒囊"院长范英俊出事下台之后接掌文学院的，他当然是很聪明的人，他不会去重蹈"酒囊"好酒好色的覆辙。但是，他也绝非是那种没有任何机心的软蛋。他收服"胆囊"刘摩，协助自己的导师击败他的老对手文学院党委书记马如海，去了他的导师张渊之多年的心腹之患。直至最后利用"胆囊"的"作风"问题，彻底将其治理的服服帖帖，进而完成了文学院的"大一统"，所有这些，无不显示出他作风的稳健和老到，做事不露声色但却手段极高。可以说，在某种程度上，他的所作所为是很适合他所处的院长的位置的。然而，他在生活中至少是不失为是一位称职的丈夫，一位尽职尽责的父亲，尤其是他对儿子小刚的舐犊深情，读之无不让人为之动容。即便是被生活中的琐碎所累，他也没有放弃自己在学术上的理想，他对待学术的态度是严肃的，他对"科研的量化"和所谓的"学术大跃进"是有很不同的看法的。他不愿意以一种粗制滥造的态度来对待他的学术，然而，形式所迫，他又不能不考虑这些问题，以至于最后连他的儿子都拿这样的问题来开他的玩笑。

小说中张渊之和侯刚聊天的时候曾经对侯刚的父亲侯永昌和他自己那一代知识分子有过一个总结："他们那一辈从二十世纪上半叶过来的人，又留过洋，思想很开明，不僵化，迎接改革开放是那么自然，不像我们受到极'左'思潮的毒害，即使有开放的意识，也还是有束缚的痕迹,接受新事物像产妇要经历产前阵痛一样,真是没有办法。"①这是张渊之给两代知识分子所作的总结,可以说是切中肯綮,非常准确。侯刚这一代知识分子,他没有做总结,侯刚他们处在一个急剧变化的时期,人们,包括大学教授,已经不可能有那么高的理想上的乌托邦式的追求。他们必须不得不为日常的生活和真正切实的利益去奋斗,日常生活有将他们淹没的危险。这就是日常生活的理性和逻辑。在庸庸碌碌的生活中有时候可能还是要有一点理想主义的。而作为坚守精神领地的大学教授们,更应该是如此的。那些坚持自己理性和信仰的知识者们是足以让我们效法的,毕竟我们不应该生活得过于庸俗。

三、充满同情温情的讥讽

　　"时代性的精神体验,是创作主体一种超越了故事和人物外在性的深层体验。"⑦在小说《大学教授》中,作为创作主体的朱志荣教授就有着这样的体验:在小说中,一般人所谓的"高级"知识分子大学教授的形象显得不是那么的"高大",甚至还有些猥琐。我们通常所以为的那种深刻、睿智、负有道德感和责任感的智者和知识者的形象在小说里是不存在的。即使是作者嘉许的侯永昌这样的老一辈的大学教授,作者在描绘的时候也是以一种审视的态度来看待他们的。在对待诸如汉字的简化、反右、对于"也门"这个国家名称的音译上,侯永昌所表现出来的那种认真和对待知识的严谨,确实是叫人非常的佩服,其实,这样是一个知识者赖以安身立命的依据,如果他们对待知识不够真正和严谨,恐怕很难配得上知识分子的称号的。如果稍微联系一下今天知识界的状况,是不是让人觉得汗颜呢?

---

① 　朱志荣:《大学教授》,合肥:安徽文艺出版社,2010 年版,第 123 页。

　　自己也是大学教授的朱志荣,他在写作这部小说的时候也一定有他自己的用心和追求。这部小说在时间跨度上应该是很长的,其中所涉及的人物颇多,在小说中似乎我们不能找出一个"中心"人物,可是,在读过小说之后,还是会有一个当代的大学教授总体的面目呈现在我们的眼前的。他们或庄重、或猥琐、或不羁、或阴沉、或老谋深算、或浅白如水…….他们表露在我们面前的是他们的心迹,他们一路走过来的心灵之路,这段道路当然是和外界的社会和时代的变动紧密相联系的。但是最主要的是这段路程也是他们心迹的反映,不管他们是袒露还是掩饰,都是一种反映的形式。他们的心迹有光明也有晦暗,这些都不失为是心底真迹的表露,我们在看到这些的时候,可能会觉得他们不配拥有智者知识者所该有的桂冠,然而,建立现代大学制度才一百年左右的中国和身处大学中的大学教授们,他们天然都和中国的文化血脉相联的。朱志荣教授从他们的身上拔下他们的"皇帝新装",暴露他们心底的光明和晦暗,让他们真正的回归到我们如日常生活中的常识和理性中来,何尝不是用心良苦呢?

《中国艺术哲学》简介

朱志荣教授的《中国艺术哲学》(修订版)作为国家"九五"出版规划项目、国家教委"九五"出版重点选题,曾于1997年在东北师范大学出版社出版了第一版,当年即被誉为我国"九五"期间文艺美学和艺术理论的代表性著作。时隔15年,该书修订版于2012年6月由华东师范大学出版社推出,在第一版的基础上增加了"天才"、"体势"和"气韵"等章节,更兼修饰文辞、删除重复,呈现出焕然一新的面貌。

中国古代本没有名为"中国艺术哲学"的著作。该书所说的中国艺术哲学,是作者在借鉴西方系统理论作为参照坐标的基础上,对中国古代的艺术理论所作的一种梳理、概括和总结,体现了作者对中国古代艺术思想的哲学思考和当代意识。

作者指出,艺术在中国人的精神生活中有着重要作用,中国古代的艺术思想体现了古人的哲学背景。在中国古人的诗性思维中,万事万物都体现了生命精神;他们从天人关系出发来看待艺术,将艺术中的生命精神视为对自然和主体的生命精神的体悟和传达,是一种生命有机体。艺术作品的结构被视为一个言、象、神、道相统一的生命整体。中国古人将艺术境界的追求看成是人生境界追求的有机组成部分,把艺术看成主体成就人生的重要途径。这些观点,都显示了作者对中国艺术哲学中生命问题与人生问题的关注。

（邹劢佳）

　　蒋孔阳先生是我国当代著名美学家、复旦大学教授,在文艺美学研究领域作出了杰出的贡献。朱志荣、王怀义合著的《蒋孔阳评传》是迄今第一部关于蒋孔阳先生的评传。朱志荣教授曾师从蒋先生多年,对其生平及学术思想非常熟悉。在《蒋孔阳评传》中,作者对蒋先生的生平经历、学术研究历程及主要的思想观点进行了详细的梳理和评述。为了体现传记的特点,使蒋先生的形象丰富真实,作者专门采访了蒋先生的亲属、朋友和学生等,如蒋先生的夫人濮之珍教授、蒋先生的朋友余开祥教授、蒋先生的女儿蒋年女士,以及复旦大学朱立元教授、华中师范大学张玉能教授等人。濮先生为该书提供了许多珍贵的照片。书后还附有复旦大学郑元者教授编撰的《蒋孔阳年谱简编》。书中也收录了多篇缅怀蒋先生的文章,这些文章出自蒋先生的亲属、朋友和学生,生动反映了蒋先生为人、为学的多个侧面。

　　作者在书中指出,蒋孔阳先生的美学思想以马克思主义的唯物史观为基础,借鉴吸收了中西方美学思想中有益的成分,不仅推动了中国当代文艺学美学思想研究的民族化和现代化进程,而且其独特的研究视角和切入点,在美学理论研究和中西方美学比较研究等方面都其有重要的方法论意义。除学术思想外,作者还对蒋先生一生追求美、自然、自山和纯真的人生主题进行了细致生动的描述。

　　逝者已去,容颜依存。这是这本《蒋孔阳评传》所能留给读者的印象。

（庄焕明）

日常生活中的美学

陶怡宇

美学研究不能仅停留在形而上的理论层面；尤其是生活美学研究，更不能穷究理论而脱离了感性的、活泼的生活经验。华东师范大学朱志荣教授的近著《日常生活中的美学》即是一本超越了单纯的美学理论研究 2010 年第 8 期，深切关注日常生活实践中的审美现象，对其审美意识展开深入浅出之探讨的普及读物。

近年来，随着图书市场日趋繁荣，通俗美学方面的著作也越来越多，但其中绝大多数都不是专业美学人士所写，更有许多书打着美学的旗号行庸俗之实。这样的书恐怕会极大地误导读者，甚至消费掉大众对美学所保持的好感。与此同时，很多美学家出于各种主客观原因，又不太愿意以通俗之名撰写研究日常生活中的具体美学问题的专著，而大众读者往往对高深玄奥的美学理论书敬而远之。本书即是朱志荣教授为改变这一现状而进行努力的成果。作者在前言中指出，本书的写作试图体现出以下四个特点："第一，联系生活实际。全书结合日常生活现象讲述美学基本知识，贴近普通读者的生活实际，结合民众的日常生活和普遍关心的问题，将贴切日常生活和艺术实际的美学方面的探索融汇进来，力图让读者获得他们希望得到的知识。第二，尽量运用通俗易懂的语言，重视普通读者和美学爱好者在阅读过程中的互动。第三，学理上力求系统性、前沿性。本书在保障通俗、生动的基础上,避免庸俗和陈旧,重视学理的系统性和前沿性,重视美学学科前沿动态的介绍,吸纳美学理论的最新成果,使体系更加严密,资料更加丰富,更适合各类读者的需要,从而扩大他们的知识面。第四,生动活泼,体现科学性和知识性。本书在文体上从趣味性和基础性出发,文字清新、活泼,适当地配合插图,使问题讲得更清楚,更容易使读者明白。

本书的内容系由朱志荣教授在"日常生活中的美学问题"系列演讲的基础上整理而成,分别从"日常生活中的审美趣味"、"气质之美"、"服饰之美"、"美学与人生境界"、"家具服饰的审美特点"五个方面展开话题,运用清新生动的文字、形象并具有时代性的案例(如《日常生活中的审美趣味》一章以"超级女声"现象为例),阐述了寓于日常生活细节之中的深刻的审美文化内涵。书中看似无序的章节整合,其实内具思想上的递进性。如作者在《服饰之美》一章中,开篇便引用法国现代作家阿纳托尔·法朗士的名言,阐明了服饰作为人类文明形态和审美意识形态的重要性,并在肯定服饰美的同时,提出气质并不仅仅是人的外在修饰,更是其内在修养的表现的观点。接着进一步展开对"审美的人生境界"的探讨,揭示出符合时代发展的"从心所欲不逾矩"的人生理想境界。继而作者提倡高尚积极的审美趣味,并在家具服饰等生活实例中体现其作为美学家对于生活之美的细心体悟以及精细优雅的生活品味。

总之,《日常生活中的美学》一书将知识性与趣味性相统一,对于专业的美学理论研究 2010 年第 8 期者而言,能启发另外一种思考问题的方法;对于普通美学爱好者而言,则能让其在充满生趣的阅读之余,对生活实践产生一定的指导意义;而书中对于审美人生境界的探讨更是意味深长,具有广泛的理论价值。

回忆随笔

朱志荣印象

许　国

我和朱志荣的哥哥朱志强是中学同学，是那种不常见面但又时在念中的朋友。

朱志荣他们家住在天长号称"金（集）秦（栏）铜（城）汉（涧）"四大镇之一的秦栏镇上，我家则在离秦栏十几华里外叫官桥的小集镇。官桥虽然小，但也设过乡，热闹过。在我孩提时的记忆中，官桥每旬的二、五、八日都逢集，逢集时街上人熙熙攘攘，其中就有不少秦栏人来赶集。上个世纪六十年代后，中国的乡镇不断的撤了并，并了撤，也就在最后一轮的撤区并乡中，官桥乡撤并进秦栏，成为秦栏镇的一个社区，因此我们也算是同一个镇的人。

文革前天长只有天长、铜城、汉涧、关塘四所中学，秦栏和官桥的学生按片划分都在关塘中学。1962年我和朱志强一道进入关塘中学。三年后朱志强考进天长高级中学读高中，而我因休学一年，继续留在了关中。1968年我们都被下放或回乡。在那个异常艰苦且又百无聊赖的日子里，我经常偷空趁闲到秦栏，和刘肇樑、朱志强等同学朋友一起一呆就是一天。那时既不打牌又不喝酒，主要是神聊。我现在都想不起来，那时究竟聊了些什么。到秦栏我吃住一般都在刘肇樑家。一次，朱志强很认真地邀请我和刘肇樑到他家吃饭。我至今还记得，他家房子和许多秦栏人家的房子并无二致，都是那种老式的街面平房,好像还有个不大的院子,非常安静。他的母亲很热情,父亲记不清是否在家,但我一点没有朱志荣的印象。

后来我们都当了教师。刘肇樑和我在官桥中学,朱志强则是在官桥的曹庄小学。不过他们是拿工资的公办教师,而我则是拿工分加补助的民办教师,但这一点也没有影响我们的友谊。我们在一起经历了许多事,但我还是不知道朱志强还有一个弟弟叫朱志荣。

又几年后,我们先后离开官桥,刘肇樑、朱志强回到秦栏,在秦栏初中教书,我则读了两年师范后分配在汉涧初中教书。有一天,刘肇樑突然从秦栏过来,和他一起来的是一个有点瘦的半大孩子,个头不高头却不小。他告诉我这个孩子叫朱志荣,是朱志强的弟弟,也是他的学生,现在读高中(我记不清是高三还是高二),很聪明,很用功。此行是因为他临近高考,希望我给他的语文指点指点。大概是教师的职业习惯,以及与朱志强、刘肇樑的多年同学朋友关系,我好像一点也没有"谦虚"。今天我已完全想不起曾经对他胡说八道了些什么,但他却给我留下了深刻的印象:基础好,读过不少书,脑子反应也很快。当时我私下就曾对刘肇樑说了四个字:孺子可教。

那晚,我们三人就挤睡在一张床上。9点过后,我们让朱志荣先睡,我和刘肇樑则继续作竟夜谈。我们的谈话信马由缰,从少年意气,拿云心事,到国家大事,家庭琐事,以及读书无用,孩子顽皮,内容无所不包,一无顾忌。第二天一早起来后,朱志荣又继续和我讨论了一些问题,但没有想到的是,其中竟有昨夜我和刘肇樑老师谈话中涉及到的某些知识点。我很是吃惊,他竟然也是几乎一夜没有睡,一直蜷在那里听我们的谈话,并且记住了他认为有用的东西。我一方面非常为他的精神感动,另一方面也有些许担心,我们的口无遮拦会误导他。

1979年,朱志荣考上安徽师范大学中文系,毕业后在滁州中学当了中学教师,不几年,又考上了安师大的研究生,学的是美学专业。

当时研究生还比较难考,听到他又考了研究生,我自然非常为他高兴,但也感觉有点美中不足。我当时真实的想法是,为什么是美学?一个世俗不知为何物的屠龙专业,能走远吗?

安师大毕业后,朱志荣留了校,不几年又读了复旦大学的博士,去苏州大学任教,再后又到华东师范大学任教。其间他回天长时,我多不在天长,因此见面很少。不过他一本又一本的著作却不断地寄来或捎来:《中国艺术哲学》、《康德美学思想研究》、《中国文学导论》、《西方文论史》、《夏商周美学思想研究》、《中国审美理论》、《中西方美学之间》、《从实践美学到实践存在论美学》、《中国通俗文学艺术论》、《日常生活中的美学》、《中国古代文论与文学经典阐释》。这让我很欣慰,原先的那点担忧很快化为乌有,但惭愧也渐生,因为他的许多著作我已经读不懂了。

最让我意外的是,2010 年他给我寄来了他的一部长篇小说《大学教授》。我很快读完了它。这是一部描述高校知识分子生存状况的书。我的感受借用书封底的几位作家、评论家的话来说,就是"它机智,有趣,充满反讽的同时,又蕴含着一种沉郁、庄重的自省精神。"(教授、博导、文学评论家谢有顺)"叙述如一柄刀,不动声色地把大学校园中的教授和生活中教授们细细地刮开,让你看不到血,却处处感到痛……"(《文艺争鸣》杂志编审、文学批评家朱竞)。我没有上过大学,一直对大学充满景仰和神往,不讳言地说,读过这本书后,竟然让我生出一种"原来如此"的失望。我把这本书介绍给一位刚到大学工作的年轻同志看,他说他也有同感,并说这正是这本书的价值所在,这就是一个真大学。

我和朱志荣最近的一次见面大约是在五、六年前。他回天长,而我恰巧也在天长。我们在一起吃了饭并神聊很久,其间不知不觉说到同乡先贤吕荧。吕荧,原名何佶,天长人,也是一位著名美学家。最为难得的是,1955 年"胡风反革命集团"案发,中国文联主席团和作家协会主席团召开联席扩大会议。郭沫若主持会议并致辞,他向人们透露胡风等人已经遭受的结局,到会的 700 多人报以热烈掌声,并一致举手通过把胡风开除出文联和作协报请有关机关依法严惩的决议。接着 20 几位代表陆续发言,异口同声重复着报上的语言和郭沫若的建议。然而就在这时,吕荧上台坐到郭沫若、周扬的中间,对着话筒,竟振振有辞地说:"胡风不是政治问题,是认识问题……"会场当时就一片大哗。在这样一个神圣严肃的会上,竟然有人如此明目张胆为一个正在被全国声讨批判的反革命集团头子鸣冤叫屈?!于是不等吕荧再说下去,就被人"带"下台去,送回家中,看管禁止出门。1957 年 12 月 3 日,吕荧在《人民日报》发表美学论文《美是什么》,文前所加"编者按"竟是由毛泽东亲自校阅,算是给他恢复了名誉。"文革"中吕荧再遭迫害被捕,1969 年冤死于狱中,直到"文革"结束后才和胡风一起被平反。

当时朱志荣告诉我,他正在做一件事,就是想在吕荧百年诞辰之际推动出版《吕荧全集》。他起初很希望家乡天长能出面出资,也希望我有机会说说话。我对吕荧一直很钦佩,不光是钦佩他的学问,更重要的是钦佩他那威武不能屈的风骨。按理这样的学者名人,为他出版全集自不应有什么问题。但是因为一直以来的反思缺失,国人包括家乡的许多人已渐渐忘却吕荧,不知吕荧为何人,而更有一层,虽然胡风公案包括吕荧的仗义执言早有定论,但毕竟是被"平反",人们或多或少还会心有余悸,不会积极。因此我一方面对朱志荣的这"一念"非常钦佩,另一方面也对能否顺利响应有些许担心。我当时没有说什么,但过后也认真找了一位在职的领导说此事,对方反应很冷淡,并话里话外的强调这不光是钱的问题,于是只有作罢。后来我也就没有再和朱志荣说此事。前几天有微信朋友圈的消息称,《吕荧全集》已经出版,并发有朱志荣的专文《论吕荧美学思想的价值》。我看了好几遍,既为同乡先贤吕荧骄傲,也为我的小同乡朱志荣感动。

　　去年，朱志荣在微信上给我发了一幅他写的毛笔字，风格颇似颜鲁公《家庙碑》一路，笔墨间透着别一种的学者之气。他自谦是换换脑子，但我却想了另一个问题，他是美学专家，既然喜欢书法，为什么不去搞搞书法美学？要知道，书法虽是小道，但真正当得起中国国粹之称的中国艺术当首推书法，而且在其实用功能基本退去的今天竟成为许多国人的日常生活之道，这不能不说是一个谜。对这个古老神秘的艺术，古今以来对它探精索微的不乏其人，大学里也开设了专门的书法专业。但以现代学科观照，说一句不怕得罪人的话，能够把书法之美说清道明的人还真没有。但怕影响他的研究方向，这个想法我一直没有和朱志荣说，今天在这里写出来，也还是这么一说，或者是一种私心期许：既为书法，也为朱志荣美学。

许　国

二〇二一年十月于天长

友情如水　淡而长远

——说说我和朱志荣的二三事

潘正云

君子之交淡如水，古人和世人常以此喻朋友之情。我和志荣相识近五十载，虽生活、工作地点数度变迁，但彼此情谊一直如水，平淡而真，平淡而实，平淡而远。

孩提印象

岁月匆匆，无法抗拒，无法掌控。悄然之间，数十年已过。如今人老了，越发怀念小时候那些在田间飞奔的快乐日子，那些在地里打滚的日子，那些在草地里抓蛐蛐儿、摘小花的日子，以及那些听着鸟鸣、听着小桥流水、看着炊烟袅袅、看着天蓝地阔的日子……

虽然童年已经离我越来越远了，但儿时的玩伴、儿时的故事却依然记忆犹新。

我60年代初出生在安徽农村。那时的农村生活比较艰苦，人民公社为了方便农民采购油盐酱醋等生活必需品，就在大队（现在叫村）设了一个供销店，供销店的负责人是公社派驻的一位和蔼可亲的周阿姨。她的两个儿子朱志荣、朱志鸿也跟着妈妈一起来到了当时的胜利大队黄庄队，后来他们都读了胜利小学。因为同在一起上学，我和他兄弟俩相识并成为了好朋友。

　　说来有趣,我和哥哥朱志荣是同学并不是同级。因为他年龄比我稍大,记忆中,他读三年级,我和他弟弟朱志鸿读一年级。当时胜利小学条件不好,学生少,师资也不足,学校就把不同年级的学生集中在一个教室上课,叫复式班。老师上完一年级的课再上三年级的课,有时上完三年级的课再上一年级的课,我们同班不同级。这在今天看来,简直不可思议,但它确实存储在了我的童年记忆中。

　　初见哥哥朱志荣时,他微笑、轻语,多散发着童年的稚气,但完全没有街上人的架子。他和弟弟都是城镇户口,吃国家粮,在那个年代这可是不得了的事,我们乡下人特别羡慕。随着彼此交往增多,我和他兄弟俩友情日趋加深,他们没有因为我是乡下人而瞧不起我、疏远我。放学后我们有时到他们在大队里住处玩耍,有时到他们妈妈在大队里的供销店外打闹,也有时会去他们在秦栏街上的住处。他们的妈妈周阿姨和我妈妈相处得挺融洽,有时妈妈带着我去供销店买东西,见到他兄弟俩都会打招呼,妈妈不知他们的名字,只叫朱志荣"二牛"(属牛,在家排行老二),叫朱志鸿"三牛"。

　　那时,作为哥哥的朱志荣,对弟弟朱志鸿和我一直爱护有加,经常带着我俩玩。偶尔我们会特别开心,因为他会给我们一粒糖果甚至一小块饼干,虽然不常有,但那可是乡下孩子难得的奢侈。记得有一次,他的一位同学带着几个小朋友欺负了我和朱志鸿。朱志荣知道后觉得我们没有过错,就领着我和朱志鸿去找那位同学理论。双方争执激烈,甚至有打斗的趋势,但最终达成和解。孩提时代,很难说清对错,但兄长的呵护至爱至深,迄今难以忘怀。

学者挚友

　　缘分让我们相聚,成长又使我们别离。小学毕业后,朱志荣到秦栏街上读初中,后来又去了仁和中学读高中,我则留在乡下胜利中学读初中,彼此交集少了。1979 年,恢复高考的第三年,他考取了安徽师范大学中文系,这在当时可是一个震惊当地城乡的大事。再后来,他读了硕士、博士,做了博士后,工作地点从滁州到芜湖、苏州,再到国际大都市上海。

他的高中同学曹生琴曾向我谈起对他的印象,开玩笑地说:那时的朱志荣是个"书呆子"(用功),还是个"左撇子"(聪明)。在一起读书,同学玩耍时他常捧着一本《汉语成语辞典》在一旁默记。功夫不负有心人,这个"书呆子""左撇子"在学业上一路"高歌猛进",成为了专业领域的专家、教授和博导。在我看来,说他是我们同代人中的骄者、领域中的翘楚,并不为过。

我不是做学问的料,但知道学术不易。志荣先生治学严谨,精益求精。他是领域里的权威,更是我的挚友。他曾对我感叹:"我起点低,小时候读书条件差,自己努力也不够,基础不太好……"说心里话,他已经够努力了,够优秀了,但仍常自省自警自励,自寻不足,特别对自己英文水平不够感到非常遗憾。他曾和我这样说:"小时候、年轻的时候英语不够用功,现在没有本事用英文写书,只好请别人把专著翻译成英语、德语、俄语、法语和韩语等。人家到欧美大学可以直接用英语讲课,我只能用事先准备好的英文讲稿。"学者如此感叹,印证了"学无止境"。对我而言,人已虽老,有兄为鉴,仍须"活到老,学到老"。

致敬兄长

最近在网络上看到一段话:就算很久没联系,见面也丝毫不会尴尬。有事有空就联系,没空就人间蒸发,不需要维系,但足够好,各自成长却不会散场。此所谓"放养式友谊"。

我和志荣之间差不多就是"放养式友谊",我们相识几十年,不常联系,但彼此关注。他常发朋友圈,有学术领域里的思考和建议,足见其研究造诣和谦逊;有教学领域里的求索和感悟,足见其严谨和执着;有生活领域里的嬉笑和自嘲,足见其乐观和温暖。看到他晒在微信朋友圈上国外讲课的照片,我忍不住点赞,并附上一句"朱教授又出国了?"落墨瞬间,情触心田。此所谓情谊不知所起,逐时光而深。

我和志荣的点点滴滴,看起来淡墨无彩,但彼此暖润无声,特别是当需要对方关切时,总是在第一时间得到热情回应。四年前,我儿子从国外留学回来,我向志荣发出请求,请他帮忙在上海联系工作。他在收到我的信息后,尽力用心利用自己的人脉和影响力,当晚就多方联系国泰、君安等单位,把有关入籍上海户口、岗位安排、工资收入等方面的情况摸得清清楚楚,再逐一向我说明,让我甚是感动。后来,我儿子入户上海工作了,又面对找对象的事,我再次向志荣先生求援,他又立马主动帮我联系朋友,甚至发动他的硕士生、博士生推荐,连夜发来姑娘的照片和情况简介。他对所托之事完成得如此高效和认真,让我夫人事后多次感叹和感激。这是朋友之情,更是兄长之情。它无需多言,它有求必应,它温暖可敬。致敬兄长!

志荣伯伯童年二、三事

郑　媛

志荣伯伯和我父亲都是"60后"，同生于皖东小镇秦栏。他长我父亲两岁，二人从小学时代就很要好。因其在家里排行老二，又与老大同属牛，他小时候就被唤作二牛。二牛家原本住在秦栏街上，他父亲在上海工作，母亲在供销社上班，并被安排到当时秦栏公社下面的胜利大队的供销店，卖些油盐酱醋和生活用品。他上小学时，由于和弟弟无人照料，只能跟随母亲住到乡下。二牛也就来到大队里的小学读书，并由此和我父亲成为了玩伴。

小二牛就有大学梦

那是70年代初，正是文化大革命时期，大街小巷流行的是《红灯记》《沙家浜》等样板戏，人们口中喊着"批林批孔""打倒＊＊＊、＊＊＊"的口号，搞破四旧、开批斗会、写大字报……志荣伯伯和我的父亲就是在十年浩劫的动荡背景下度过了他们的童年。

当时，知识分子被冠以"臭老九"的蔑称。从政府到寻常百姓，人们铆足了劲儿搞文革，无暇关注下一代的文化教育，中国农村教育资源奇缺。志荣伯伯来到胜利大队黄庄小学时，学校条件极其艰苦。说是小学，不过是在一个农家的连体房里摆上桌椅和黑板，请来稍有文化的回乡青年当老师，开设起的复式班。教室光线昏暗，通风条件很差，泥巴地面高低不平，还有老鼠洞。学生的课桌是从家里带来的窄窄的大板凳，坐的是矮矮的小板凳。夏天，因空气流通不畅，老师便动员学生摘栀子花插在瓶中，以消汗味。冬天，室内无取暖设施，学生衣衫单薄，加之上课时蜷坐着不动，双脚常被冻得发麻，甚至不能动弹。一下课，男女同学便蜂拥沿着墙一字排开，从两头往中间挤，挤得中间的同学嗷嗷叫，号称"挤油渣"，以之取暖。所谓"复式班"，就是让不同年级的学生在同一个教室里上课，学生们按年级分列排座位，共用一块黑板，共听一个老师讲课。当某个年级上课时，老师就布置其他年级的同学做作业。这样一来，难免有些顽皮的学生会在其他年级上课时捣乱，课堂秩序都难以保障，教学质量可想而知。

虽然条件艰苦，志荣伯伯的学习热情却丝毫不减。小学时的他就特别喜欢读书和思考。除了学好课文外，他经常在课外自学一些知识，上课时拿来和老师探讨。他提的许多问题在当时看来有些古怪，常常深奥得连老师都不好回答，小二牛也难免因此受到同学和老师的揶揄。但这并没有影响到他求学的热情，他还是一如既往地勤学好问。

他很喜欢和小伙伴们谈人生、谈理想。在父亲的记忆中，童年的二牛就颇有学者风范，他的见识远广于同龄人，对问题也有独到的见解，闲暇时常给大家讲学习、做人的道理，说名人的事迹。他说起话来头头是道，且富有激情，常常让小伙伴们听得出神。

在与小伙伴们的闲聊中，他还谈起自己的理想是将来考大学，成为学识渊博的大学生。这个想法在当时无异于天方夜谭，大学生在那个年代可谓凤毛麟角，胜利大队的孩子们从出生以来就没见过大学生，大队的最高知识分子是个连师范都没读完的回乡当老师的青年。因此，在孩子们的脑海中，谁要是敢说想考大学，那就是在吹牛皮！可想而知，二牛的理想并不被小伙伴们理解，甚至遭到大家的嘲笑。然而，多年过去，志荣伯伯不仅实现了儿时的梦想，还成为了培养顶尖学者的博士生导师。每每回忆起少年志荣的大学梦，父亲都不禁赞叹其志存高远、脚踏实地、执着追求、矢志不渝的精神。

"刀架在脖子上我都不说！"

志荣伯伯小时候身体瘦削，乡亲们都戏说他的身板"风一刮就倒"。但他的性情却如"二牛"这个名字，十分倔强。处事灵活的弟弟三牛常与他产生分歧，但又拿哥哥的犟脾气没办法，就给他起了外号，叫"二犟子"。

那时学校旁边有一户袁姓人家，院子里种了许多梨树和杏树，与学校仅一墙之隔。在那个物质匮乏的年代，袁家当然舍不得学生们摘果子，于是就对院子严加看管。每当杏子成熟的季节，孩子们天天闻着果香，瞅着院子里黄橙橙的杏子，馋得直流口水，却吃不上。于是，大家商量着要给小气的袁家来个"恶作剧"。一天放学时，小伙伴们走到袁家院子的侧边，那里没有围墙，仅有一道河沟相隔。大家捡起田里的土块、砖头、瓦片，喊"一、二、三，开炮！"一起雨点似地把它们掷向河沟对岸的杏树，杏子被砸落了一地，院子一片狼藉。

志荣伯伯也参加了这次"战役"，但他并非主谋。袁家人到学校告状，老师随即在班里展开了调查。可能是出于欺生，几个孩子将目光一致投向了唯一的街上人——朱志荣。老师让他罚站，并"勒令"他供出带头人和所有的肇事者。志荣伯伯自知被人孤立，但依然不愿意"出卖"大家。面对老师的责难，他义正言辞地说："刀架在脖子上我都不说！我绝不学王连举！不做革命的叛徒！"（王连举是《红灯记》中的著名反面角色，原为中共秘密党员，后来叛变投敌，向日本人供出了共产党的地下组织，导致多名地下党员被害。）

此话一出，老师也一时没辙，而小伙伴们更是对这个平日里的"二犟子"刮目相看，都佩服他有骨气、讲义气。

为师的潜质

作为街上来的孩子，志荣伯伯拥有一些农村孩子见都没见过的新奇玩意儿，但他并没有因此看不起人，而是很慷慨地和伙伴们分享他的"财富"。那时，书本在农村可是个稀奇物品，许多人家房子翻个底朝天都找不出一本书来，而志荣伯伯家中有许多小人书，他常给大家讲书中的故事，还会把书借给农村小伙伴们看。胜利大队的许多孩子对《钢铁是怎样炼成的》《小英雄雨来》《鸡毛信》《小兵张嘎》《地雷战》《地道战》等故事耳熟能详，这都要归功于小二牛。

我父亲也深受志荣伯伯的影响，他在志荣伯伯家中第一次见到了高尔基的三部曲——《童年》《在人间》和《我的大学》，在志荣伯伯的详细介绍下，一下子就被吸引了。他将这三本书借回家，一有空就看，甚至在烧锅时也要借着灶内的火光读上几页，常常把稀饭烧的溢满锅台，多次挨我爹爹、奶奶的骂。父亲回忆说，志荣伯伯是对他这一生求学之路影响最深远的人，他对文学的最初兴趣就来源于志荣伯伯的小人书，而他后来读高中选择文科，到大学读汉语言文学专业，也都是受到志荣伯伯的感染。

志荣伯伯还会带小伙伴们到街上的家里去玩，教像父亲这样的农村孩子们如何刷牙（那时农村卫生条件差，孩子们从来不刷牙，更不知怎样正确刷牙）、如何维持个人卫生，鼓励小伙伴们好好读书，向中国名人、世界名人们学习，做一个有出息的人等等，俨然一个小小老师。现在父亲还常开玩笑说，也许正是这喜为人师的特质让他日后选择了教授这个职业吧！

到了四年级，乡村小学已经无法满足志荣伯伯的求知理想，他就转到了街上的小学。但是,他和父亲的联系并未就此中断。1977年他到仁和中学读高中,次年父亲也考入仁和中学;1979年他高考进入安徽师范大学中文系,次年父亲也高考进入安徽省商业学校,同在芜湖。1982年父亲到滁州烟草分公司工作,1983年志荣伯伯也来到滁州中学担任语文教师。父亲想参加成人自学考试,报考汉语言文学专业,志荣伯伯得知后,主动提出辅导父亲。于是每天下班后,两人就在志荣伯伯的宿舍碰面,他耐心地给父亲讲解中国古代汉语、中国现代汉语、文学概论、文学史等等课程,常常到深夜。后来,父亲考入安徽大学汉语言文学专业,志荣伯伯也离开滁州读研读博。

今年元旦,父亲来上海,志荣伯伯得知后,带着好酒,赶了一个多小时的路,前来与父亲叙旧。两个年过半百的人谈起儿时生活,竟笑得像孩子般快活。是的,童年记忆,绚烂多彩;童年的歌,悦耳动听。愿昨日童年伙伴的欢声笑语在记忆中永恒。衷心祝福他们能共同追求更加灿烂的未来,拥有更加幸福美好的明天!

回忆朱志荣老师

杨　霆

　　朱志荣老师在我朋友圈里的出镜率几乎可以说是最高的,这让我很难对他的存在无动于衷! 但我对他的频繁出现并不厌烦,因为他所发的朋友圈基本都是他专业研究,而非无聊的个人秀! 今日无事,忽然回忆起一些朱老师的往事。

　　我是一九八三年进入初中,那也是朱老师大学毕业工作的头一年! 我们是新生,他也是新手。十二三岁的学生稚气未脱,面对我们的顽劣,朱老师常常无计可施! 他终究是个做学问的人。有次语文课,我们又惹他生气,他停止了讲课,背对我们沉默不语,肩膀上下抽动着,显然在哽咽。下课铃响了,他左手向着门的方向挥了挥,示意下课。一时之间,我们竟没人敢出大门。那情那景,颇有几分都德的《最后一课》的意味。只是没有那份悲壮,倒多了几分滑稽!

　　朱老师的专业是美学,初中语文不是他的兴趣所在,想必私下内心是崩溃的。有一回,学校不知何故,莫名其妙地安排了一次审美讲座,这下朱老师可有了过瘾的机会。阶梯教室里坐满了懵懵懂懂不知所措被赶来的初中生,朱老师昂扬地上了台。我至今还记得他意气风发的高亢语调:"美有多种形式,既有小桥流水古道西风的柔美,也有飞流直下三千尺的壮美"……他自顾自地滔滔不绝,而台下说笑打闹早已乱成一片。

众所周知,朱老师个人生活潦草随性,工作却是认真严谨。一次朱老师承担了一节公开课的任务,作为初登讲台的菜鸟,紧张是自然的。为了保险起见,前一天晚上,他把班级里包括我在内的几个同事子女叫到教室,提前一招一式地进行预演,反复折腾了好久才散去。第二日的公开课上得如何,此刻我已毫无印象。但朱老师的认真至今记忆犹新。

然而做个中学语文老师终非他之所愿,在美学研究的道路上精耕细作,大展鸿图才是他志之所在!终于,几年后,朱老师调离了中学,去做了他热爱的事情,如今已是赫赫有名的长江学者,美学界著名专家。

怀念朱志荣老师

程　静

得遇志荣吾师，是在八十年代初的滁州中学。吾师甫从师大毕业，吾辈亦刚离开小学升入初中。一场美丽的相遇，得之，吾辈幸也。

彼时，吾师身材瘦削，戴着眼镜，走起路来一颠一颠的，还未脱学生气的天真。吾师少年得志，才华横溢，然初登讲台，亦难免有慌乱脸红之时。可正是吾师不加掩饰的真实态度，让初入陌生校园的吾辈，紧张不安的情绪遁去，即刻生出亲切之感。渐入佳境的吾师，身上满满书生意气古文人风范：读到好文章摇头晃脑地自我陶醉，动情处手舞足蹈一喜一悲，刷刷笔灰落尽黑板上龙飞凤舞……正是在吾师那不甚标准的普通话吟诵中，我第一次去品味古汉语的韵律之美。

吾师外表随和，内心骄傲。初为人师，一腔热情，踌躇满志。因而对每个学生同等的关爱，老师挨个家访谈心；怀着对学问的真心热爱，倾囊以授；更希望我们全面发展，在年级里不输同辈。每每校内活动，吾师必亲自组织策划，以无限热情积极投入，跟我们一起得意开怀，失意懊恼，是吾师性格中最可爱的真实赤诚。记得那次年级女生排球赛，吾师身兼领队，教练，陪练，后勤数职，指点，示范，捡球，为每个好球欢呼，为每个失误叹气，不亦乐乎！一次关键的赛前训练，我不在状态，老师难免着急上火，我又一贯骄傲爱面子的，当即委屈地眼圈红了，赌气把球摔在老师面前："那你来吧，我不打了！"惊得老师脸红脖粗,鼓着嘴无奈地看着我扬长而去。而第二天,老师仍就高高兴兴地来陪练,依然又跑又跳,又笑又叫……那一幕幕,至今恍如昨日般鲜活。

吾师当时一边教学,一边自己还刻苦研究美学。因为崇拜老师,我也曾装模作样借了黑格尔,弗洛伊德等的书来翻阅,然宛若天书,遂死心撂开。也正是那时受老师影响,囫囵吞枣地读了很多中外名著,受益终身。当然吾师更能学以致用,在生活中实践他对美和美学的孜孜以求。

人生若只如初见。

老师虽很快就离开我们去继续深造,然而我们那些怀揣同样兴奋憧憬紧张的一起走过的日子,不可或忘。即便后来吾师在大学讲堂挥斥方遒,那处子秀的脸红青涩,依然是无可复制的珍贵吧?

80年代的校园,是吾辈乃至整个国家最美好的一段时光,谨以此粗陋小文记之。感谢吾师!

忆朱志荣老师

周　琛

在我初一的时候,朱老师教我们语文,还兼任我们的班主任。朱老师瘦瘦的身体像竹竿,撑着宽大的衣服,戴着眼镜,顶着一头乱发,整个一个不修边幅的文弱书生模样,说起话来滔滔不绝,爱谈理想和抱负。可是我们这群十二岁的少年,尽管只比朱老师小十岁,却完全不能体会朱老师的思想境界。印象中的朱老师很勤奋好学,而我们对他常谈的文学美学是似懂非懂。

朱老师是一位非常敬业的老师,去过很多同学家里进行家访,了解每个同学的家庭情况、生活情况和学习情况,努力从各个方面了解学生,关心学生的学习和成长。在一个周日,他突然来到我家。我很惊讶,因为老师一般都是到成绩特别好的或是特别差的学生家里家访的,而我不属于这两类学生。家访时,我很局促地坐在一边。老师对我父母怎么评价我的,我倒是忘了,只记得老师聊了很多对教育的抱负,对我们寄予的希望和远大的理想,印象最深的就是老师说的"我的初衷是和学生们打成一片,成为朋友"。

事实上老师也是这么做的:课堂上让我们积极讨论,自由发挥,是开放式的教育。可惜当时的一中不允许看起来如此自由散漫的教育方式的存在,努力打压,换了很严厉的班主任。现在想来,朱老师当年应该是在进行新的教育模式的探索,只可惜太超前了,不被那个时代所允许。现在西方的教育就是推崇课堂自由讨论,让学生发表自己的见解。这么多年过去,我们国家的教育方式一直没变,或许也应有所改革了。当年朱老师的教育方向并没有错,只是没有形成一套完整的体系,对学生没有实行相应的制约条例,没有给学生定规矩,定惩罚,这才会有后来课堂纪律差的问题。当然,换了班主任后,我们快乐的学校生活结束了,从此以后在新班主任的严厉约束下,开始了拘束小心的学校生活。说实话,我们当年少不更事,不能体会到朱老师深层的用意,只是被动的接受,没有和老师的教育进行互动。我现在只能为我们当年的幼稚说一声:"老师,抱歉!"今天我们已经40多岁,为人父母了,也在为自己子女的教育而操心,也在寻找更好的教育方式,为了让子女摆脱中国填鸭式的约束个人思维的教育方式。我只能让孩子上国际高中,去美国上大学。这是我目前唯一能做的。

朱老师当年对我们的教育方式是对的,只是遗憾的是——这个肯定迟到了二十九年!

老 班

李 玮

今年四月初，初中同学在微信建了一个群，于是失散多年的老同学们就像被磁场吸引，慢慢聚集，群里渐渐热闹起来了。忽然发现朱志荣老师也在群里的时候，我很是惊讶：朱老师！我们初一时的"老班"。

时光荏苒，生活和工作的忙碌似乎让我没有太多时间去回忆过往，好像把"老班"淡忘了，很少能想起我还有这样一位老师，真的罪过。当我搜索老师的资料之后才了解到我们当年的"老班"现在已是华师大中文系教授、博导，国内知名的学者。钦佩之余，我更觉得，于他而言，做我们班主任的这短短一年时光应该也只是他多年求学、从教生涯中一朵小的不能再小的浪花吧。可让我更惊讶的是，交谈之中，朱老师居然不仅能准确说出每个人的姓名，甚至连当年我们家住在哪里，谁的父母在哪里工作他也说的基本正确。而我一遍一遍对着毕业照和名单，听着同学们的聊天，才慢慢想起许多尘封的往事。

1983年朱老师从安徽师范大学中文系毕业，分配到滁州中学任教，担任我们初一（3）班的语文老师和班主任。记忆中那时的朱老师很瘦，带着副眼镜，很文弱的感觉，下巴上常常留着稀稀拉拉的胡子，衣着随性，思维敏捷，酷爱看书，语文课上带我们读课文时喜欢摇头晃脑自我陶醉，在同学们心中俨然就是一个现代夫子。

现在想来那时的他应该就已经开始为今后的美学研究做准备了。记得他在学校做过的一个讲座,海报上宣传的讲座题目就叫"美学 ABC",我们没有机会去听,也不知道那 ABC 的内容是什么,但按照我当时对"美学"的狭义理解,就偷偷在心里纳闷,这个看起来不修边幅,甚至有时还有点邋遢的"老班"还能给别人讲美学?

刚任教的"老班"虽然不像一些老教师那样经验丰富,但是他有一腔热情,对我们也非常负责。那时不少同学中午在学校吃饭,吃完饭后就在操场和教室内外疯玩,下午的课上常常会抵挡不住困意,迷迷糊糊地打瞌睡。老师无奈,只得放弃午休,在教室里一边备课一边或看管我们休息,或陪我们自习。他还经常在晚上挨个到同学家里家访,这恐怕就是除了记忆力超群的因素之外,他不仅记得我们的名字和住址,还能记得我们父母的缘故了。

当年,我在班里年龄最小,个头也最小,是个胆小内向的小女孩。印象很深的是有一晚,我家住的军分区大院停电,老师突然到访,在烛光中和父母聊天。我心里很忐忑,闷着头一句话也没敢说。没多久,学校举行纪念毛泽东诞辰的演讲比赛,没想到在班里报名的同学中,老师决定让我代表班级去参加比赛。不过很遗憾也很惭愧,那是我第一次参加类似的比赛,没有任何经验,中间忘记了一段稿子,我立马紧张起来,囧得几乎就要放弃。但一眼看见坐在阶梯教室倒数第二排的"老班"正平静地看着我,于是硬着头皮坚持磕磕巴巴地讲完,结果可想而知。但老师让我参加比赛给我的信心,以及那一次尝试的经历,对我来说要比名次珍贵得多。多年后,每当我在工作之余主持单位活动也好,参加演讲比赛也好,为创建国家园林城市做解说也好……我总会不由自主的想起那个第一次,想起我的"老班"。

老班当年其实也就比我们大十岁左右,可是他认为他是成年人,而我们还只是孩子。所以对同学们的顽劣苦口婆心地教导之外,老班更多的是包容,而因此常常被一些淘气的同学们"欺负"。大家印象最深的是有一次语文课,因为课堂纪律不好,老师气极,委屈得哽咽,连忙转身面朝黑板,背对我们挥手宣布下课。那一刻,喧闹的课堂猛然寂静,大家面面相觑不知如何收场。年幼的我们并不知道那段时间因为我们班的课堂纪律问题,老师正承受着来自校方和家长的压力。不久之后,朱老师就考研离开了我们。一位同学说,他一回忆起这堂课,就会想起都德的《最后一课》里那个法语老师宣布下课的场景,心中满是后悔和歉意!

有人形容老师是红烛,有人说感恩是人生的大智慧。打开少时记忆之门,很多事慢慢变得清晰明亮,仿佛重新回到了那段美好的时光。朱老师第一次到我家家访时,恰遇烛光,真是美好的巧合。作为一个地地道道的外行人,我觉得"老班"今日研究的美学思想似阳春白雪,而看到"老班"以如今的身份,却依旧在群里跟学生们聊得热火朝天,毫无违和之感,偶尔还在我们的微信留言、点赞,如此接地气,反倒更觉可爱,也愈发怀念那段有"老班"护航的年少时光。感谢老班!

我的美学老师

李晓美

　　随着手机"叮"的一响,来了一条微信,那是许久未联系的朱老师发来的一段视频。视频里,一个学生不认真听课,还骚扰同学,严重影响了教学秩序,女教师点名批评他。谁知他拾起一把扫帚,指着老师破口大骂,语言极不文明。意思是你再批评我,我就揍扁你,那姿势仿佛要把老师吃了。

　　这是发生在某个初中班级里的事。我很同情那位女教师,在工作中必须面对这样的学生,感觉十分危险。我教的是高中,且算重点,学生的素质相对较好,一般不会发生这种事情。朱老师只知道我在中学任教,不知道我教的是高中,发来这个视频应该是为了提醒我注意保护自己。我心中充满感动,立即回复:我会好好保护自己的,谢谢老师! 这一刻,窗外星光可见,记忆中的画面清晰重演。

　　朱老师是我在苏州大学读本科时的美学选修课老师,全名朱志荣。不过,将朱老师和"美"挂钩,总觉得有点滑稽。女大学生的眼里,一个教美学的教授总应该是俊美儒雅,清新脱俗的。朱老师让我们大跌眼镜,他和"大学教授""美学"这种词语似乎不沾边。他中等个子,中等颜值。关键是穿着,夏天,半旧的白衬衣胡乱塞在裤子里,衣袖和门襟上不规则的分布着一些圆珠笔油和钢笔墨水痕,一副随意模样。春秋,加件旧风衣。冬天,旧毛衣外面套一件旧羽绒服。一个季节里,他仿佛从来都不换衣服。天哪,这居然是美学教授,我们都不敢相信。

有一天,朱老师推门进来,全班哄堂大笑。他被我们笑蒙了,举起公文包一脸狐疑地原地转了个圈,还是没明白我们在笑什么。有同学在下面大声喊:"衣服扣子,老师,衣服扣子!"他这才发现自己的衬衣扣子系乱了,将第一粒扣子系在了第二个孔里,然后从上到下,一路错到底。然后,他就在讲台前,背过身,把衣服扣子全都解开,再重新扣好,转过身来红着脸喊:"上课!"那憨憨的样子又引得我们哄堂大笑。

冬季的某一天,朱老师居然穿了件新羽绒服来上课,衣服有点大,手从衣袖里伸出来,很艰难的样子。这可是件新鲜事,我们都很好奇的盯着他看。朱老师发现了我们的眼神,腼腆地解释道:"再不买件新衣服,都进不了校门了。昨天就被新来的门卫拦在外面,把我当成流浪汉之类的盘问了半天才让我进来,上课差点迟到。没办法,今天上班前只好到店里随便买了件来穿。"我们照例又是哄堂大笑,但丝毫不含恶意。朱老师说:衣服嘛,蔽体而已。在他的哲学里,衣服与美仿佛没什么关系,我们也已经习惯了。

但朱老师的美学课却上得很好。他学识渊博,幽默风趣,深入浅出,把原本很抽象的概念讲得清楚明白,又能引人思考,催人回味。我们对美学这门课的兴趣就这样被朱老师激发出来。其他的课上,有旷课的,有让人代喊到的,有上课睡觉的、看闲书的,写信的,但朱老师的美学课上却从没有这些事。我们都早早的来抢座位,认真地听讲,积极地交流谈论,仔细地做好笔记,完成好作业。课外我们还去补看了很多美学方面的著作,甚至是与美学相关的其他学科的著作。现在想来,那些书原本很是枯燥、晦涩,也不知当时自己是如何啃下来的。朱老师也并没有强令我们看这些。后来我在课堂上跟我的学生吹嘘这些书本里的知识的时候,看着他们一脸崇拜的样子,就会想起我的朱老师。

在大三时，我准备考研。出于对美学的喜爱，又加上朱老师毕业于复旦大学，我准备报考复旦大学的美学专业。虽说我信誓旦旦说要考，但要看哪些书，书从哪里来，要做哪些准备，我却一筹莫展。舍友们各有各的奋斗目标，各有各的逐日安排，我也不便打扰。我心中一时充满焦虑。

宿舍外忽然传来敲门声，我打开门一看，门口站着的居然是朱老师。她一身旧装，手上拎着一个大蛇皮袋，沉沉的。他把我叫出门外，把袋子推给我，说："考研要用的书，都给你拿来了，有我自己的，有图书馆里借的，保管好，不可弄丢了。朱光潜的《西方美学史》可以先看起来。有不懂的地方随时来找我。"我愣在那里，不知道说什么来感谢他。怎么会有这样好的老师，这么重的一大袋书，从他家里，一本本找出来，从学校图书馆一本本借出来，再亲自给我送过来。我是谁？我只不过是他的一个普通不过的学生！朱老师见我这样，笑着说："别愣着了，拿进去吧，好好准备！""嗯嗯嗯，谢谢……谢谢老师……谢谢！"我语无伦次。朱老师轻松地走了，我却久久不能平静。

复习紧张而又充实，我一般会把疑问标注好，整理出来，去找朱老师解答，他总是不厌其烦，耐心辅导。我不自信，他给我鼓励；我轻敌，他泼我冷水。有朱老师在，我觉得自己有了最坚强的后盾。

终于考结束了。我准备第二天就把书还回去。没想到当晚朱老师就来要书了，依旧带着上次那只蛇皮袋。他笑着说，你下一届的师弟等着用呢。我说："哪敢劳烦您来取，我送，我送。"他笑着说："你一个女孩子，搬得动？我来吧。"我确实搬不动，只好看着老师像个搬运工一样扛着蛇皮袋走了。

考研分数出来了，专业考得很好，政治也可以，只可惜栽在了英语上。轻易就过了英语六级的我，因为太过自信，在英语上花时太少，结果考砸了，少考了 6 分，全盘皆输。难过之余，我更觉得对不起朱老师，他为我付出了那么多，他对我寄予厚望，我却辜负了他。而机会本就只有一次，由于经济原因，家人不可能让我再考一次。这之后我不敢再见朱老师了，我看见他绕着走。美学课早已结束，接着是忙碌的实习与找工作，我可以见不到他的。我真的没有再见过他。

毕业后我回到家乡，当了一名高中语文教师。第一个教师节，当我的学生跟我说"教师节快乐"时，朱老师一下子就从我的记忆里跳出来，我一个人躲在宿舍里哭了一场。然后电话预订了一束鲜花，快递给朱老师，以表我未忘师恩。

后来朱老师出书了，给我寄了两本，附信希望我再考研究生。我知道，老师还在为我感到可惜，他希望我有更好的发展，希望我过得更好。可这时我已结婚生子，丈夫是个军人，我一个人带孩子，考研已再无可能。但我当如何报答师恩？就让我做个像他这样的老师吧。学识与成就肯定达不到朱老师的水平，就学学他如何教书，如何对待自己的学生。我这样想。

于是我努力提高自身教学水平，争取上好每一节课。学生有困难时，我主动相助，从来不求回报。高中的教学生态尚不理想，日常生活五味杂陈。丑隔三差五可见，但美也总会不期而遇。我把美育融入日常教学，让我的学生知美、懂美，提高审美力，主动追求真、善、美。美能澄澈人的眼睛，涤荡人的心灵，美学的"美"字，也可以和长相穿着没有关系，我和我的学生如是说。

每一届高三送结束，许多学生填报志愿时，坚决要填师范，说要做像我这样的老师。而每每这时候，我就想起了我的朱老师。而我的朱老师在跟我的师妹联系的时候，还在自责当年没帮上我更多；在看到有中学生伤害老师时担心我的安危。师生之间的情谊，原来还可以是这种样的。思之感动。

敬爱的朱老师，您在课堂上教人赏美，赏美人在台下赏您。星空下，明月高悬。我倚在窗边，看到了最美的风景。

我的老师朱志荣

阚建琴

前两天大学同学群里忽然热闹起来，一下子几百条信息。原来是应海燕同学之请，大家热烈回忆起读本科期间对朱老师的印象。

在我所有的大学老师中，朱老师给我的印象最为深刻。他是个很有学问的"平民"教授，是苏大很多好老师中的一员，学问高、性情真，不拘小节，率性自然。

记得05年左右开始上苏教版新教材，每次教汪曾祺的《金岳霖先生》，读到西南联大那么多教授的治学以及趣事，感受到他们的可敬可亲的时候，我总是会想到我的美学老师朱志荣先生。终于，有一次在教学生如何进行细节描写的时候，忍不住出手，写了写我们的学问高深、风趣幽默、不修边幅的朱老师。写完后还颇为自得，可惜十几年来，电脑更新换代几次，以至未能保留，苦苦搜寻无果，甚是遗憾……

今晚再忆朱老师，在记忆中他还是那个瘦瘦高高、戴着眼镜的斯文读书人模样，只是好像穿着打扮总是会引来女同学们没有恶意的轻笑以及无伤大雅的点评。朱老师真是太不修边幅了！但他好像完全不在意这些，他总是很容易沉浸在他的美学世界里：水中盐、蜜中花，无痕有味……

朱老师在给我们授课期间最著名的一次"事件"大概就是"抠伤

疤"了,这是让所有同学都难忘的一件趣事,它奇妙地一下子就把所有或分离二十多载或不甚相熟的同学们给聚到一起,仿佛还是九几年那个朝气蓬勃的课堂……大家不约而同想起朱老师有一次给我们上课,讲着讲着忽然就停下来了,然后跟我们说腿上有个疤太痒了,要抠一会,结果抠出血来了……据说是我们的美女班长朱茵同学借了一包餐巾纸给他,简单处理之后,朱老师若无其事地继续他的"一叶一菩提,一沙一世界",好像什么都不能阻碍他对美学课堂的热爱。

朱老师教我们美学。他总会把自己的讲义装订好了发给我们,这样我们上课就不用累死累活地抄笔记了。每个同学都意外地发现,讲义封面上有用铅笔工工整整写下的"朱志荣"三个字。我们从没收到过这样的讲义,一时议论纷纷。朱老师笑着解释说:"说不定以后我成名了,这个签名讲义就有价值了。如果大家不喜欢,可以擦掉,我用铅笔写的。"

朱老师这样说并非狂妄。有一次我在图书馆自修室看书,他就坐在我对面写着什么。教授一般是不会和学生坐在同一个自修室里看书写文章的。而他告诉我他在准备博士后论文。朱老师师承美学专家、复旦的蒋孔阳大师。蒋孔阳,这是个在美学界大名鼎鼎的名字,我等无名小辈也是久仰的。既然老师的老师是大人物,我总觉得我们的朱老师在将来也肯定会有所成就,成为一个有影响力的专家学者。这份讲义好几个同学还保存着。不管朱老师是否出名,这都会是一份最珍贵的记忆,关于一场青春的相聚,关于一堂深奥的美学,关于一位真诚的老师……

美学课结束后朱老师不再教我们了,但我还是常常能在阅览室碰到朱老师。大三还是大四那年,我迷上了人物传记:康德传、蒋介石传、陈香梅传……我每天坐在图书馆阅览室,经常能看到朱老师埋头写作的身影:一堆书、一支笔,几份稿子,孜孜不倦于他的博士后论文。有一次在食堂吃饭,记得他拿了两个大盆子,说是要多打点菜,同学要来苏大看他。我还心想怎么不请同学去饭店吃？这朱老师也太随意了！后来才知道，老师在食堂打菜请同学吃饭是不想浪费时间，他把几乎所有时间都留给了论文写作。他在生活上总是这样随意，而在学术研究上总是那样认真！

听说朱教授现在是长江学者，也已不再在苏大任教。但我想苏大的学妹们应该也还记得有这样一位治学勤勉、学问深广，却平易近人得好像一位"老顽童"的教授？有一次在阅览室看书，我正好跟朱老师坐同一个桌子，旁边来了两个小学妹，问他是否要吃薯片，并给了朱老师一袋。朱老师接过袋子就吃，边吃边写，还问我要不要吃。满脸尴尬的我只能感叹老师太平易近人了，仿佛他就只是一个一同学习的学长而已，你半点感觉不到老师的架子，他是那样可亲可近。

其实关于朱老师的故事还有很多，但二十几年过去，很多语焉不详，更多的只能留在美好的大学生活里。虽然我也想来一句"先生之风，山高水长"，但囿于水平，就平实记录心目中一位有特色"有故事"有水平的老师了。其实接到岳峰同学和海燕同学"安排的任务"的时候，我是惴惴不安的，我衷心觉得这样的回忆文章应该是我们班级群里那么多赫赫有名的专家、学者他们来写，才能对得住朱教授的身份的。像我这样的籍籍无名之辈，恐难担此重任。但在他们的安慰和鼓励之下，转念一想，由我这无名小辈来写回忆文章，不正应和了朱老师的率性自然、平易近人吗？

从心所欲不逾矩

——我的老师朱志荣

陈艳萍

　　友人提了一个问题：你的人生中有无差一点就产生平行宇宙的重要事件？其实就是在问，什么人、什么事影响了你的过去，让你成为现在的你？人到中年，这样的人和事情不免会有几桩，有好有坏，坏的当时咬牙切齿，时间长了，淡漠成为记忆深处的模糊而有点厌恶的影子；但是好的就或会让人感激甚至庆幸，成为点缀在人生中的明亮颜色，不仅照亮当时的人生路，也给后来的人生带来光芒。朱志荣老师大概就是我人生向好的关键人之一，所以朱老师在我心中一直是一个大写的"师"的形象。

　　因为我本科是在苏州大学汉语言文学教育专业，人生的轨迹该是回到老家当个中学老师。未来大体已定，于是懒散的我不参加社团不谈恋爱不去学习只爱整日在校园闲逛，当时和当时认为的未来算是安逸无压力。而大三的美学课则让我走上了另外一条道路。

　　对朱老师的第一印象是：太率真了！上课的时候，朱老师仰面朝天，眉飞色舞的讲着"暮春者，春服既成，冠者五六人，童子六七人，浴乎沂，风乎舞雩，咏而归"，他似乎是对天空爱的深沉，总是望向远方，沉浸在自己的世界里面。我们时常怀疑大家要是都跑光了，是不是他也不会看到。当大家穿着秋末薄棉衣的时候，而朱老师却穿了件长长的羽绒服。这个故事的数个版本同学耳熟能详，大意是：朱老不修边幅的走到学校门口,保安拦住,曰:此大学也,无事民工勿入。朱老师愤而斥 300 多巨资买了件羽绒服,保安倒是不拦着了,但穿着薄棉服的我们担心他热坏了。

对朱老师的第二印象是:太热情了!有一天难得去图书馆逛,遇到朱老师,他跟我聊了半天,跟我说:"人生最好的境界是孔子的七十岁,'从心所欲不逾矩'。"我问:从心所欲是不是想做啥做啥?他说:"这是对自由的界定,人的自由和人生的宽广度结合。例如,你要像我一样,从安徽师大考到复旦,你的自由度可能就可以更多。"一席谈话之后,我当场表决心:我也要考复旦文艺美学研究生!说不定未来也就当上 CEO,迎娶高富帅,走上自由自在的人生巅峰了。了解我的同学们会觉得我又说了个笑话,更遑论这个专业 98 年全国只招 4 个人,那时候隔壁班的第一名女学霸也要考复旦文艺学,我这种大学从来没有拿过奖学金,恨不得有几门课还差点挂科的学渣——挂科在中文系其实也挺难得的——哪来的那么大脸跟全国人民,特别是隔壁班学霸争?但朱老师当了真,当下很激动,讲了 10 分钟表示一定会好好帮助我,当即他给我列出书单。之后他便开始敦促我的复习,见到我就会鼓励一番,随时抓着我问有没有好好学习天天向上。有阵子我看到他恨不得绕着走,真有一种事情叫骑虎难下,牛吹出去了,还有人当了真!我只好埋头学习,最后托赖隔壁学霸保送本校研究生,我居然考上了!

对朱老师的第三印象是:太客气了!进入了人生难得高光时刻的我——学渣的逆袭——非常感谢朱老师"逼"我考上了复旦硕士,拓宽了人生的各种可能性。毕业后又进入了即将红火二十年的房地产行业,在北上广腾挪。我很想向朱老师表达一些谢意,所以,有机会见到朱老师,我都会想请他吃个饭。然而,朱老师是那种:吃饭吃一半,假托上厕所,去把账结了回来的人。我用同样手法想去结账,他就会冲过来抢单,我几乎没有机会能抢到一次买单。后来我在上海上班的时候，朱老师在华师大教书，我去闵行看他，说好了我请他吃饭，结果，还是他请了我，并且还送了我书和礼物。我怀疑在朱老师观念里面，老师就是长辈，长辈就得付账，我一直觉得欠朱老师的饭似乎越来越多。

对朱老师的第四印象是：太认真了。我每次去看朱老师，他一直唠唠叨叨跟我讲他的学术规划，我恍惚觉得我在听报告，顿时肃然起敬，顺嘴说：朱老师，我读个你的博士吧。朱老师从眼镜框后面翻我一眼说：我的博士生，是要做学问的。好吧，我知道我被物欲横流的世界污染了，朱老师是代表月亮来消灭我的妄念的正道的光，让我不得不承认我就是想找个地方混混日子。这不符合朱老师风格，朱老师明显是严于律己，也严于律人——限于学术上。

经师易遇，人师难遇，朱老师是我遇到过的"人师"代表之一。我在地产圈混迹二十年，见识了各种各样的人，但其中不求回报、善良正直、善待每个人、要求自己的学生也正直善良好学的人很少，遇到了就是幸运。朱老师还没有到 70 岁，我想，他做的每件事情，应该都是他想做的。我很感谢，在我可塑造的年代，遇到了朱老师。谢谢。

记忆中的朱志荣老师

李 岚

朱志荣老师并没有当过我们的班主任或是辅导员,但他私底下与我们班同学的关系倒是都不错。所以,当我离开大学校园十多年,和大部分老师同学都联络不多的情况下,朱老师竟然还奇迹般地出现在我的 QQ 好友名单中!

朱老师是一个不按正常牌理出牌的人。朱老师的外貌不用我说了,大家都知道,显然不是高帅富。朱老师的个人魅力在于,他的平易近人、乐于助人,加上一颗年轻的心,和一点点幽默天分。接下来,让我们打开记忆的阀门,让思绪蔓延……

那是一堂西方哲学史课。朱老师正在讲台上诲人不倦,而我在台下已有些倦意(希望老师不要介意哦),而他接下来的一段话彻底赶跑了我的倦意,并奠定了以后很长一段时间内他在我心目中的形象:与那些学究的、偏激的、儒雅的、刻板的师长们所不同的,一个随性的、生活的、可爱的中年顽童形象。"我老婆那天去逛街,"朱老师说(一听老师谈到了他的老婆,竟还有逛街的事,我立马来劲了,认认真真地听下去)。"她逛了整整一下午,买了好几件衣服。现在的衣服啊……真是贵!她买了一件'稻草人'的衣服,花了 800 多块!"看着老师扼腕叹惜心痛不已的样子,我们都乐了。"不过还好,"老师话锋一转,颇有些沾沾自喜地说:"她在那家店里也给我买了一件!

喏……"他站到讲台外面,扯起身上那件宽宽大大的牛仔长外套,向我们展示:"就是这件! 也是'稻草人'的! ——才 80 块!"

打那以后,我对这个朱老师不那么敬畏了。后来,在布置毕业论文的时候,朱老师竟机缘巧合的成了我和范英豪同学的论文指导老师。我从小就是个胆小怯场的孩子,对老师更是敬若天神,唯恐自己太愚笨,招来一顿不屑与耻笑。不过,经过几次与朱老师的接触,逐渐打消了我的顾虑与怯意。老师脾气好的惊人,极少批评人(估计即使有不满,也放在自己肚内慢慢消化),而且总是能设身处地的站在对方立场上考虑问题。记得那时,老师给我布置任务,让我校对一部文稿,我当然义不容辞的接下来,还不知天高地厚地认为能帮老师的忙,其实那是个非常简单没有技术含量的活。任务完成后,老师竟硬要塞钱给我。现在想来,其实老师是知道我家境不好,想在经济上帮我,又怕伤我自尊,所以才用这个办法让我接受。老师的这份用心,我记住了。

发现老师更生活的一面,是那次我和范同学一起到老师家里汇报论文准备情况的时候。老师一见我们来了,赶忙把我们请到客厅,把家里的小吃拿出来给我们,并热情地要为我们泡茶。在我们受宠若惊的一迭声的"不用了"中,老师估计找不到茶叶在哪,于是他就改茶为奶,从冰箱里拿出鲜奶倒在一次性杯子中,并细心的发现牛奶太凉,于是放在微波炉中。在摆弄了一阵后,微波炉开动了。大约一两分钟后,打开微波炉,发现塑料杯已被烧滚的牛奶烫得不成杯形,牛奶也满溢到炉内,把好生生一个微波炉搞得不成样子。

在接下来的日子里,我的底气足了不少,因为我发现,原来老师也是和我一样,要吃要喝,要社交往来,要出洋相的一个真真实实的人。哈哈!

其实,老师给我印象最深刻的,是在后来那件事上。当年,在保送研究生的事上,因为我的不成熟,某些做法很欠妥,影响了别人的保研，甚至是文学院的声誉。当时，我自觉罪孽深重，内疚无比。这时，朱老师来找我了。我硬着头皮，准备挨一通暴风骤雨的训斥。在我做这个不成熟的决定之前，甚至没和作为我导师的朱老师通过气。我想，至少在这点上，老师一定十分失望和痛恨。可事实上，老师见了我，一句责备的话也没有，只是问了一下具体的情况和我的想法与打算。并且还表示，如果我需要他的帮助，可以随时去找他。这真太令我意外了。在当时百般困惑、倍感压力的情形下，得到这样一个强有力的支援声音，当真是雪中得炭！

毕业后，时不时传来老师出新书的消息，暗地里也为他加油喝彩。后来，终于百度到了老师的博客，发现了他的近照，觉得老师较之以往更添了几分学者的儒雅和光彩。十几年过去了，老师一点也不显老。但愿老师的学术、生活、一切就这样一直年轻下去！

翩翩公子朱先生

吴 宏

22年前,初见朱先生时,我是个刚考入苏州大学文学院新闻传播专业的大一新生。和所有同学一样称呼班主任朱老师。

在分宿舍军训前开大会,入学流程完成后,我们都好奇班主任是谁。信息渠道畅通的同学通报朱老师是个美学大师。以我之俗人观点,对美的理解,当然是感官幻想的。哦,那就是一个潇洒飘逸、风流倜傥、玉树临风的朱公子?要不"美学"也分古代和现代不同"审美观",那就是穿破洞牛仔裤、着开领花衬衫、有着半茬儿络腮胡、扎个马尾辫的文艺欧巴朱?到底是年轻,我肤浅了。入校第一天,进入宿舍关心同学起居的朱老师,戴黑框眼镜,有稀疏的略性感的胡子,着深蓝色衬衫,严肃而不苟言笑,面庞清瘦干净而端正,周身散发出了师者风范,正应了那句,腹有诗书气自华,依然是风度翩翩的博学多识的现代才子形象。这就是我们的班主任老师,朱先生。

朱老师虽然是带班班主任,但我们主修课程里没他的课,遗憾未能亲身感受到他的治学。往事模糊,但记忆尤深的是,第一年全校的运动会。在当年学校东区操场上,漫天海报和满场呐喊助威声中,文科班的体育并非强项,始终未雄起,"但赛场上的宣传气势不能落后啊。"同学把班主任的这个指示用的BP机传递给我时,通宵网吧游戏的我才从床铺上惊醒,我忘了我竟是个班干部宣传委员,要给赛场广播投上本班的口播宣传稿,因为这也是计分纳入班级荣誉的。匆忙赶到操场,在忐忑喘息中我看到了朱老师紧蹙的眉头,眼神中的焦急有一股不怒而威的严肃。幸而我最终获得了总分校第一的成绩,令朱老师眉开眼笑,他对我绝口未提一字批评,反是鼓励说"不负新闻专业的荣誉"。许久,我仍感怀这一场景,朱老师的风度教化,谦谦君子温润如玉,至今想起依旧如沐春风。

严肃,是我们对朱老师的固有印象。但幽默也时而有之。大学生自由奔放的性格,有时也会调皮到需要班主任教育。印象中,朱老师在每次班会时,经常以短促有力的字句正告,辅以苦口婆心提醒同学们注意事项。他每周都要进入宿舍关怀同学生活。也许我们男生习惯了一窝臭袜子的味道,久居其中不觉其臭。"这味儿你们受得了吗,受得了吗?"朱老师明显是憋着气息踏入了男生宿舍,"是不是没这个味儿你们连泡面吃着都不香",出门还回头关照"马上抽空把袜子都洗了"。走出几步,又回头说"我在走廊都闻得到,要不洒点花露水也行"。看着他一本正经的样子,我们一本不正经的笑了。在与同学的相处中,朱老师也努力的展现亲和力与大家沟通,有时候许多冷幽默,我们要慢三秒才 get 到幽默点,然后大家报以尴尬而不失礼貌的笑声:朱公子式冷幽默。

大一之后,我们都一直期望能选修到朱老师有关美学方面的课程。原因无外乎,爱美之心人皆有之,我们期望自己的审美观,对美的理解不会庸俗,能从感官知觉,上升到学识修为、艺术涵养、思想与灵魂的境界,可以让我们的格调从此与众不同。更主要的是,我们不知道这是哲学范畴,只要是自己班主任的选修课,能被照顾更容易拿到选修分。遗憾的是,大二的时候,朱老师作为交换教授去了韩国的大学任教。此后一直未有机会涉及他深耕的专业领域,连门槛都没摸着。即使如此,直至毕业后,如今的班级微信群里,朱老师的身影依然活跃着,我们也关注着他不断进阶的段位,让我们都有"曾师从朱志荣"引以为美的傲娇。班级群里同学们回忆往昔时遗漏的记忆片段,朱老师都会及时的补上,并且他的冷幽默依然存在,这是一位可爱的班主任。看着从百度百科里搜索到的朱老师近照,我依然认为,他还是当初的那个从未给我们深奥讲学却满腹学识才华横溢的朱公子,一点也没变。

虽未曾与朱先生围炉夜话思辨哲学人生,更不敢用浅薄言语高谈阔论人类心理的美丑观,也不刻意神话拔高我对朱老师的感性认知。这些,都不妨碍一个普通学生对他二十多年来,不忘初心的朴素的敬佩和景仰:翩翩公子朱先生。

吴宏　苏州大学一九九九级文学院新闻专业

2021.2.16

言有尽而意无穷

——记朱志荣老师的《沧浪诗话》讲读课

仲 要

选这门课前，我对《沧浪诗话》甚至是对诗一无所知，我对从九年义务制教育开始至今之外的诗世界没有任何系统的评价认识。或许像念中文系的莘莘学子一样，我曾经试着毫不顾格律，仿照那些口熟能详的古体诗写过不少"诗"，可那都像是孩童仰望星空的一种好奇的憧憬罢了。

我一直觉得诗歌如同《沧浪诗话》中所倡导的那样，"诗者，吟咏情性也"。选择这门课，就是想看看，一本诗话，在一个大学课堂上，会是怎样的光景。我曾一度认为，这样的课堂会很随意，或者换句话说，非常随性地就这么一学期过去。第一堂课上罢，我发现我低估了老师对待学术的认真程度，并且远远没有意识到，诗歌研究是门多么严肃的学科。

上课方法是传统的"原文，注释，再到译文"。阅读繁体字竖排版古著常常觉得如同食生肉，更不用提无人讲解。并非是著作原文之意晦涩难解，而是缺少一种气氛催动，让自己定心将字句细心咀嚼，然后有所领会。有老师带着逐字逐句读通读顺，用各种现实生活中的例子将诗话中评点时打的比方简易化，着实将品诗的文本难度降下，有了更多时间去着眼于诗话评点的诗本身去思考诗话的评点是否客观。一节课一个半小时时间，跟着老师阅读古书古注，执笔在书页边做做札记,无比符合我对这门讲读课的期许。

有趣的是,时常可以看见朱老师在课堂上对 PPT 上的解释提出质疑,有时是字词解释,有时是其他,并且他很少在课堂上真正去看 PPT 上的译文,更着重于自己去解释或是用实际事例去说明评点文本。PPT 一般是他的学生根据他此前讲课时记下的译文解释所作,我在课堂之后回过头再去看这些 PPT,发现译文确实存在一些小错误,不少是因为意译所造成的意义偏差。要不是上课有师者授以正确的理解,可能有时候还真是一晃而过。

"诗有别材,非关书也;诗有别趣,非关理也。然非多读书、多穷理,则不能极其至,所谓不涉理路、不落言筌者,上也。"对诗的理解,本身就是多样的,不存在哪一种是真正正确或者错误的理解。在我看来,评论家对诗的高低评判无非是将它们给人们带来的美感和启示作一个高低分差,然后将能够促进诗本身进一步发展的作品评为上品。所以诗应是常读常新的,所有经典的著作皆是如此。上课的时候常常看得到朱老师拿一支笔,在讲得尽兴或是有什么新点子灵光乍现,或是出现新的需要再探寻的问题的时候,他都会马上在他的《沧浪诗话校释》书上记下几笔。那本《沧浪诗话校释》很旧了,卷了边,远远看去,书页上全部都是字。我悄悄地揣测,大概有注解,有随感,或许还有相关资料和上课相关的"灵光一闪"的记录。我在心底默默敬佩起了朱老师,这或许是真治学的态度。大概是受这种严肃认真的态度感染,十一之前的一节课我顶着通红的重感冒鼻子以及昏沉的脑袋准时上课,或许一个好的教师和一门好的课,是真的会在各种方面感染人吧。

从来我只是听说"教学相长",而朱老师是唯一一个我见过真正实践这句话的老师,他十分乐于和学生交流。我有幸能够读到朱老师的博文合集,这本集子记录了他点滴生活闪光,像是春天阳光下闪闪发光的小溪,充满了小意趣。我试着学朱老师在纸页边上写下一些我的阅读感受等等,忽然觉得这门课上了一个学期,有了些别样的收获。

　　那么,借《诗话》言诗之语作为结尾,评价朱老师的讲读课堂吧:

　　"其妙处透彻玲珑,不可凑泊,如空中之音,相中之色,水中之月,镜中之象,言有尽而意无穷。"

师门六年记

王怀义

志荣师生于 1961 年,明年是他六十岁的生日。按照民间习俗,一般是在五十九岁时过寿,现在写这篇文章,回忆自己从师学习的时光,遥祝他身体康健,一切平安。

我从志荣师问学的时间是 2006 年 9 月至 2012 年 6 月,经历硕士、博士两个阶段,共六年整。实际上,一日为师,终身为师,到现在,即使已毕业多年,但每有疑惑仍与他交流、听他教导。我人生和治学过程中的重要事件,都得到了志荣师和师母的悉心帮助。我 2009 年与爱人结婚时,朱老师准许我请假两个星期,临回家时他还把我喊到办公室,给了我一千元礼钱,叮嘱了一些重要的事情。

因此,从研究生报考之前跟志荣师联系,到在师门学习六年,再到博士毕业至今,虽云"六年记",但实际时间是不能以年计算的。

"希望你能一次成功!"

回想跟志荣师问学的经历,还得从我报考研究生谈起。这一经历说明志荣师对学生的帮助是无微不至的,甚至可以说是有求必应,尤其是对立志读书做学问的同学,他更是克服一切困难,帮到极致。我现在虽也是研究生导师,但每遇到学生向我咨询考研、考博并表达报考意愿时，我一般是礼节性回复，没有真正做到鼓励和帮助。在这方面，我应向志荣师学习。

当然，由于他太过热心甚至心软，有时也遇到过考试时求学意愿强烈、录取后别有所求的同学。这让他伤心、失望。但世界如此多样，追求学问并不是每个人的兴趣，尤其是理论学习的枯燥和单调，更会消磨青年学子的生活乐趣。

但在志荣师看来，年轻人唯有献身学术，才是最好的选择。

我本科毕业于 2004 年 6 月，当年 1 月份参加了研究生入学考试，但并没有通过。这与 2003 年春季非典病毒肆虐、全校封闭时的压抑环境有关。毕业后，我在八公山脚下的一所中学任教，但读研究生的念头一直未断。春季的一个早晨，我顺着校园院墙到班里看同学们上早自习。那天阳光明媚，空气清新，一瞬间我猛然想到：三十年后，我是不是还经过同样的院墙边，走进同样的教室，上同样的课？这一想，便觉十分恐怖，当下便决定重新考研了。

当时，我们寝室老八考上了苏州大学传播学的硕士研究生，他寒假回来告诉我，可以考苏大文学院的研究生，后来他还提供一些信息给我。于是，我开始关注苏大文艺学美学方向的研究生招生信息。我看到美学专业所列三本的参考书中，有一本是志荣师所著《中国审美理论》，北京大学 2005 年出版的，其他两本分别是朱光潜先生的《西方美学史》和叶朗先生的《中国美学史大纲》。因后两位先生年岁较长且不在苏大工作，我猜想志荣师可能是本专业的导师之一，于是就给他写了一封信，表达了想跟他攻读研究生的想法。没想到的是，约一周后，他给我打了电话。当时我刚下第二节课，在带学生做课间操，忽然接到一个电话。那时，手机还不能显示来电所在地，我还以为是骚扰电话。只听里面说："你是王怀义吗？我是苏州大学的朱志荣。你的信我收到了。你前面有论文发表，基础很好，一定要好好备考，争取一次考成功。这是我的手机号码,有什么情况你可以直接给我打电话,也可以给我写邮件,待会我把电子邮箱发给你。"此后,每隔一两个星期,他或发短信,或写邮件,不断督促我复习考试。这段时间里,志荣师给我发的短信和邮件,是我克服各种困难学习进取的动力和支柱。虽然中间历经曲折,我总算在 2006 年 9 月到苏州大学学习,攻读美学专业的硕士学位。

后来我才知道,像我这样受朱老师鼓励来读研究生的,仅同届就有三位。

"读书要读经典,吃腐皮要吃淮南腐皮!"

从硕士到博士随志荣师学习的六年,是我受到正规学术训练的六年,也坚定了我人生努力的方向。志荣师十分强调研读经典理论著作的重要性,强调"取法乎上"。我跟志荣师学习的第一门课是严羽《沧浪诗话》研究。

"解剖一只麻雀!"这是这门课上志荣师常说的一句话。

一学期中,我们同学都精读了这本小册子。我们使用的是郭绍虞先生校释的本子,内容十分丰富。在《沧浪诗话·诗辨》中,严羽强调学诗要"入门须正,立志须高",还说"路头一差,愈骛愈远"。志荣师反复向我们强调这几句话的重要性:"不仅学诗如此,做学问也是如此。"这就是强调学术研究取法乎上的重要性。

他强调研读经典著作的重要性,强调中西会通,强调论文选题的前沿性和基础性,都与此有关。在研一下学期,他还带我们精读了一学期康德《判断力批判》前面的"四个契机"。我虽然做中国美学研究,但朱老师反复提醒我研读西方美学著作,尤其是现象学美学著作。这使我受益至今。

"抱残守缺,孤芳自赏,是做学问的大忌!"他说,"只盯着自己的一亩三分地,其他知识一概不懂,怎么可能写出优秀的论文？以后的路也走不远。"

有一次,我从老家带了两盒腐皮给朱老师,朱老师说味道不错,还说:"读书要读经典,吃腐皮要吃淮南腐皮,道理是一样的。"

"不能被研究对象牵着鼻子走!"

志荣师强调,在研究中要保持研究者自我的主体性。这一点初看像是常识,但要切实做到却是很难。很多同学读书,尤其是读大师的经典著作,往往会出现"无我"的情况,局限在著作的思维中无法自拔,这样写出来的文章只能是传声筒。这就是丧失了主体性。

我明白这个道理花了很长时间。当时我和志荣师一起撰写《从实践美学到实践存在论美学》,我负责撰写周来祥先生一章。周先生的美学建构是以黑格尔美学为基础的,同时也吸收了中国古典美学的思想资源,形成了独具特色的美学理论体系。在阅读过程中,我深为其思想折服,故而在写作中不知不觉陷入了周先生的思维逻辑之中,写出来的论文只是对周先生美学思想的概述。迷失在研究对象中却不自知,对研究者来说是危险的。志荣师读了我论文的初稿后指出:"你对周来祥先生美学思想的看法呢？你不能被研究对象牵着鼻子走,他说的再好不能代替你说的,你研究别人的美学思想不是为了重新阐述,而是要发表你对他思想的看法或观点。"

"这样概述性的文章不需要!"最后,他果断地说。

志荣师点拨后我才意识到这个问题,但一时间无法从周来祥先生逻辑严密的体系中抽身出来,故而后来书出版时只能简要提到先生,原本设置专章讨论的问题只能以一节的内容加以概述。这是当时我的学力不足造成的。

　　同样的情况还存在我对朱光潜先生美学思想的研究中。在课程开始时,志荣师给了我们十几个选题,因我一直喜欢先生的著作,就选择了这个论题。经过几个月,论文初稿完成了。当时是寒假下雪,志荣师把书稿带回安徽老家过年,车停在路上几个小时,趁这段时间他把一本二十多万字的书稿读完了。读到朱光潜先生这一章,在车上他就给我打了电话,说这一章不管用,没有集中论述朱光潜先生的实践美学思想,而讲了很多朱光潜先生其他的思想,这是游离主题,必须重写。

　　我当时不以为然,在老家又没有资料,不想重写。朱老师说一定要重写,不然书印出来,学术界会骂我的;你是学生,人家不会骂你,但会骂我,说我是外行。一定要重写这一章,否则不能用!

　　志荣师说得斩钉截铁,没有商量的余地。在他棒喝之下,我重读了相关文献,发现文章中很多内容确实不属于实践美学,而是过多关注了朱光潜先生在新中国成立之前的美学思想,这显然偏离了论题,没有把先生在新中国成立后的美学贡献凸显出来。这是一个重大失误。于是我又重读了《朱光潜全集》第五、十卷,对先生五、六十年代撰写的重要论文有了新的理解,重写了这一章。

　　我记得,当时放假在家没有书,我到市里方川老师家里借了这两本书。回去的路上天降大雪,车走到凤台淮河大桥东边时,因为雪大,不得不停下来很长时间才重新上路,等到家时已是晚上十点多了。

　　巧合的是,在撰写论文过程中,我读到相关资料,说有一次下大雪,朱光潜先生要核对一条文献,他家书房中没有这本书,他便冒着大雪到图书馆去查阅。为了防滑,他专门在鞋子上缠了麻绳,但在回来路上还是在未名湖旁边滑倒了,脚腕受了伤。朱光潜等老一辈学者严谨的治学态度和精神,对我影响很大。

　　这或许也是学术精神的传承。

被解剖的"麻雀",被拆除的
"脚手架",被捕到的"鱼"

在教学过程中,朱老师擅长使用比喻讲研究方法和论文修改。例如,他把个案研究称为"解剖一只麻雀";把写论文的过程,比喻为瓦匠盖大楼,把积累资料和编排论文框架称之为"搭脚手架",论文写完了,楼盖好了,就要"拆除脚手架"。有的同学舍不得辛辛苦苦收集的资料,不愿拆脚手架。

那时师兄师姐交毕业论文给朱老师,常看到他在论文上大笔一挥,一页、两页甚至好几页、一整章,便被删掉了,边删边说:"全是废话!根本不能用!"我万分震撼,估计师兄师姐的心情比我更紧张、更心疼。朱老师好像知道我们在想什么:"心疼管什么用?这些内容是毒瘤啊!不删掉整篇论文都受影响,甚至可能不通过啊!你们见过长疮的吗?大夫必须要用手术刀把疮割掉,人才能恢复健康,如果任由疮长下去,整个人都会有生命危险。论文的道理是一样的。"

他还用减肥来比喻删减论文冗余的成分,说那些被删除的地方都是"身上的赘肉",赘肉掉了,身材才能变得好看。女生听了咯咯地笑。

我还时常听朱老师对同学们说:"你写的不是美学论文,必须重写!"当然,同学们感觉自己写得很辛苦,不愿重写,朱老师绝不放松标准,更不会妥协,必须重写!等我们重写完成再回头看原来的论文时,才发现果然如此。

实际上,通过专题研究和论文撰写训练学生,是志荣师指导硕士、博士的基本方法。他说这是我的老师汪裕雄先生、王明居先生、应必诚先生、蒋孔阳先生等诸位老先生教我的,我也这样教你们。这是严格正规的学术训练,没有学术训练,无法研究学问。

他强调研究资料的重要性,要求我们对材料要做到"竭泽而渔"。起先我不以为然,还和老曹说,那么多资料,怎么可能全部读完。而在志荣师看来,对资料"竭泽而渔"是论文撰写的前提条件,不在一个领域成为专家,怎么可能写出有新意的论文?也没有资格写论文。后来,我读张岱年先生的《中国哲学史料学》,发现他也在强调"竭泽而渔"。研一下学期的一个中午,在独墅湖食堂吃完饭,我跟朱老师说,您说的真对,我看张岱年先生也是这样说的。志荣师说,怎么我说你不信,张岱年一说你就信了?

我羞愧难当,从此对朱老师的话深信不疑。

"你的论文,我不用看就知道不管用!"

在指导硕博士生过程中,志荣师强调毕业论文撰写要"早期干预"。很多同学不以为然,往往一年两年过去,还未写出符合学术规范、达到在 C 刊发表要求的论文。而有的同学则是在修完学分之后,或回家生子,或回原单位工作,一年之后回校把十几万字的论文给老师看,以为下了很大功夫,可以过关了,可能还准备朱老师夸奖几句。但更多情况是完全不管用,便又哭着回去重写,或者去喝闷酒。

因为前期没有跟导师充分沟通,写出的论文不可能符合学位论文的要求。这样的情况是常见的,我也亲眼见过其他导师的好几位同学是因为这种情况而不能毕业的。故而志荣师有句口头禅:"你的论文,我不用看就知道不管用!"

志荣说这样说的原因很简单:前面一篇论文没写,一下拿出十万、二十万字的论文来,不可能管用。事实也确实如此。由于没有前期干预,学生自己闭门造车,对学术规范、论文标准和研究动态不了解,按照自己的理解操作,一般会出大问题。"前期干预",有效避免了这种情况的出现。

试想一下，如果自己在家看书写论文就能过关，那还要导师干嘛？还需要我们全脱产到学校攻读学位吗？攻读硕士博士学位需要集中精力，不能分心，而确保研究生培养质量的关键和主要抓手就是论文。在这方面，朱老师始终如一地坚持高标准，没有商量的余地。而朱老师最常采用的形式是开论文修改会。志荣师指导硕士、博士，非常强调学术训练，而学术训练的最好方法是写论文和修改论文。

有些同学习惯把博士论文和平时写的论文对立起来，有"小论文""大论文"之说，志荣师非常反对。在他看来，论文没有大小之分，平时就应该围绕博士论文选题写论文，中途不能分心写别的论文；他认为要写一篇达到在 CSSCI 期刊发表水平的论文，即使有长期积累一般也要三五个月左右，博士期间没有那么多时间精力去做其他事情。

"不要让自己的论文一毕业就进了造纸厂！"

朱老师每每说论文的生命在创新，没有创新就没必要写论文，写出来就是在制作垃圾，浪费纸张："不要让自己的论文一毕业就进了造纸厂！"

刚开始读研究生时，我对创新的理解不深刻，理解不了何为创新，现在才稍微理解创新对一篇论文的重要性。所谓创新必须建立在大量阅读前人文献的基础上，朱老师经常告诉我们，他时常会读几百篇论文而只能写几百个字，甚至什么都写不出来。这就体现了创新的难度，而我们无法理解，以为自己读了论文，下笔千言，就是创新。其实这些内容不是创新，只是重复别人已经说过、说烂了的观点而不自知。

实际上，每篇论文都应该有独到发现，推进问题的解决和发展，甚至一篇论文还能开拓一个新的研究领域和方法。

本世纪前十年，学术界出书泛滥，尤其是港台一些私人印刷厂也可以出书，造成很多人花几千块钱到这些印刷厂印几千册书回来评职称，而市面上基本看不到这些书。志荣师说我们一定要严格要求自己，每一本书出来都要引起学术界的注意，不能放在床底下，那样的书出了还不如不出。

这些话好像是常识，但我当时是不懂的，还以为那就是学问。

"中国美学要走向世界！"

从师从祖保泉、汪裕雄、王明居等诸先生开始研究中国美学，到师从蒋孔阳先生研究西方美学，志荣师学术研究的中心工作，是在全球化视野中建立有中国文化基础和特色的美学思想，向世界讲述中国美学的"故事"。

四十年来，他是"吾道一以贯之"。

朱老师屡次提到周来祥、蒋孔阳等诸位先生参加世界美学大会的事情。他们在文章中也常说，中国学者去参加国际会议，西方学者最想听的是中国学者谈中国美学的问题，而不是中国学者谈西方美学的问题。所以蒋先生到美国、英国、法国参会时，讲唐诗的审美特征，讲孔子的美育精神等。现在国家层面进行人文社会科学的"三大体系"建设，所解决的也是这个问题。

"中国美学要有自己的原创的思想和体系，要走向世界！"朱老师说，"我们不能闭关自守、闭门造车，要向西方学习，要了解西方，只有全面透彻地了解了西方美学，才能看清楚中国美学！"

这些话是朱老师日常教学中反复提及的，他也是这样做的。当时，包括我在内的在读研究生很多不能理解，以为朱老师说的是"空话""套话""大话"。实际上，志荣师一直都是这样做的，他认真得说，更认真得做,我们不能理解他,有些同学还有逆反心理,他可能会有一些孤独感。

志荣师一直立志于建构一种新的美学理论体系。近二十年来的学术界,坚持这种做法的人日渐稀少。上世纪八十年代,美学界理论建构风行,李泽厚先生编译了一套西方美学译丛,他在编译这套丛书的缘起中说,我们目前的任务首先是系统学习西方美学基础理论,然后才能谈建立自己的理论体系。这在当时起到了良好的矫正作用。三十年过去了,我们对西方理论引进和学习的热情一直高昂,但对建构理论体系的热情却持续淡化了。

为了实现学术思想的不断更新和进步,志荣师广泛接受学界的商榷和批评。他认为学术应在交流、辩驳中深化、发展。

为此,他十分重视对方法的掌握和运用,不断更新自己的学术思想。他自己在长期研究中形成了独特的研究方法。朱老师讲方法,不是凭空立论,而是结合中外学术大师的研究实践,分析归纳,观其利弊,为我所用。他对王国维、邓以蛰、宗白华等前辈学者的研究方法,对现象学美学的研究方法等,都进行过专深的个案研究,专门撰写了《学术方法》一书。我在读书时对朱老师反复强调的研究方法问题体会不深,直到现在自己写了不少论文后,才逐渐悟到这一点的重要性。

这里不得不多说一句。每年看硕博士生的开题报告和毕业论文,看到研究方法部分时,大都是大而化之的几句话,如比较的方法、文献收集的方法等,感觉乏味。严格说来,这些都不算是真正意义上的学术方法。研究方法有自己的一套运行机制,而且每一论题研究方法的确定都要结合论题本身的特点进行,就像教育学生要因材施教是一个道理。我在撰写博士论文的过程中,仔细琢磨过朱老师关于研究方法的论述,有些自己的体会,博士论文绪论关于研究方法的部分发表了三篇论文。这与朱老师叮嘱研究方法的重要性的教诲是分不开的。

志荣师为中国美学走向世界持续工作了近四十年,这四十年来,他对中国意象美学问题的思考和建设是其核心,众多学者参与了这一问题的讨论和建设,相关专题性学术会议也多次召开。近年来,他的《中国艺术哲学》《中国审美理论》等著作,陆续出版了英文、德文、俄文、韩文等版本;中国学者撰写的中国美学著作译成各种文字在国外出版的情况也逐渐多了。志荣师倡导的"中国美学要走向世界"正逐步实现。

"拿着,这是师母不知道的。"

当然,这些宏伟的学术目标还需要几代学者持续做下去。在志荣师六十华诞到来之际,我首先想起的是跟随他读书学习期间所受的各种教育。实际上,这期间我生活中的每件大事,都得到了朱老师的悉心指导。除了具体的学术规范、崇高的学术理想的教育外,他和师母对我日常生活的关注,对我同样有深远的影响。

我读研究生时,家庭经济很困难。朱老师就让我参与他的研究工作,不仅带我拜见各位前辈学者,还多次资助我,使我能顺利完成学业。硕士毕业答辩时,志荣师已经到华东师大中文系工作两年了。答辩晚餐结束,他拉住我,从上衣衬衫口袋里拿出六百块钱对我说,最近评审的论文较多,你也帮我做了不少事,这些钱你拿着。在我说"不用,不用"时,朱老师说:"拿着,没事,这些是师母不知道的。"

有的同学会因经济原因兼职,志荣师一直否定这样做,他认为兼职赚的钱是眼前利益,是"小钱",最终会有很大损失,年轻时应多读书而非赚钱。所以在跟朱老师读书六年时间里,我没有兼职过。工作后,我也多次拒绝了在外兼职的邀请。

随着手机功能的增多,志荣师用手机处理了很多事情,但也浪费了不少时间。我常告诉他,现在年龄大了,属于自己的时间更少了,要少看手机。

趁着志荣师六十寿辰,祝愿他身体健康,实现自己的学术理想!

回忆自己在师门问学的经历,又何尝不是对自己的鞭策呢?

忆恩师

刘 程

南京财经大学

中国唐代文学家韩愈曾说：师者，所以传道、授业、解惑也。

有一个人最可爱，那就是老师；有一种人最无私，那就是老师；有一种职业最美丽，那就是教师；有一道风景最隽永，那就是师魂；有一种情感最动人，那就是师生情。不知不觉已经过了一年有余，老师的教导仍历历在目，仿佛就在昨日，在吃饭的路上，在图书馆的路上，在上课的路上等，可以说，每时每刻只要导师和我在一起，我都会听到导师教我，如何做人，如何写文章，如何申报课题，更重要的是如何发表 CSSCI 论文。

我，是一位高校的教师，从鲁迅美术学院研究生毕业之后，来到了南京财经大学艺术设计学院，我在教书育人的过程中发现我仍非常需要其他学科的知识，来满足我的理论和专业结构，从 2009 年开始，我开始踏上了漫长的考博之路……。

我和我的恩师第一次"见面"是通过邮箱实现的。我当时报考了东南大学、南京师范大学、四川大学以及武汉理工大学的艺术学，但是结果都不尽人意。在我即将失去信心的时候，我在招生办网站上找了华东师范大学博士招生简章，其实只是浏览，没有抱有任何的希望。我在中国古代美学这一栏中，看到了后面的指导导师，我顺着研究生院提供的信箱，我将我的最近几年的科研和教学通过邮箱发过去了。我考博已经考了数年，几乎完全失去了信心，所以我当时也相信，导师们一般都会说一些客套话，欢迎报考等等的词汇。可是这一次并不是这样的。我上午刚发邮箱，下午就得到了回信。我记得很清楚，当时我在装修房子，自己跑到装饰城买材料，刚离开，我就收到了朱老师的回信，信中大致意思说："你的科研还可以！"让我很激动。随后我接到了导师的第一个来自上海的电话，话筒那边传来一位长者的声音，他格外认真地让我报考，好好准备相关的考试科目，最重要的多看一些美学方面的书籍。那个时候，我真的很高兴。我以前考的那些学校，导师们都不会和我说这些温暖而又让我有干劲的话语，从来不会。那个时候，我就认为，我找到了一位好导师：能够教我如何写论文、发文章以及申报课题的好导师。其实，我一直想找到这样一位好导师，至少能让我知道，论文如何写，符合论文发表的标准，这是最重要的。现在，我带的硕士生，几乎也是全部按照朱老师的教学路线执行，比如，读书写笔记，如何写论文，论文要大声读出来，要读七八遍等等，我一直按照朱老师的路线去教育我的硕士生，虽然我指导的人数少，但是，我一定要让他们感受到，这些都是朱老师潜心从事科研和教学工作多年所总结出来的宝贵经验。

　　朱老师还非常关心我的生活和学习。博士生基本都是图书馆、食堂和宿舍三点一线的生活状态。尽可能多的利用多种媒介进行查询资料和多读书来拓宽你自己的见解。我是一名在职的高校教师。由于自己家庭里发生一些事情，我不管是在生活还是学习方面都遇到了一些困难。进校之后，我知道自己来之不易的学生生活真的很宝贵，我在进校之前，就将学校要求的发表 cssci 论文全部写出来了，并在进校后在有关的期刊上发表了。那个时候，我就好好的多读书，好好地做学问。而朱老师自己主动拿出一部分经费来帮助提高我的日常生活，比如复印、购买图书资料以及对我的生活补贴（我单位在南京，要从南京去上海来回的车票）。我非常感激导师每一个学期都会给我一定的经济帮助，其实，我现在想想，如果没有导师在生活和学习上的帮助，我在上海读书的那段时间就是另外一个状态了。

朱老师于我而言或许更像一个慈父。有句俗话说得好："一日为师，终身为父"，师恩如父，恩重如山。这句话已经传承了很多年，而在这里，我真真切切地感受到了这句话的实际内涵。我为了攻读博士学位，远离山东老家，来到了上海。我内心充满了对家乡、对亲人尤其是对父亲的不舍和思念。当我看到朱老师慢慢地在校园中踱步，宛如我的老父亲在我的眼前，他用自己的钱来补贴我的生活和学习，时不时还让师母给我带些好吃的。每每遇到的一些情况和困难，我就先告诉朱老师，请他出个主意。他每次都是戴着眼镜，坐在沙发上，细细思考斟酌，想出来一些，我就记下来一些，反反复复，我的问题也就基本解决了。有一次令我印象最为深刻，因为那一次朱老师生气发火了。那个时候正好我忙着准备一个国际意象的会议，两个星期都没有见导师了。当我把我的毕业论文初稿拿给他看，他严厉的批评了我，说："你看看你写论文，不会概括，而且文章的章节不明，这让评委们怎么看你的博士论文呀！"导师就用红笔快速将文章的整体章节给理出来，我站在边上，一动也不敢动。从那以后，我每次都会严格地按照导师的论文写作章程来写，决不容许半点马虎。

朱志荣教授对学生的论文质量要求极为严格，甚至在修改学生论文错误方面达到了无微不至的地步。我撰写的论文是有关岩画审美方面的。我从一年级就开始读图，到三年级上学期，论文初见规模。导师先理顺我的章节和内部小节，对文章的每一章节的大题目都和我认真的推敲和撰写。对于每一章节的内部的逻辑关系经常与同门开会，给我推敲，哪个在前，哪个在后，一一指出，即使在同一段里，哪一句话在前，哪一句话在后都要合情合理，不能乱写。特别是要大声读出来，不是这一段的内容，要先放到另外一边，因为不是本段的内容会影响整个章节的意思呈现。导师对我的论文的每一句话都认真修改,特别是一个字一个字地看,连标点符号都不能放过。每一次我看到朱老师给我发过来的修改过的论文,我都非常感激,惭愧自己的认真程度,犯了这么多错误,给我的导师带来了一些麻烦。但是,朱志荣教授,不仅从未有任何怨言,而且在回信中不时地鼓励我,让我感激不尽。

朱志荣教授在学术方面成就斐然,交流广泛,谦虚谨慎,有大家风范。在华东师范大学中文系的网站上介绍朱志荣教授的页面上列举了他的如下成就:10多本专著,先后在《文学评论》、《文艺研究》、《文艺理论研究》、《学术月刊》等刊物发表论文近200篇,部分论文被《新华文摘》和人大复印资料转载等等。就是这样的一位博士生导师,他在写文章的时候,还将自己的文章几稿发到微信群,并特意请同门给他自己写的文章提一些意见,每一篇文章大都修改七八次,同门所提的意见大都都被朱老师一一接受并修改。我们同门以朱老师的学术方法进行科研工作,也在我们自己的学生中间广泛请同学们提出对自己所撰写文章的意见,使得文章在一定程度上提升了很多。

导师平易近人,受到同门以及同学们的喜欢。朱老师喜欢和我们年轻人一起研讨,研讨的时候没有架子,而是让大家畅所欲言。我们一起走路散步的时候,一边教我如何做学问,一边在学问中间插入一些有趣而又幽默的细节,让这个知识点更加令人难以忘却。他讲话的时候,没有用专业的术语,而是用比较诙谐和质朴的语言对人物和知识点进行阐述。他的笑容是那么的随和,不拘言笑,豁达而又率真。

朱志荣教授能真正地去帮助我们同门。这种帮助主要体现在他能设身处地的为学生指出需要修改的,需要强调的地方,而不是应付。他能从你发现不了的地方找到错误,把文章或者申报书中难以获得专家通过的地方进行修改。例如,我申报教育部的课题,在研究内容的篇幅中,他将有些和我研究方向不一致的地方去掉,换成有关相一致的内容。当然,在老师的指导下,我的教育部项目成功立项了。这里面有导师的重要贡献,对于老师的辛勤付出,学生是从内心是非常感激的。

我当初为什么选择中国古代美学与文论呢?这要追溯到我研究生期间的学习。我在鲁迅美术学院攻读硕士研究生时,有一位张伟教授专门教授我们中国古代美学,从先秦到现代的美学思想等,跨度很大。正是在那个时候,我突然对中国美学,特别是古代美学感兴趣了。我记得很清楚,最后考试的时候,张伟教授给我们发卷子让我们写论文,考试成绩不错,这就说明,我的方向是对的,得到了教授们的认可。因此,我毕业之后就以中国古代美学与传统工艺美术相结合,并进行撰写课题和书写论文,果然,一些论文先后在一些 CSSCI 期刊上刊发,课题则在比较高的平台上申报成功。就这样,我考博就选择了中国古代美学方向的朱老师。

我每一次去华东师范大学中文系见我老师的时候,对我的老师总是有一种崇拜感,这种崇拜感表现在哪里呢?首先,朱老师站得高,看得远,让学生发挥自己的长处,从而达到成功。我记得很清楚的一次,在我刚去和老师见面的时候,老师问我,你的毕业论文写什么方面的?我回答说:写汉代的屋脊兽。当我回答完之后,老师说,这个选题有一些难度,你听我的,你写岩画吧!我说好的老师。我博士毕业那一天的时候,想和老师合个影,去谢谢老师,可是那个时候新冠疫情很严重,不允许出去,我的想法也就没有成行,其实,我现在想想,多亏了老师这个选题,让我能够发挥我学艺术的长处,以图为核心,读图写作,这种学术方法让我收获很多。从上面我们不难看出,我的老师站得高,看得远,能知道每一个学生的长处,把学生自己所具有的长处发挥出来,这一点确实非常厉害,我很佩服。还有一个故事,而且这个故事让我觉得朱老师太神奇了。我去华东师范大学攻读博士的第一年,我的同门正在硕士毕业,就是论文写作和盲审期间,有一天,我和她一起去朱老师的办公室,我师妹想去问朱老师论文盲审情况,朱老师慢慢地用钥匙开门,当门开了之后,朱老师接着说,你的论文我看了,没有问题,不管这篇论文盲审在哪位老师那里都是高分的! 过了几天,她的盲审论文还真的是高分! 所以,我佩服朱老师不单单是学问做得好,我还佩服朱老师看得远,能够真心的为学生挡风遮雨,心向着学生、想着学生。其次,我崇拜朱老师的学问,说得通俗一点就是太棒了! 关于这一点,不光是我作为朱门的一员的切身感受,其他学校的教授们也都夸赞。朱老师在学校是二级教授、博导、长江学者,从三个称谓中我们就可以看出,朱老师有着相当分量的学术研究地位! 从朱老师的国家社科重大到一般再到上海社科,朱老师都做过了,单从他发表的论文来看,大部分都是 CSSCI,而且这些 CSSCI 期刊都是在中国国内的学术圈中有重要的分量,也就是说,在这些杂志上发表作品,就可以认为学术圈是承认您的学术地位的。我曾经专门的用中国知网搜朱老师的论文,在中国知网上共有 212 篇是朱老师的,绝对的赞! 朱老师有一套自己写论文的方法,目前,我也是按照朱老师写论文的方法去做的。朱老师的这一套写论文的方法,在他的《学术方法》的著作里提的少,反而,这些写论文的方法都是我和老师散步,走在林荫小道上或者去食堂吃饭的路上学到的,这使得我受益匪浅。朱老师给我指明了光明大道。

朱老师像慈父一样心系学生。我本身不是学中文专业出身的,不能像中文专业的学生一样能够将语言写得非常飘逸和洒脱。我还是一边工作一边上学,我知道这么大的年龄来上学真是很好的机会。朱老师看到我从南京到上海来回跑不容易,就想方设法给我报销一些经费。在学校里,他把我的论文和科研工作时刻挂在心上,茶余饭后就叫我去他办公室来教我如何写论文和如何做科研,有的时候请其他的同门来为我审读和修改论文,在论文和科研上朱老师给我们同门说:一定要多写论文,你想一下子写好的论文,那是不可能的事情。引文要保持高度的严谨性、契合性以及准确性。除了科研和论文等学业方面对我们的关怀之外，朱老师每隔几周让我们去他家亲自做饭一起吃，在饭桌上询问我们的生活和学习，探讨论文写作和发表的事宜。

在现在的工作环境中，我所形成学习和工作态度以及与人相互交流都是朱老师教导有方的成果。我在华东师范大学攻读博士四年，这四年朱老师一言一行都影响着他的学生。朱老师为了学术或者为了学生上课，不辞辛劳，宁愿不吃饭也要按时给同学们上课，朱老师为了做学术，不浪费办事的时间，就在空闲的时间读书，认真记录看完书的读后感或者感想。他说：这些所记录下来的文字就是你的学术贡献。我在工作中也学会了朱老师的方法，不管出去去哪里，都要带着一本书，有空找个地方一坐，就可以看书了，还随包带着一个笔记本，将我所体悟到的感想用笔清楚地记录下来。朱老师在工作上一丝不苟、精益求精。我记得我在和同门修改我的论文的时候，朱老师对我们说，要给 CSSCI 投稿，你们的论文要修改七-八遍，对每一个字进行大声朗读，并在朗读声音中找到错误的地方。一点都不能放过，要追求严谨，修改的地方越多越好！朱老师带着我们同门给我的论文找问题、找错误的标点符号，让我学习到了什么叫做精益求精。

朱老师教导我扎实干事、踏实做人、认真、努力、不放弃。老师经常说，练习写论文难得，写一篇写不出什么精彩的地方来的，要多写论文，你才能掌握门道，形成自己的写法，有自己的独特见解。在与朱老师接触和交往的五年中，朱老师时刻不忘记栽培、鼓励和支持我们晚辈，使得我们这些晚辈永生不会忘记。朱老师总是对我语重心长，鼓励我多读书、读经典的书。博士期间，让我们每一位同学要看30 本门经典巨著，把哪些不明白的疑问用笔记录下来，去图书馆或者网络进行查询。他还说，文章写完之后，不要着急于发表，要对全文进行反复修改,每一天都要修改,每一天修改的都会不一样,要做到完美。他经常在我们的朱门微信群里,以身作则,以自己论文中出现的问题来告诫我们,让我们树立正确的世界观、人生观和价值观,扎扎实实干事,清清白白做人,要在写论文和做科研过程中坚定信念,注重道德品质的塑造。

我在华东师范大学四年,得到了朱老师、师母的大力扶持、提携和栽培,我对师傅和师母由衷说一声:谢谢您!

朱老师学贯中西,始终总是秉持着中国传统美学思想,将中国美学思想发扬光大。从朱老师发表的论文中我们不难看出,既有西方的,又有东方的,既有美术,又有音乐,既有宏观的,又有微观的,给我们一种宏达中见细致,细致中呈现宏达的气派。不管是哪个层面的论文,在这里朱老师始终以发扬中国美学为己任,用中国美学的民族话语来阐释不同物象所呈现的审美意象,用中国美学的生命精神去讲述中国故事,传播中国文化。

朱志荣先生在民大

李雯静

朱志荣先生要来民大了。4月19日下午，我和班里的一位同学去机场接他。由于之前都是在微信里跟先生联系或是偶尔在照片里看到，第一次真正见面，我心里难免有点忐忑。倒是同学比较坦然，一路安慰我道："没啥的，迟早不都要见面吗？再说还有我呢！"同学是沈阳人，语气中夹杂着些许东北口音。听了他的话，我心里倒也轻松了许多。

那天天气极热，路上我们买了一瓶水。到了机场，放眼望去，到处都是行色匆匆的旅人。我们在人群里寻先生，眼看着几分钟过去了，还不见先生，便分开找，猛一转身，我看到了先生，身材高大，着深色西装，拉着行李箱，背黑色背包。没错，就是先生，我叫来同学，一起向先生走去。我们互相问好之后，便离开，一路上先生有说有笑，气氛怡怡，仿佛我俩是他早已熟悉的学生。到了旅店，已是下午六点左右，为了让先生休息好，我们便离开了。第二天早上，先生参加了学校研二学生们的论文开题，之后几天里便给我们研一学生上课。

先生是美学大师蒋孔阳的学生，视野广阔，学养深厚，课堂上妙句迭出。近些年来，先生从本体论角度提出"美是意象"命题，在美学界引起了广泛关注，赞者众之，当然不同的声音也有，课堂上先生便将这些文章发到群里大家一起讨论。先生不赞成那种传统的老师一人在讲台上满堂灌的讲课方式,总是鼓励我们积极讨论并勇于提出问题。他说:"在美国,研究生的课叫 seminar,就是教授引导大家讨论,也需要提出尖锐的问题。"刚开始我们不敢提,怕提不到点子上,再者,平日里多是单维的看书阅读,很少认真地反过来思考作者讲了些什么,为什么这么讲? 总觉得没啥问题,于是众人沉默。先生急了:"这怎么可以呢? 你们要带着问题去阅读,我们是要在讨论中成长起来的,关键是学习方法,而不只是知识!"接着说:"你们要学会提问,好的提问是解决问题的 30%!"在先生的带动下,我们便开始在阅读的过程中寻找问题,后来索性毫无顾忌,近乎"找茬",先生也不生气,默默听着,每有有价值的提问便记录下来。一边记一边说:"对于这个问题,我要专门写一篇文章来具体论述。"这句话给我们的印象最深。一日,一舍友说:"朱老师有一句口头禅,大家猜猜是什么?"众人齐声回答:"对于这个问题,我要专门写一篇文章来具体论述!"说完,大家相视而笑。

先生对学术极其严谨,文中不可前后矛盾,不可重复,要有逻辑性,甚至一字一句地抠,发现有错别字或重复的字眼便及时改正,不可有一丝一毫的马虎。当我们表现不错时,先生也不惜表扬之辞。课上先生声音洪亮,讲到高兴处,附之以手势。

先生说话带些地方口音,且语速较快,有时课上为了让大家休息一会儿,便给我们放一首曲子,亦或者讲一个笑话活跃活跃气氛。有时我们听懂了,有时没听懂,集体木然,先生说:"咦,你们怎么都沉默了?"接着便指着我们其中一位说:"你听懂了吗? 你来说说!"一次,也是讨论相关论文,大家表现不错,快要结束时先生说:"你们没见过这种学术吵架吧? 这些我都要一一应战!"说着便站了起来:"当然,这种文章多一点更好,怕啥,要经得起考验,在这过程中,我们可以不断地发现自己存在的问题,充实并完善自己的观点!"

先生有一个笔记本,随时带在身上。有时在课上,我们读先生讲义,偶尔望一眼先生,只见他在匆匆记录着什么。先生视力不好,写字时会将眼镜摘了,头离桌面极低。近些年来,先生需要做的事很多,倘若不及时记录下来,时间久了就会忘得一干二净。因此,每逢灵感来临,或有新的思想、新的观点便立即记录下来。一日,下雨,先生只穿一件白色衬衫,外为西服,许是有点冷,从包里取出一件毛衣,刚准备穿,忽又想起什么,便马上坐在椅子上,打开笔记本,一手匆匆记录,一手紧压着衣服。用先生的话讲:"这个笔记本对我很重要,别的东西,甚至手机都可以丢,但它绝不可以丢失。"几日下来,跟着先生,我们不仅获得了丰富的知识,还学会了如何写论文,更有思维方式和方法上的锻炼,而先生对于学术事业的高度责任感和谦逊严谨的态度令人肃然起敬。

先生在生活上也并不怎么讲究,衣着素朴,来民大几天也没怎么正经吃过饭,都是在学校二餐厅和学生们一起吃饭,几个素菜,外加一碗米饭,先生也吃得津津有味。刚来那一两日,先生和我同学一起吃,后来我也加入,饭桌上,先生对我说的最多的一句话就是:"要好好休息,注意身体,身体要紧。"饭后临别,也不忘叮嘱一下:"回去好好休息!"可是先生自己呢,还不是每天忙碌如初,有时连中午都没有休息时间,刚来第二天下午给我们上课时,我就明显感到了先生的疲惫。有时看着先生的饭菜有点干,想去给他打一份粥,先生不许,说:"可以了,可以了,吃着挺好的。"一次他的学生来看他,那天先生依旧很忙,处理妥当一切之后,已过六点,便对他的学生说:"学校里的饭不错,我们一起去吃吧?"那天具体说了些什么,已不大记得。因为马上就要上课了,楼下匆匆别后,一看表,迟到了一分钟,索性小跑着上楼梯,边跑边说:"最怕上课迟到了,你看这……"我默默地跟在先生身后。

短短几日的相处,我深感先生极为随和、待人真诚、心胸阔广。和先生在一起,你不必感到紧张,可以随便和他说些什么,生活之事说说也无妨。他不仅传授你以知识，更在人格和处事方式上给你以感染。所谓"经师易得，人师难求"，我又何其有幸，得遇先生。先生是昨天中午离开咸阳的，依旧是我和同学去送他。考虑到先生所带行李较重，我们准备送先生进去，他坚决不肯，给司机师傅交代了几句，便要离开。车子启动了，转过身，我看到先生，拉着行李箱，背着那个黑色背包渐渐消失在人群里……

晨中草就，难免粗疏，聊记此文以念。

朱志荣序跋集

蒋孔阳《美在创造中》前言

蒋孔阳先生是当代中国最卓越、最著名的美学家之一,1923 年 1 月 23 日(壬戌年腊月初七)生于四川万县(今重庆万州市)三正乡的苦葛坝村。1946 年毕业于中央政治大学经济系,1948 年进入上海海光图书馆从事翻译工作,1951 年开始在复旦大学任教,1980 年起任中文系教授,先后担任过国务院学位委员会评议组成员,全国文艺学重点学科学术带头人,中国作协上海分会第四届副主席,上海市社科联副主席,中华全国美学会第一、二届副会长,上海美学学会第一、二届会长,上海市第六、七届政协委员,1999 年 6 月 26 日逝世。他从 1941 年开始发表作品,先后出版过专著《文学的基本知识》、《论文学艺术的特征》、《德国古典美学》、《形象与典型》、《先秦音乐美学思想论稿》、《美学新论》等,翻译过《从文艺看苏联》、《近代美学史述评》等,后辑为《蒋孔阳全集》6 卷本出版。此外,他还主编过《二十世纪西方美学名著选》、《哲学大辞典·美学卷》、《辞海·美学分册》、《中国学术名著提要·艺术卷》、《西方美学通史》等。其中专著《德国古典美学》获得上海哲学社会科学优秀著作一等奖,《美学新论》获得上海市哲学社会科学一等奖、国家教委社科优秀著作一等奖,《美和美的创造》获上海社联特等奖。1991 年,他还获得了上海文学艺术杰出贡献奖。

在 50 多年的学术生涯中,蒋孔阳先生主要研究领域在文艺学和美学两大领域,包括文艺理论和批评、西方美学史、中国美学史和美学理论等方向,特别在德国古典美学、先秦音乐美学思想和实践创造论美学等研究方面,提出了自己独创性的见解,作出了重要贡献。

在文艺理论领域,蒋孔阳先生从 20 世纪 50 年代起,就通过多元综合和自主创新的方法,高度重视作家的创作个性,强调作家的心灵感受和体验,并主张作家的主观倾向性不等于他的阶级立场,指出人性具有共同性和复杂性,他强调文学作品的情感本位,推崇文学情感的创造性,并在自己的文论著作中身体力行,讲求其生动性和情感性。他还通过对形象和形象性的分析,论述文学艺术作品独特的内在规定性,并从社会生产实践的角度,考察了形象与社会生活之间的内在关系,论述了形象的丰富性、复杂性和生动性等特点。他把形象思维当作人类的一种重要的思维,强调具体生动的形象,强调形象的个性化、性格化和新颖性,强调它的丰富复杂性。他从文学艺术作品本身出发讨论典型的问题,对典型的内涵、典型化、典型环境以及典型与形象等问题进行了深入的研究,形成了独特、系统的典型理论。

在文艺批评领域,他重视对文学作品审美特征的分析,突出了文学理论的民族性和本土特征。早在 1945 年,他就写文章评介过《弥盖朗基罗传》,1949 年写过评波兰显克微支的历史小说《读〈你往何处去?〉》,在 1950 年前后评介过巴尔扎克,1957 年又写过《谈谈〈骆驼祥子〉》和《读〈最后一课〉》,1958 年又曾写过《像生活一样地丰富多彩——谈艾芜的〈百炼成钢〉》等,他关于《立体交叉桥》的精彩评论,对刘心武先生产生了很大的影响。这些和他在文论著作中的具体作品分析遥相呼应,也反映出他文学研究中坚持理论与实践相结合的作风。

蒋先生在西方美学方面的代表作是《德国古典美学》。他十分重视德国古典美学在西方美学史上的重要性,从 20 世纪 60 年代开始教美学课程,就着手德国古典美学研究。《德国古典美学》用明白晓畅、娓娓动人的文笔,阐释了康德、费希特、谢林、歌德、席勒和黑格尔六位德国古典美学家的观点,运用马克思主义唯物史观,分析了德国古典美学形成的原因和发展的过程,发掘德国古典美学的伟大成就和积极意义,并指出其不足之处,契合了当时文艺学美学界的需求,有提纲挈领、针砭时弊的作用。该书 1980 年 6 月由商务印书馆出版,是我国第一部西方美学断代史研究专著,经过近 40 年的时间检验,它已经成为这方面研究的经典性著作。

《先秦音乐美学思想论稿》是蒋先生在中国美学史方面的代表作。他从 20 世纪 70 年代末开始每天到复旦大学图书馆看书,对中国先秦音乐美学进行系统的研究。到 1984 年,蒋孔阳基本完成了先秦音乐美学书稿,经过两年的修改后,《先秦音乐美学思想论稿》一书由人民文学出版社出版。蒋先生在书中注重审美意识与美学思想的结合,把先秦音乐美学思想与中国上古时期的哲学思想和现实生活联系起来进行研究,将先秦音乐美学的源头和发展放到社会生活、宗教活动等大背景中去理解,透过社会、宗教和文化背景,考察审美意识与社会变迁之间的互动关系,剖析特定时代的审美活动和审美思想的形成机制,既考查了先秦音乐美学思想的整体性特征及其在当时社会生活中的重要地位,又分别论述了孔子、老子、庄子、韩非子等人的音乐美学思想,并对先秦音乐美学思想中“和”、“礼”等核心范畴进行了详细阐释,使整体与个体、历时与共时、史与论等问题结合起来。该书视野开阔,注重中西对比、追源溯流的研究方法,填补了先秦音乐美学思想研究的空白,对中国古典美学的研究起到了推动作用。

蒋孔阳先生最重要的贡献,是体现他实践创造论美学思想体系的《美学新论》。他的美学理论,是以实践论为哲学基础、以创造论为核心的审美关系论美学。他从人与世界的审美关系出发来研究美学的实践特征、确定美学的学科性质、建构美学的理论体系。这一美学理论是以审美关系为出发点,以人为中心,以艺术为主要对象,以人生实践为本源，以"创造—生成"观为核心思想和基本思路的理论整体。在《美学新论》里，蒋先生认为，人类自由的物质生产劳动和精神生产劳动是美的根源，异化劳动也能创造美。它的思想具有很强的辩证性和包容性，并突出了人的审美创造性精神。他提出"美在创造中"，将审美活动视为"恒新恒异的创造"。他的"多层累的突创"说，不仅解释了美的形成和创造的缘由，而且揭示了审美意识历史变迁的基本规律。蒋先生依据马克思主义的观点，对实践作了广义的理解，强调艺术创造的核心地位，把精神生产包括审美活动本身也看作为一种实践活动方式。蒋孔阳还力图突破主客二元对立的思维方式，超越那种认为美是现成的、凝固的本质，既强调自然本身的属性对于美的生成的重要性，又强调了人在自然对象成为审美对象过程中的主体地位，形成了自己美学理论的独特性。蒋孔阳先生的实践创造论美学继承和发展了马克思主义的实践美学观，有着深厚的人文气息和对人的美的本质追求的价值力度，既兼收并蓄、博采众长，又推陈出新、自铸新制。他从人的价值的发现和提升的高度展望未来，体现开放性的特征，不仅拥有自己的历史和未来发展空间，而且更将拥有超越自身的历史和现实的品质。因此，蒋孔阳先生的实践创造论美学是融通中西、贯穿古今和指向未来的富有生命力的美学理论。

　　这本论文选集中体现了蒋孔阳先生的实践创造论美学思想体系，代表了蒋先生几十年学术探索最高成就。这些论文曾经在中国当代美学界产生过广泛而深刻的影响，相信它们一定会持续不断地启迪美学界的后起之秀和广大读者。阅读它们，不仅可以让我们感受到蒋孔阳先生的学术思想，而且可以让我们深切地体会到他严谨的学风和大家风范。

　　蒋孔阳：《美在创造中——蒋孔阳美学文选》，济南：山东文艺出版社，2020年版。

《汪裕雄美学论集》编后记

　　这本论集里收入的,是业师汪裕雄教授历年来所撰写的相关论文。除了已出版过的三本美学著作《审美意象学》、《意象探源》和《艺境无涯》之外,裕雄师生前公开发表过的文章,基本上都收在这本文集里面了。

　　我在本科阶段和研究生阶段,学习美学的指导老师主要是汪裕雄教授和王明居教授,从此以后他们便是我的终身导师。到他去世,我与裕雄师结缘31年。本科阶段,裕雄师给我们上"美学原理"课,硕士期间他作为导师,又给我们上"审美心理研究"课,逐步将着眼点落实到审美意象。受他的影响,我和他师徒间逐步形成了一个共识——中国美学以审美意象为核心。虽然后来在意象的具体内涵上我们俩有一些差异,但在大的方向上,我们都在坚持意象中心论。

　　裕雄师本来主要研究外国文学。这次文集中所收的《青春的旋律——〈查密莉雅〉赏析》和《译贵传神——读力冈同志〈静静的顿河〉新译本》反映了他对外国文学著译的评论。1967年,他从复旦大学文艺学研究生毕业,开始了他的文艺学、美学研究生涯。1980年,他去北京师范大学参加了被誉为美学界黄埔一期的全国高校美学教师进修班,结识了杨恩寰等同道,从此专事美学研究。在全国美学讲习班里,朱光潜先生的桐城口音不少人不能完全听懂,他还和童坦一起整理、记录了朱光潜先生《怎样学美学》的讲座录音。从此,裕雄师开始专事美学的研究与教学。

　　在多年的研究中,裕雄师尤其重视方法论意识。在中国现代美学中,朱光潜先生偏重于科学方法,宗白华先生则偏重于审美的感悟和体验。朱、宗两位在方法论上是互补的。裕雄师先后认真研读了朱光潜先生和宗白华先生的著作。从参编《美学基本原理》开始,裕雄师受朱光潜先生方法的影响,先是研究审美心理,后来在研究审美意象中强调中西融通,写出了《审美意象学》一书。文集中收录的三篇研究朱光潜美学的论文,主要反映了他对朱光潜美学方法的学习、反思和借鉴。对于朱光潜先生晚年多次自况的"补苴罅漏,张皇幽眇"的文艺心理研究方法,裕雄师作了深刻的阐明。他珍视朱光潜美感经验研究的遗产,珍视他的"意象"和"物乙"的探讨,推崇其继承传统和借鉴西方的态度与方法。另外,他在《关于审美心理学研究的"哲学——心理学"方法》一文中,也尤其推崇朱光潜先生,强调哲学方法与文艺心理的统一。

　　裕雄师用力最勤、贡献最大的是他的意象理论。每次见面,他念兹在兹的就是意象问题,差不多到了入魔的境地。他先后从审美心理和文化等角度展开对意象的研究,前期更多地继承朱光潜先生,侧重于中西比较,后来则更多地继承宗白华先生,并立足于传统,从文化角度进行意象探源,重视体验,并于1992年获得国家社科基金的资助。《意象探源》出版后先后获得了教育部和国家社科基金优秀项目成果奖。《审美意象学》和《意象探源》两书,前者侧重于论,在中西融汇中阐述意象基本理论,后者侧重于史,依托于中国传统文化资源考较意象源流,一论一史,纵横交错。前者寻求中西之间的共同点和结合点,以西方美学为参照,按现代观点阐释中国传统的美学思想遗产,进行中国美学的现代化重建。后者对意象的源流分析是在整个文化学广阔的背景中进行的,从文化领域向审美领域和艺术领域层层递进，勾画出的中国意象审美化历史进展的轨迹。总起来看，裕雄师的美学理论以"意象"为中心，立足于自己民族辉煌的审美与艺术的历史成果，同时引进西方现代的哲学、美学、心理学成果，将西方理论为我所用，融入到中国美学的"意象"范畴之中。他对于中国美学范畴现代化重建道路的探索，是一次有益的拓展和创新。他为中国传统美学的现代化重建，提供了宝贵的经验。

裕雄师的马恩文论研究也有着自己的特色。在文集中收录的 4 篇相关论文中，裕雄师认为，马恩文艺观是他们思想整体的一部分，是一个科学的体系。他既反对当时对马恩文艺观的轻薄否定，又反对固守马恩思想的教条。他先后从文艺本质论和莎士比亚化的现实主义文艺观等方面加以论述，要求珍视马恩文艺观的宝贵遗产，反对那种把马恩文艺观看成断简残片篇的言论。他强调马恩文艺观在理论上和方法上的严整性，重视继承和发展马恩文艺思想的重要性。

裕雄师敬畏学术，虔诚地对待学术。他在研究过程中呕心沥血，富于激情，倾注生命于学术研究中。他一丝不苟，重视研究思路的缜密，以唐人卢延让《苦吟》中所说的"吟安一个字，捻断数茎须"的精神推敲文义，重视句子的节奏感和韵律感，重视语言表达的流畅。他曾多次对我称颂朱光潜、宗白华、闻一多和何其芳等人文章的语言表达。这种严谨的态度，永远是我的楷模，让我终生难忘。

可惜天不假年，裕雄师走得太早了。在他豪情满怀、准备继续大干一场、研究宗白华的专著《艺境无涯》一书垂成之时，甲状腺癌开始袭扰他的身体。他从此只得告别心爱的学术。他从 65 岁查出甲状腺癌，在与病魔抗争了 10 年以后，刚刚 75 岁就离开了我们。他的一系列计划都还没有来得及去做，留下了一批读书和研究的笔记。现在我读着他的论集，追忆过去几十年的种种往事，感慨良多。我今后所能做的，就是继承他未竟的志业，认真学习裕雄师的著述，继承他的敬业精神，把美学的研究深入下去，做出更大的成就来，告慰于他的在天之灵。

　　本文集的编选得到了安徽师范大学出版社侯宏堂副总编的支持,师母朱月生老师和陈文忠教授具体选稿和收集,师弟师妹陈元贵、……等也做了具体的校对工作,这里一并致谢。

　　(汪裕雄:《汪裕雄美学论集》,芜湖:安徽师范大学出版社,2016年版。)

《王明居文集》序

王明居教授已届耄耋之年,他的文集即将出版,作为他的学生,我感到非常高兴!他命我为文集写一篇序言,我是诚惶诚恐,不敢应命的,历来都是老师给学生写序,极少学生给老师写序的。但我作为他的一名研究生,一位与他相识、相知多年的同乡晚辈,目睹了他30余年来事业的发展历程,并且从中获益良多,于是我觉得,记述他艰苦的奋斗历程,写下自己对他学术思想的体会,以激励后学,同时也留下我们之间珍贵的纪念,则是我理所应该做的事。

王明居教授1930年生于安徽天长,后来毕业于北京师范大学中文系,受教于黎锦熙、黄药眠、钟敬文、刘盼遂、陆宗达、李长之、穆木天、启功等学术先辈,毕业后先后在哈尔滨师范学院(今哈尔滨师范大学)和安徽师范大学任教。早年一直酷爱学术,撰写了一些论文和书稿,可是一直到1978年以后新时期到来时,才有条件开始正式地做学问。那时他已经年近五旬,还精神焕发,刻苦钻研。当时他的四位子女都在读中小学,家里还有老人,条件非常艰苦。在师母赵光霞老师的大力支持下,他夜以继日,勤奋耕耘,常常以食堂的一个白馒头加白开水当夜餐。他以惊人的毅力,执着的态度,严谨的学风,经过30年的全身心的投入和奋斗,写下了10部理论专著和100多篇学术论文,为我们留下了丰富的学术成果和可贵的治学精神!

我 1979 年开始读大学的时候，同乡学长舒畅带我去拜访他这位同乡老师，便感受到他的亲切和慈祥。此后读书和练习写论文，常常向他请教，逐渐爱好美学和文艺理论。到 1987 年，又考上了他的硕士研究生，由他与汪裕雄教授指导，是他和汪裕雄教授指导的第一届硕士研究生，毕业后留在文艺理论教研室工作。其间得到了他的指教和提携，这在我的成长历程中起到了重要作用。

王明居教授成果丰硕，从《通俗美学》、《唐诗风格美新探》、《文学风格论》，到《徽派建筑艺术》，《模糊美学》和《模糊艺术论》，再到《叩寂寞而求音——周易符号美学》和《唐代美学》等，一路辛苦走来，重视理论研究与艺术实践的结合。这些著作凝聚了几十年的心血，也寄托了他一生献身学术事业的崇高理想。他的思想既不偏激，又不保守，而是博采众长，自成一家。

王明居教授的美学研究重视理论品位。他坚持研读康德等经典美学著作，写下了一系列的美学论文，发表在《文艺研究》、《文艺理论研究》、《文学评论》等学术刊物上，在他的多种著作中，我们都可以感受到他研读诸多西方美学名著的心得和体会。他还研究《周易》等中国传统美学理论著作，写下了《文学风格论》、《叩寂寞而求音——周易符号美学》和《唐代美学》等专著，近些年又认真研读老庄孔孟等诸子著作，写出了系列研究论文，集成《先秦儒道美学》书稿。

《文学风格论》将中外名家的研究成果融汇贯通，推陈出新，结合中国文学的具体特点，系统阐述了文学风格问题，处于国内前沿水平。此书由广东花城出版社推出，被誉为文笔华彩、有独到之见。先从文学风格的起源谈起，引出风格在历史发展过程中的复杂涵义，再联系到文学，经过层层剖析，从而对文学风格的概念、本质、特征、要素、造型、品类等问题进行梳理和界定。尤其是拈出了风格二十八品，即：豪放，沉郁，粗犷，婉约，雄浑，清新，悲慨，诙谐，纤秾，冲淡，绮丽，朴素，繁缛，洗练，缜密，想、疏朗，谨严，潇洒，典雅，通俗，流动，静谑、含蓄、直率、隽永、自然、古拙、新巧。这些，体现出传统的发挥和视野的拓展。此外，对于风格的独创性、多样性、继承性、民族性、时间性、空间性等深层缘由均进行了开掘，对于风格和形象思维、体裁、宗教、流派、创作方法、信息等复杂的关系问题也作出了切中肯綮的剖析。

王明居教授重视理论概括和对具体艺术作品的分析。《唐诗风格美新探》、《徽派建筑艺术》等书，就是他重视具体艺术研究的实证。《唐诗风格美新探》是一部系统研究唐诗风格美的著作，探讨了唐代颇具代表性的诗人的作品，在融通传统诗论的基础上，以诗歌作品为基础进行探讨，对于拓展唐诗风格研究的新局面起到了重要作用。此外，他除了运用社会批评方法外，还注意借鉴和吸收其他学科——如信息学、心理学、脑科学等领域的研究成果来对唐诗风格的形成原因进行阐释。后来他在此基础上进一步系统研究了唐代美学。而唐诗又是中国诗歌的巅峰，在中国诗歌史和美学史上具有重要的价值和意义。至于《徽派建筑艺术》一书则对中国建筑艺术中独具特色的徽州传统建筑，进行了审美研究。这本书是他年近 70 的时候，在长子王木林的陪同和协助下，在多次前往徽州考察研究的基础上完成的。

王明居教授的《通俗美学》以简洁流畅的笔法探讨了美的特征、形态、范畴，风格美，美感，审美的涵义、条件、心理过程、差异性和共同性等美学基本问题，纵贯历史，横跨中西，视野开阔，论证严谨，将知识性、学理性、通俗性、生动性和趣味性熔于一炉，对相关概念的定义和范畴的把握也力求准确、严密。该书对于每一个问题的探讨，都从历史和现实中的实物或事例谈起，以其为导引，使读者能自然而顺畅地进入所要讨论的问题情境。全书例证翔实丰富，不是空泛抽象的高头讲章，而是在注重学理性和科学性的基础上，又具有相当的可读性，使读者感到审美并不遥远，是与我们每个人息息相关的。

王明居教授的《唐代美学》作为一部中国美学的断代史，以关键性问题统摄全书，不仅系统梳理和论析了唐代美学"有""无"、"方"、"圆"、"一""多"、"大""小"等九大阐释性范畴和朴质论、风骨论、兴象论、意境论等十大重要理论；而且以大量文人为典型个案，总结了唐人的美学智慧，指出唐人的美学思想是与其人生理想、人格境界、日常生活审美情趣以及艺术追求紧密联系的，将唐代美学综论和唐人美学分论结合起来，体现了尊重史实，论从史出的谨严精神，其中既以文学美学为轴心，又在行文中辐射、扩散到绘画美学、音乐美学、书法美学、建筑美学、舞蹈美学等诸多领域，使唐代美学的整体风貌得到了全景式的清晰展现；既有宏观的审视，又有微观的体察，对王勃的山水审美观、韩愈的美育观、长孙无忌和欧阳询的音乐审美观等的分析和评述富有新意和创见，彰显出唐代美学浓郁、厚重的人文色彩，并升华到了民族精神的高度对唐代美学加以体认。应该说，这样的把握是全面、精准、透彻的。

王明居教授的《叩寂寞而求音——〈周易〉符号美学》从卦象符号入手，紧扣《周易》卦爻象与卦爻辞，把象数与义理统一起来，从多角度、多侧面的去挖掘其中丰富的美学意蕴。王明居教授辩证地、历史地梳理《易经》与《易传》各自的符号美学系统，对《周易》隐形范畴（有无、虚实、文质、美丑、大小、悲喜等）的揭示体现在对《易经》具体卦象的研究和阐释中，层层剥析，逐步深入，体现了历史与逻辑的统一。全书视野开阔，有理有据，体现了作者求真务实的学风。书中积极借鉴了现代科学理论与方法，对《周易》这部古老的经典重新阐释，其中对《易经》符号美学的逻辑判断与二律背反的阐述，让人耳目一新。另外，书中还通过中西比较来揭示《周易》符号美学的特点，使古老的周易研究焕发出新的生机和活力。如对《易经》中的阳爻（一）与毕达哥拉斯学派"一"、《易经》中的大论与康德崇高论、中西意象、中和与和谐的比较等，辨析其同中之异，异中之同，多有精彩的阐释。在形式上，书中多采用一问一答的方式来阐释问题，让艰深晦涩的《周易》活泼有趣，加之作者生动流畅的文笔，使得这部著作不论在学术性上还是可读性上，都在汗牛充栋的研《易》著作中独具特色。

王明居教授在美学研究中还与时俱进，追踪和引领学术潮流。他的《模糊美学》和《模糊艺术论》就是重要的标志。他的模糊美学借鉴了耗散结构理论和模糊数学的思想方法，追溯了中国传统哲学的相关思想。其中既有高屋建瓴的理论系统，又有着多角度、全方位的详尽阐述。论据涉及自然、社会和艺术诸领域。理论与实证兼顾，学术与趣味并包。其中不仅是对研究对象的模糊特征的重视，而且在方法论方面都作出了积极的探索和尝试，对我们的美学研究具有重要的启示，对于研究美的模糊性特征和借鉴现代科学方法研究美学也起到了积极的推动作用。他在这两本书中所表现出来的对传统思想的吸收和批判，对自然科学研究方法的借鉴，对外来学术思想的取舍，也影响到了其他学科的学者。他的著作出版后的这些年中，有多篇论文研究模糊美学问题，一些论著还使用模糊美学的方法研究美学和文学艺术问题，其他临近学科的学者对此也给予了关注。

近几年，王明居教授还多次到境外，在加拿大、俄罗斯和西欧诸国旅游，写下了审美随笔《国外旅游寻美记》书稿，透过这些随笔，我们可以看到他的美学观和人生观，看到他的情趣与理想，是他丰富多彩的人生的写照。

例如，在温哥华，他观赏过北美最大的城市公园（原始森林公园）的壮丽，观赏过印第安人木雕图腾群的狰狞美。在维多利亚，观赏了世界上最大的私人花园（宝翠花园）的绚丽美。在太平洋上，遥观毗邻美国雪山（活火山）的朦胧美。奔驰在迤逦起伏的洛矶山脉中；坐在巨无霸冰车上，攀上哥伦比亚冰川，亲身体验了险峻万状，令人恐惧的痛感与愉悦感交织的复杂情景。在意大利，观照了罗马古城区圣彼得大教堂数学的崇高美，米开朗基罗《创世纪》、《最后的审判》的

绘画美,佛罗伦萨市街道"地毯(以美石铺成)"和米开朗基罗创作的
《大卫》雕像、威尼斯圣马可教堂(意大利唯一的拜占庭式教堂)。在
法国,驻足巴黎凯旋门,乘滚动旋转电梯上艾菲尔铁塔;观照哥特式
建筑艺术典范巴黎圣母院;领悟卢浮宫镇馆三宝(胜利女神像、米罗
的维纳斯、达·芬奇的蒙娜丽莎)的美;游览具有巴洛克风格的凡尔
赛宫及御苑。在英国,观赏伦敦泰晤士河,塔桥,大本钟,白金汉宫,
大英博物馆,唐宁街 10 号英国首相府邸;游览温莎古堡,爱丁堡,牛
津大学,剑桥大学,温德米尔湖(湖畔派诗人渥兹华斯生活创作地),
爱汶河畔斯特拉福镇莎士比亚故居。此外,还游了德、奥、比、卢、荷
等国。

他不仅喜爱欧洲文艺美学,而且具有俄罗斯文学情结。他游览
过被誉为俄罗斯建筑博物馆的涅瓦大街,观照因有普希金抒情诗而
享名的青铜卫士(彼得大帝)雕像,游览了具有巴洛克与古希腊典雅
风格相结合的代表作的冬宫,观照了具有五彩缤纷、千奇百怪的喷泉
之美的夏宫,还有皇村、皇宫;还登上了俄国十月革命一声炮响、给中
国送来马列主义的阿芙乐尔号巡洋舰。在莫斯科大学,瞻仰了列宁
墓,看了建于 20 世纪 30 年代被誉为俄罗斯地下宫殿、至今仍为世界
第一的莫斯科地铁。

以上游历,均丰富与增强了他的人文精神、艺术见地、美学智慧。

王明居教授还具有美文意识。他行文生动,深入浅出,平易优
美,力求把艰深的理论问题说得明白晓畅,讲究者阅读的美学效果,
达到了内容与形式的契合与统一。如《唐代美学》一书中每节小标题
简明扼要,一目了然,多直接取自所探讨文人的著作原文中最精辟的
语句,体现出作者匠心独具的设计,既富有美感,又给我人们以有益
的启迪。我年轻的时候不明白这样做的重要性,后来读到朱光潜、蒋
孔阳等先生的著作,才真正体会到前辈们这样做的重要性和良苦用
心。这同时也是在体谅读者,不仅仅是治学,也是在做人。

王明居教授献身学术、执着探索的精神激励着我们。他淡泊名利，从不炫耀自己；他为人低调谦逊，和蔼可亲，童心不泯，待人以诚，是学生的良师益友。

现在，《王明居文集》由文化艺术出版社出版，这有利于我们对它的研究，我感到是非常必要的！

2010 年 11 月 3 日

（王明居：《王明居文集》，北京：文化艺术出版社，2012 年版。）

王惠《荒野哲学与山水诗》序

　　2005年3月，鲁枢元教授、刘锋杰教授和我三人招考的博士研究生在一起面试，当时在华南热带农业大学（现已合并为海南大学）任教的王惠报考了鲁枢元教授。那时她已经出版了《阅读调查——网络时代青少年文学阅读的社会学研究》一书，发表过若干论文，才华横溢，思路清晰，口头表达尤其灵动，给我们都留下了很好的印象。

　　第二天，在苏大校医院，我再次见到了正在等待体检的王惠。当时她神色惊惶，泪眼婆娑，见到我时，一副避之唯恐不及的模样。后来熟悉了我才知道，原来是她惧怕抽血，所以才表现反常，这也让我加深了对她的印象。

　　王惠入学后跟随鲁枢元教授从事生态批评研究，也听了不少文艺学的其他课程，远远超出了学分的要求。我的课她也上过两门。每次听课，她都坐在头排，听课认真，笔记细致，作业严谨，至今我都还能记得。三年间，王惠不辞劳苦，甘于寂寞，克服了个人生活中的许多困难，专心一意地学习。她广泛涉猎，深入思考，常有自己的独到见解。我所主编的《中国美学研究》就曾刊登过她的一篇《论荒野的美学价值》的论文。其间她还协助鲁枢元教授编撰《自然与人文》和"精神生态通讯"，付出了大量的心血，这在当下的硕博士生中确实已难能可贵。

在博士生三年的学习中，王惠跟随鲁枢元教授从事生态批评研究。生态批评是近年来全球性的文学批评思潮，为文学批评开辟了新的视角，引起了广泛的注意。她的这本博士论文《荒野哲学与山水诗》以荒野哲学和中国山水诗进行跨界研究，探索两者在精神上和逻辑上的一致性，立意高远，独出机杼，曾经获得苏州大学优秀博士学位论文的选题资助。

该书立足于人类文化的后现代反思，对荒野从时空和心理的层面作生态哲学意义上的思考，深入分析其审美价值，进而揭示了中国古代山水诗中深刻的荒野精神，分析了其中的荒野意象，以及其中的趣味生意，进一步阐释了"趣在荒野"的审美理想，论证了其中的情感指向与人生体验，最后以"魂归荒野"作结，倡导回归人类精神的栖息之地，反映了人们以荒野为安顿心灵和永恒体验的家园，并且揭示了荒野在现代性和全球化视野下的独特精神价值。

在研究方法上，本书作了学科互涉和边界跨越的成功尝试，开拓了以荒野趣味体验的视角评价山水诗的新视域，又从精神和逻辑两个向度寻求中西文化的相通与互补，反映了作者对荒野精神价值的独到颖悟，深切体验到了山水诗中的荒野作为人的精神家园的真谛，实现了一种思与诗的完美统一，有着很强的创造性，让人耳目一新，具有深刻的启示和范导性价值，从中反映出作者扎实的专业基础，并已具有独立从事科研工作的能力。

全书视野开阔，视角独特，文思飞动，激情充沛，灵气四溢，且环环相扣，逐层深入，既有宏阔的哲理分析，又有深邃的诗性感悟，显示出作者良好的学术训练及综合运用各种文献资源、理论成果的能力；且结构合理，论证严密，语言畅达，是一部原创价值很高的优秀博士学位论文，相信它的出版会对荒野的哲学研究、生态批评和山水诗等方面的研究产生积极的影响。

　　我期待,王惠今后能百尺竿头,更进一步,写出更多更好的论文和论著来。

　　(王惠:《荒野哲学与山水诗》,上海:学林出版社,2010 年版。)

王昌树《海德格尔生存论美学》序

王昌树的书稿《海德格尔生存论美学》即将出版面世,作为他的导师,我感到非常高兴。这是他在三年博士生学业总结和继续思考的基础上,完成的文稿,是他汗水和智慧的结晶,是他今后学术事业的基础,也是我们三年朝夕相处的纪念。

昌树 2004 年由广西师范大学硕士毕业,毕业论文写的是哈贝马斯的文艺美学观,攻读博士学位的时候,正值我鼓励研究生们做现象学美学研究,加之他以前就对海德格尔很感兴趣,于是就决定研究海德格尔美学思想。三年中昌树读书很刻苦,认真阅读了《存在与时间》和相关美学著述,取得了可喜的成绩,从中显示了他扎实的基础和敏锐的悟性。

海德格尔美学主要是对人的感受状态的审美思考,审美状态是存在的本然状态。海德格尔认为,优秀的艺术体现着伟大的风格,揭示生命和存在的原始状态,生命和存在的原始状态就是审美状态。在审美状态中,存在者的存在成为清晰可见的,而存在者之存在的显现就是"美",美聚天地神人于一方。

昌树的这篇论文对海德格尔美学思想的解读从其生存论哲学入手,以此为起点,对其诗性智慧和艺术本源加以探寻和挖掘,揭示其崭新的美学思想,从历史纵向的视角看到了海德格尔思想对传统哲学思维方法和美学研究方式的颠覆性价值,找到了海德格尔哲学观对传统哲学思想困境的扭转,并指出海德格尔所提出的诗性智慧是扭转现代性不足的根本性解决之道。面对海德格尔的思想海洋,昌树仿佛是一位熟谙水性的水手,时而深潜其中,条分缕析,时而驾驭其上,运用海德格尔美学思想进行现实的艺术批评,如在从物——器具角度分析中国传统经典诗作《江雪》时,以天地神人进入澄明之境、走向无蔽之美归纳其艺术效果,层层深入,丝丝入扣,读来让人豁然开朗。

当然,这个专题的研究还可以进一步深入下去,如对海德格尔思想的追源溯流,强化本论文各个章节之间的内在联系,以及对海德格尔思想局限性的揭示等,均需要花更多的气力。

现在年轻学者面临着生活上的各种压力,在这种背景下我还是希望昌树能够坚守学术阵地,写出更多更好的学术著作来。

(王昌树:《海德格尔生存论美学》,上海:学林出版社,2008年版。)

陈朗《于黑暗中投下的石子:葛兰西文学思想研究》序

　　陈朗是我指导的博士生,2012 年获得博士学位。她的博士论文研究的是葛兰西文艺思想,现在要正式出版,她嘱我写一篇序,我就谈谈对葛兰西文艺思想和对陈朗这本著作的一些感想。

　　安东尼奥·葛兰西(1891—1937)是意大利共产党的创始人之一和领导人,国会议员,曾经发动工人举行武装起义,后在反法西斯斗争中不幸被捕,在监狱中度过了 11 年时光,后因脑溢血病死在狱中,年仅 46 岁。葛兰西是一位才华卓越的理论家,他在狱中勤奋思考,留下了 32 本笔记,后来被整理成《狱中札记》出版。另有 900 多封书信,其中的 456 封被整理成《狱中书简》出版。它们在二战以后获得了广泛的传播,其中包含着许多对于文学艺术的精辟见解,为马克思主义的文艺思想做出了重要贡献。

　　葛兰西作为一位革命家,提出了实践哲学和文化领导权思想。他的实践哲学受到克罗齐的影响,发展了马克思主义理论,以实践一元论统合主客体的关系,是一种历史主义和人道主义思想,体现了深刻的辩证法。而他更受关注的是其文化领导权思想,这不但是葛兰西政治社会思想的核心和立足点,而且是他文学思想的前提和基础。他主张在工人阶级内部培养出有机知识分子,只有在他们的领导下,无产阶级才能推翻资产阶级的统治。他宣扬无产阶级的思想意识,力图把文学领域建设成无产阶级革命的牢固阵地。他的思想产生了广泛的影响。如英国文化研究思想家尚特·墨菲、艾瑞克·霍布斯鲍姆和斯图亚特·霍尔等人。墨菲编过一本《葛兰西与马克思主义理论》论文集,并与拉克劳合著了一本书《霸权与社会主义策略》。霍布斯鲍姆和霍尔都有专文研究过葛兰西。

作为一名马克思主义革命家,葛兰西出身贫寒,所以更能理解普通人的生活及其意义,所以他提出"民族的—人民的"文学观,主张文学应当扎根于意大利人民之中,与人民的感情融为一体,受到人民的广泛欢迎。在黑格尔市民社会理论的影响下,他重视民间文艺,重视大众文化,重视大众媒介的价值和意义。在此基础上,他对通俗文学研究也有自己的独到见解。他提出要建立无产阶级自己的高水平的通俗文学作家队伍,突破了传统文学观中通俗文学作品不登大雅之堂的陈腐观念。当然,他对通俗文学也提出了创新的要求,而不能局限于模仿。而开创大众文化研究范式的伯明翰学派,则在葛兰西去世 20 年后才诞生,可见葛兰西思想的超前性。

葛兰西的文艺思想是奠定在对具体文艺实践分析的基础上的,他对经典作家和当时的文艺现象作了具体而深入的分析。他对但丁和马基雅维利等意大利经典作家有着具体深入的研究,并对同时代的意大利著名作家皮兰德娄的作品作了深入的研究,写出一系列评论。在研究通俗文学时,他着重研究了当时流行的两位科幻作家儒勒·凡尔纳和 H. G. 威尔斯及其作品,客观上成了科幻研究的先行者。而今科幻文学和理论的发达,以及科幻电影在好莱坞的大放异彩,大概都是他当年研究凡尔纳和威尔斯的时候所始料未及的。

此前国内外的葛兰西研究大都侧重于文化霸权、实践哲学、意识形态、市民社会、知识分子理论等问题,而陈朗的《葛兰西文学思想研究》则从文艺学的专业出发,专门研究葛兰西的文学思想。由于葛兰西本人并未留下专门的文学研究论著,其文学思想呈现为大量散落在相关著述中的吉光片羽，加上葛兰西狱中书写的条件限制、隐晦曲折的笔法、札记片段的形式，对其文学思想进行全面细致的耙梳、系统深入的阐发将遇到资料和学理等方面的困难。陈朗则根据葛兰西零散的文学思想，运用互证研究的方法，对葛兰西论著进行互文解读，构筑出葛兰西文学思想的完整体系，凸显了其中潜在的理论张力。

同时，陈朗并未孤立地去研究葛兰西的文学思想，而是将其置于葛兰西整个思想体系之中，尤其是从意大利的思想家和优秀作家的背景出发，深入阐发葛兰西文学思想的现实基础、具体内容和历史价值。更为难能可贵的是，陈朗并没有对研究对象采取随意拔高的仰视姿态，而是秉持一种更为可取的辩证分析和平等对话的态度，实事求是地指出其利弊得失。例如在论述葛兰西的科幻文学批评时，作者不忘指出"由于葛兰西对凡尔纳和威尔斯的批评是从其政治哲学的角度进行的，因而这种批评在某种程度具有先入为主的缺陷"等，秉持了客观的立场。

总之，这本专门研究葛兰西文学思想的专著，结合葛兰西的社会背景和思想背景，系统阐述了葛兰西的文学主张及其影响，值得读者阅读参考，特向读者推荐。

（陈朗：《于黑暗中投下的石子：葛兰西文学思想研究》，上海：上海人民出版社，2018 年版。）

王怀义《红楼梦与传统诗学》序

　　王怀义从硕士生开始向我问学,后来又继续报考我的博士生,现在已经是第五个年头了。我一般是不主张我的硕士生报考我自己的博士生的,原因很简单,基础差的不可能被录取,基础好的,应该到名家那里去学得更多更好,但是对于怀义我却破例没有拒绝。现在,他的《〈红楼梦〉与传统诗学》即将出版,要我写一篇序言,我既兴奋又忐忑。兴奋的是他的著作即将面世,忐忑的是我对《红楼梦》研究无多,本无权发表议论。我曾经对怀义说,在《红楼梦》研究方面,你是我的老师。而且我的老师、红学家应必诚教授已经写了序言,本不需要我再饶费口舌,但怀义一再要求,我却之不如从命,不妨就作为一位先睹为快的读者,谈谈自己的想法。

　　我从小学五年级开始到初中毕业,主要看过的中国古典小说有《三国演义》、《水浒传》和《西游记》等,还有作为短篇小说集的"三言"和"二拍"。那些是我父亲的藏书,我偷着读的。但不知什么原因,我一直没有发现家中书橱里有《红楼梦》。我虽然经常听到大人们谈到《红楼梦》的细节和故事情节,但没有读到《红楼梦》小说。直到我1979年考上大学的那一年夏天,我才从母亲给我的生活费里拿出钱来买了一套《红楼梦》,普通32开,草绿色封面,四册。这是我第一次正式阅读《红楼梦》。后来在大学里我又买了胡适的《中国章回小说考证》一书,是中国书店 1979 年的影印本。坦率地说,我读得似懂非懂。尽管如此,作为一位美学研究者和一位文学创作的爱好者,我对《红楼梦》精湛的艺术技巧和深厚的文化底蕴一直钦佩不已！当我看到怀义考研之前已发表的红学论文时,我感到非常高兴。怀义硕士毕业前,曾经把他的这本红学书稿订成一册拿给我看,我当即予以鼓励,希望他继续充实完善,并认真推敲,细加打磨,一旦有机会就帮他推荐出版。现在,在各方的支持、帮助下,机会来了,本书即将出版。

《红楼梦》凝聚了博大精深的中国传统诗性文化,这不仅在于其中丰富的诗词曲赋,对诗词曲赋的运用固然继承了此前的小说传统,也充分展示了曹雪芹本人的诗才,但更为重要的是,书中的这些诗词曲赋突出展现了小说人物的独特情怀和中国传统的文化底蕴,推动了情节的诗意展开。而且,《红楼梦》的情节和细节都是经过曹雪芹的精心斟酌的,其中对古典诗词的化用和借用,也是精致入微的,即宝钗所谓的"善翻古人之意",其重在意象,推崇神韵,也昭示了曹雪芹的诗学观和传统文化观,体现了曹雪芹本人诗意的人生和情怀。不仅如此,曹雪芹还通过小说中的人物之口,来阐述他本人对诗词的理解和他自己的诗学观,如他对立意和意趣的推崇,对诗词意境的评价,以及炼字等,相当于他自己的一部《诗话》包含在《红楼梦》中。这与当时一些小说家借小说炫才而谈文论艺,进而偏离主题、喧宾夺主是截然不同的。因此,《红楼梦》是诗意的手法、诗意的趣味,诗意的境界,还包含着曹雪芹本人的诗学主张。一部《红楼梦》,正是书香诗情的荟萃。诗性精神使《红楼梦》成为千古绝唱,诗性精神使《红楼梦》贴切入微,从中体现了曹雪芹匠心独具的精巧构思。因此,如果不了解中国传统诗学,是不能深刻理解《红楼梦》的。

怀义把《红楼梦》看成诗化的小说,具有浓重的书卷气和文人情趣。这不仅符合《红楼梦》的事实,也反映了中国小说的诗性精神。对此,怀义作了缜密的论证。在本书中,我们可以看到,怀义紧扣《红楼梦》的文本事实,熟稔历代诗话,引经据典,把论证落到实处,颇为缜密。如对《红楼梦》中有关立意重在真、新、深的分析,颇有条理,且重在实证。他说:"曹雪芹强调意趣乃是以故为新,由法入妙,是极具个性特征的意趣,是透过非个人化的传统法则转化而出,法则与意趣相济为用,潜潜相通。"这是很深刻的见解,其中特别指出了曹雪芹对古典诗意的追求和化用。怀义把黛玉葬花及其所引发的宝玉的思索,引向人类对凄楚归宿的普遍体验的情怀与忧虑,从而揭示了《红楼梦》思想的深刻性。他对《红楼梦》在日常生活中所体现的诗性的哲理,也作了深刻的分析。

《红楼梦》中的意象创造,尤显特色。书中以花喻人,黛玉怜花而自哀等多处描写,充分利用了意象和语言的张力,使小说的含蕴丰富而深刻。它在虚实真假、神话与现实之间,使梦幻和现实得以有机统一,揭示了人生的真谛和社会的世相;在形式上,也形成了一个完整的意象体系。这是曹雪芹人生体验的真实写照,也是他诗性情怀的自然流露,从而深化了他对人生的思索与关怀,使其含蕴丰富,境界高远。怀义在书中重点分析了《红楼梦》的意象化情境。他认为花与水是《红楼梦》的两种基本意象,其中以湘云醉酒与黛玉葬花为例,来分析花的意象,以及他对落花与情爱关系的阐释,对蝴蝶意象的分析等,也是言之成理、持之有故的。他对曹雪芹运用昆曲作为结构全书的素材及其原因的分析和概括,都是严谨周密的。他对其神仙思想与死亡问题的考索同样很周详、严谨。神仙思想与楚辞、游仙诗和诗人的理想人格之间的关系很密切,《红楼梦》中写了很多游仙诗。书中对林黛玉阅读心理的分析,也严谨细致、体察入微。怀义认为,黛玉的"诗作很少是为了与宝玉之间的一己私情而作,她所表达的更多的还是她对自我生命意义和价值的沉思和追问",这是很清醒、很独到的判断。书中最后对红学界和红学研究现状作了实事求是的评估,要求尊重作品本身,我认为这是严谨科学的态度。

怀义来自安徽凤台的乡间,自小酷爱读书,一本《红楼梦》陪伴他度过了儿时的寂寞岁月,让他入迷,也帮助他开启了智慧和人生的大门。功夫不负有心人,他大学时已开始在有关学报和《红楼梦学刊》上发表论文,从此走上了学问之路。通观怀义的这本著作,我们可以看出怀义已初步形成了自己的研究特色。同时也可以看出怀义在宏观驾驭和理论概括方面有自己的长处,特别是对于《红楼梦》审美特点的分析,尤见特色。在论证方面,怀义对于《红楼梦》中曹雪芹经营构思的良苦用心能够悉心体察,反映出怀义敏锐的观察力和提纲挈领的概括力。他把《红楼梦》作为文学作品去读,而不是史料或政治的索隐等,我认为是正确的。在具体分析和评论方面,怀义深刻地思考和剖析《红楼梦》的人物形象,并且透过作品中的具体情境,深入思考人类精神领域中深层的人生理念,真切地关注和联系到当代人的心灵,使全书具有明晰的当代意识。

这本专著是怀义独立完成的学术处女作,而此前怀义与我和其他人分别合著过三本著作,每本他都撰写书中的一半内容。任何学术著作,包括大师的经典著作,都不可能是十全十美的,都是既有长处也有不足的。怀义的这本书也一样,他的有些说法我觉得也是需要进一步推敲斟酌的。如引用西方学者的言论讨论诗与纪事的区别,其实西方的所谓诗是广义的文学,与散文乃至小说,并不是截然不同的,更不是对立冲突的,所以在阐述其中的区别与融合时,要特别细致深入,而诗歌与纪事的关系还可以进一步阐明。另外,文中对于意象含蕴的剖析,对严羽等人的诗论和曹雪芹的比较也可以更圆熟自然一些。上述这些体会仅供参考,是否恰切,请读者和怀义指正。

(王怀义《红楼梦与传统诗学》,上海:上海三联书店,2012年版。)

董惠芳《杜夫海纳美学中的主客体统一思想研究》序

　　惠芳的《杜夫海纳美学中的主客体统一思想研究》即将由中国社会科学出版社出版，她嘱我写一篇序，我非常高兴地接受了这个任务。下面就谈谈我在这方面的感想和我对于本书的一些体会。

　　惠芳硕士期间就读于内蒙古师范大学，硕士论文写的是《杜夫海纳现象学美学中的艺术真实论》。她 2006 年报考我的博士生，我那时正集中研读现象学美学著作。从 2000 年开始，我指导的研究生先后有 9 位硕士、3 位博士选择现象学美学做学位论文。在此背景下，惠芳前期现象学美学的研究基础，是我所感兴趣的。录取后，她就确定了继续研究杜夫海纳美学的方向。本书正是她在博士论文基础上修改而成的。

　　在胡塞尔现象学哲学的影响下，盖格尔、海德格尔、英伽登、萨特、梅洛-庞蒂、杜夫海纳等人将现象学的观念与方法运用于美学领域的研究，被称为现象学美学。如果说，现象学作为一种哲学的方法，受到了一定指责和批评的话，那么，有一种共同的声音说，现象学的方法尤其适合于美学研究。胡塞尔在致霍夫曼斯塔尔的信中说："现象学的直观与'纯粹'艺术中的美学直观是相近的。""世界对他来说成为现象，世界的存在对他来说无关紧要。"出于对胡塞尔的认同，日本学者金田晋的《现象学》也说："美学本来的学科性质与现象学的方法之间有着一种本质上的密切联系。"日本学者的另一位学者大西克礼在《现象学派的美学》中也说过类似的话。意向性概念与美学就有着相通之处,艺术创造和艺术欣赏中就包含着明显的意向性因素——能动的、有目的的、指向特定对象的活动。如果把现象学运用于艺术作品研究,则可以理解为,一要把作品的起源和存在的客观环境悬置起来,摆脱历史主义立场。二要把欣赏者主观的感受和印象悬置起来,摆脱心理主义的立场。三要对作品的审美经验进行还原,终止实用与理论的判断。阿多诺认为:"现象学及其分支似乎命中注定就有助于一种新美学的论述,因为它们强烈反对自上而下的概念程序,而且也同样强烈地反对自下而上的方法,这确实是现代美学应有的样子。"凡此,都说明现象学的方法对于美学研究的重要性。也正因如此,现象学美学得以在世界范围内发展。

杜夫海纳的美学思想诞生于德国现象学向法国现象学的发展过程之中。胡塞尔确立的超越二元对立的思维方式在海德格尔、萨特、梅洛-庞蒂等人的哲学体系中得到了不同维度的发展,同时,现象学与各门类艺术、美学的内在联系也逐渐引起了盖格尔、英伽登等人与上述诸位的普遍关注,在他们的共同启发下,杜夫海纳致力于对美学与哲学的内在相通性进行专门研究。杜夫海纳认为,人类的审美经验可以解决胡塞尔现象学试图克服的二元对立问题,并且在更深的层次为美学的思维方式与现象学哲学的相通性寻求先验的根源。

杜夫海纳的美学思想反映了他超越二元对立的思维方式。杜夫海纳认为审美对象是一种"准主体",强调审美主客体之间是二元合流的姻亲关系,从而消解二元对立,使主客体关系走向和谐;借助意向性思维,杜夫海纳将审美对象与审美知觉统一起来,并指出审美主客体之间既相互区别,又相互关联,从而进一步明晰了人们对主客体关系的认识。他还把知觉与想象视为使主体与客体、感性与理性得以贯通与融合的重要途径。这种超越二元对立的思维方式实现了美学理论建构从认识论向存在论的转向,并给美学研究带来方法论上的启迪和借鉴。

惠芳在本书中力图从现象学、现象学美学的语境中把握杜夫海纳美学思想的特色与价值。她认为"杜夫海纳美学的建构路径也是其超越主客二元对立的思维方式逐渐展开的过程",因此,杜夫海纳美学中的主客体统一思想自然地与现象学的思维方式一脉相承。她在对杜夫海纳的主客体统一的美学思想进行研究时,充分地注意到了杜夫海纳美学的渊源,专门对杜夫海纳美学的现象学渊源与存在主义渊源进行了探究。在论述很多具体的问题时,惠芳也力图在现象学与现象学美学的背景中见出杜夫海纳的特色与贡献,如将杜夫海纳对审美对象的界定与盖格尔、英伽登、萨特的界定相对照;对审美对象的存在方式的理解,她深入剖析了其与胡塞尔图像客体的存在方式的关联,以及与萨特和英伽登的差异;对杜夫海纳审美知觉的认识,她在系统梳理这一理论与胡塞尔的意识知觉和梅洛-庞蒂的身体知觉的内在联系的基础上彰显杜夫海纳的贡献;对于审美知觉中的想象,她则通过杜夫海纳与萨特的对比,突出了杜夫海纳想象理论的独到价值。通过这些缜密的论述,胡塞尔现象学与杜夫海纳的现象学美学之间的内在逻辑演变得到了较为清晰的阐释,现象学哲学的具体观念和方法在美学问题上如何得以具体运用也变得具体实在了。

杜夫海纳的思想庞杂,涉及哲学、美学、艺术、语言学、社会学等多个领域,而且杜夫海纳的美学思想与 20 世纪的各种哲学论题具有密切的关系。然而杜夫海纳原著的中文翻译从 1985 年开始至今,只有《审美经验现象学》、《美学与哲学》(第一卷)和《当代艺术科学主潮》。囿于资料引进和翻译的限制,国内学界对杜夫海纳美学体系的内在发展脉络尚缺乏完整、清晰的认识,因而影响到对其美学、哲学体系的整体认识。本书在尝试理顺杜夫海纳理论中的意向性、人与世界、审美经验、先验、自然、存在、造化自然与自然哲学等关键词之间的纷繁复杂的流变和关系,推衍杜夫海纳美学体系的内在演进逻辑,分析、探索杜夫海纳美学理论建构的内在理路等方面,都做出了一定的努力。

　　本书还有一些地方值得进一步深入研究。例如杜夫海纳美学主客体统一的思维方式与中国古典美学的物我关系有一定的契合之处,目前一些研究者已经注意到了这一点。从思维方式的角度对杜夫海纳美学与中国古典美学进行深入的思考与研究,对于中国当代美学建设也有一定的参考价值。这是杜夫海纳美学及现象学美学研究应该予以重视的问题。

　　以上是我读本书的一些感想,不当之处,尚请惠芳和学界同仁指教。我祝愿惠芳今后在学业上日益进步,做出更大的成绩来。

　　(董惠芳:《杜夫海纳美学中的主客体统一思想研究》,北京:中国社会科学出版社,2015 年版。)

谭玉龙《明代美学之雅俗精神研究》序

朱志荣

玉龙本来是四川师范大学钟士伦教授的高足,皮朝纲教授对于他的能力和潜力评价也很高。2013年,他考入华东师范大学中文系,从我问学,攻读博士学位,学制四年。玉龙思想活跃、学习认真刻苦,读博期间,不但在C刊发表了多篇学术论文,而且在三年内撰写了30多万字的博士毕业论文,以优秀毕业生的成绩提前一年毕业,受到了评审专家的好评。现在,他在博士论文基础上修改压缩的《明代美学之雅俗精神研究》一书即将出版,他要我写一篇序,我近期虽然杂务较多,但依然非常乐意重读该书的内容,谈谈自己的看法。

我1995年进入苏州大学任教后,曾有机会向范伯群教授请益,对现代通俗文学有了全新的理解。我在20世纪末撰写《中国文学导论》时,专门撰写了"雅俗论"一章讨论雅俗文学的关系。后来研究明代美学思想和艺术批评理论时,我也关注明代美学的雅俗问题。我认为代美学的雅俗关系在明代美学思想中有着重要的价值和地位。我认为"雅""俗"及其关系是中国古代美学的重要问题,"雅俗互动"是中国审美意识变迁的主要动因之一,诗歌、音乐、绘画、书法、戏剧、小说等所有古代艺术门类都需要辨别雅俗关系。因此,20多年来我一直十分重视"雅""俗"及其相关问题的研究。玉龙选择博士论文题目时认同我的判断,选择明代美学思想中的雅俗观念进行研究,取得了不俗的成绩,可喜可贺。

在本书中,玉龙将明代美学的雅俗精神放置在中国美学雅俗精神的整体视阈中进行观照,从"雅""俗"审美意识的产生及其向"雅""俗"美学思想的转化,以及儒家美学、道家美学和佛教美学之雅俗精神等方面追溯了明代美学雅俗精神的理论渊源,从而为明代美学之雅俗精神的生成与发展确立了理论源头。作者提出,明代美学思想中的"崇雅斥俗"便是对儒家美学"崇雅斥俗"、"尚古贬今"的承继与发扬,而佛道美学的雅俗观则影响并渗透到了明代美学之"超越雅俗"精神之中。

书中还着重阐释了明代美学雅俗精神的丰富性、复杂性和生动性。作者不仅精准地提炼、概括和归纳出明代美学在雅俗关系问题上的三个面向,即"崇雅斥俗"、"尚俗贬雅"和"超越雅俗",进而对明代美学之雅俗精神有了全面系统的把握。他还打破了以往学界对明代美学"由雅到俗"的传统观点,认为明代美学之雅俗精神并非由雅到俗的单线发展,"而是以'崇雅斥俗'为主线、伴以'超越雅俗'贯穿始终的,其间'俗'又兴起,逐步形成了'崇雅斥俗'、'尚俗贬雅'、'超越雅俗'多线发展的态势,从而形成了儒家'崇雅斥俗'、市民阶层'尚俗贬雅'、道教'超凡脱俗'、佛教'非雅非俗'多元共存、四足鼎立的局面"。这是全书的核心观点,是作者的创见,也可视为明代美学之雅俗精神相比于其他朝代的特色所在。

作者力图通过"雅俗精神"这一切入视角将文艺美学与人生美学沟通和统一起来。"雅"、"俗"的问题既指文艺作品之雅俗,也指文艺创作者自身的审美趣味、人格修为和精神境界之雅俗。本书也多次强调,要创作出高雅的文艺作品,艺术家要有"高尚的人格修为、高雅的审美品位和德才兼备的业务水平","雅"文艺要以"雅"人为基础,这也对当今文艺的建设与发展具有借鉴和启示价值。此外,本书不仅研究明代美学雅俗精神"是什么",还对如何创造雅与俗、如何达到雅与俗进行了探究。其中，作者在书中特别强调了"醉"，这种"醉"不仅是一种超越雅俗的工夫，它还是一种超越雅俗的境界，明人多在"醉"中进行艺术创作，从而进入"超凡脱俗"的境界。

在书中，作者能够用动态且辩证的眼光看待明代美学之雅俗精神的发展演变，如作者指出了朱权的音乐审美理想的转变，即由"靖难之役"前的崇儒尚雅到"靖难之役"后的"超越雅俗"。同时，作者还指出了部分美学家雅俗观的多面性和交融性，如徐上瀛在"黜俗归雅"的同时，又追求超越具体雅俗而具有形而上特质的"大雅"之境，从而突显了徐上瀛雅俗审美观的独特性。此外，作者对明代美学之"尚俗贬雅"观中"俗"的内涵也进行了细致的辨析，指出"俗"具有世俗、通俗和低俗、庸俗、流俗两义，并分析了"化俗为雅"、"雅俗共赏"的雅俗观，使"俗"的内涵得到进一步揭示。

受篇幅的限制，本书还有一些未尽的内容，今后可以进一步探讨。例如在艺术门类方面，明代的园林、服饰、器物等日常生活美学中的雅俗精神，文艺美学的雅俗精神与日常生活美学中雅俗精神的相互关系，也值得深入探讨。明代中叶以后，雅俗关系更趋复杂，尚雅与尚俗如何交织互动，相关论述也可以进一步丰富和深化。

总之，全书文献丰富翔实，旁征博引，对文献的爬梳和阐释细致周密，论从史出、史论结合，尽可能地还原明代美学之雅俗精神的本来面目，是作者深入思考的结果，属于这一研究领域的优秀著作，值得学界同仁的关注和阅读参考。

以上是我阅读本书的体会，不当之处，请玉龙和学界同仁指教，并祝愿玉龙在今后的学术研究道路上不断精进，取得更大成绩。

（谭玉龙：《明代美学之雅俗精神研究》，北京：中国社会科学出版社，2019 年版。）

夏开丰《绘画境界论》序

　　开丰是美术学专业出身,硕士期间师从孙乃树教授,硕士论文研究当代英美艺术定义问题。2009年随我攻读博士学位,博士论文研究中国绘画的境界问题,其中体现了他个人的独特领悟。博士毕业工作后,他在职跟随孙周兴教授从事博士后研究,并有机会去芝加哥大学访学,得到黑格尔专家罗伯特·皮平教授的指导。他的这本《绘画境界论》专著,是在诸多学者的影响下,对博士论文做了伤筋动骨的修改,七易其稿,发生了质的飞跃,已经是一部焕然一新的著作了。它从内容到结构到思路到境界,都比博士论文有了非常大的变化,其中中西融通的研究方法,使得他的理论视野和学术境界有了极大的提升。坦率地说,在对影响开丰的诸多学者中,我本不够格为他的这部书作序,我本人近期也因各种杂事缠绕,无暇认真钻研本书。但开丰一直坚持要我作序,我只能从命,勉力写下以下的体会。不当之处,请开丰和广大读者指教。

　　从本书中我们看到,开丰是在中西美学理论的对话中,面对当代艺术的现实问题,运用美术学、美学、人类学、历史学等多学科的方法从古代文化传统和西方当代理论中汲取营养,回应现实,探究绘画的境界问题。他从黑格尔和丹托的艺术终结问题讨论入手,为当代艺术的困境寻求出路,探讨艺术的境界问题,力图将中国古代的道禅哲学与西方现代绘画思想融会贯通，重视对相关思想进行追源溯流，结合大量的美术作品进行论证，从古代绘画思想的历史进程中对境界思想进行归纳，探求中西思想的异同和境界差异，考察绘画境界的生成和呈现特点，从中显示了他广博的知识面和敏锐的问题意识，以及驾驭和解决问题的能力。

开丰考察了境界在古代文艺思想中的生成过程，以"形"和"像"作为境界创构的基础，把境界的内涵归纳为物境、空间布局、艺术世界和象外之境四个方面，并在揭示王国维境界论诗学的未完成性基础上，继续推进了绘画境界论的建构。他认为，境界中所包含的本体和现象、外部和内部、主体和客体之间不存在区分和对立，画家在作画过程中先行敞开，使事物自行发生和显现，从而以一种无意的方式超越主客对立，最终走向与万物融合、与道为一的境界。因此，他所说的境界不是绘画再现的外在世界或空间，而是一种整体视野。这是一种境界本体论。他还认为，绘画作为人的创造物呈现出精神的境界，而一体化是绘画的最高境界。在这种境界中，人实现了与万物一体，物能反观我，物我能相互转化，这种一体化正是绘画的本然境界，也是人的本然境界。

提升绘画的境界是中外画家千百年来追求的目标。开丰结合大量绘画作品的实际和学者对此的反思加以分析探讨，提出了自己的独到见解，不仅有力推进了绘画境界问题的研究，而且在此基础上也有力地提升了自己的学术境界。我期待开丰对绘画境界问题的研究能得到学界广泛的重视，以推进绘画境界的研究和中外绘画作品境界的提升。

（夏开丰：《绘画境界论》，北京：文化艺术出版社，2021 年版。）

杨晖《叶燮诗学研究》序

　　杨晖兄是我多年的朋友,现在是江南大学文学院的教授和副院长。我们结缘于 30 多年前我读硕士研究生的时候,他和高玉兄等作为助教进修班同学进来,我们一起听课,一起学习,一起讨论问题。后来他攻读博士学位,曾经和我探讨过他的博士论文选题,确定研究叶燮的《原诗》,从此开始了长达 17 年之久的叶燮诗学研究,其间还于 2014 年获得了国家社科基金的资助,本书就是在基金项目结项成果的基础上修改润色而成的。

　　叶燮是清初重要的诗论家,现代以来学者们经历了一个逐渐对他给予关注的过程。林琴南先生主办的《文学讲义》1918 年以《诗法精义》为题,节选了《原诗》的片段。朱东润先生在《中国文学批评史大纲》1933 年左右的讲义里,就曾经评述了叶燮的《原诗》。郭绍虞先生在 1947 年出版的《中国文学批评史》下册,也做过较为系统的论述。人民文学出版社 1979 年曾经把《原诗》与《一瓢诗话》和《说诗晬语》合出一个集子,使《原诗》的文本得到了广泛的流传。蒋凡 1985 年在上海古籍出版社出版的小册子《叶燮和〈原诗〉》对学界了解叶燮及其《原诗》也起到了推广作用。2014 年上海古籍出版社又出版了蒋寅教授的《原诗笺注》,使叶燮的诗论思想获得古代文论界的进一步重视。

　　对于叶燮的诗学思想,20世纪的多位学者,都曾经极为推崇。朱自清先生在1947年出版的《诗言志辨》里就曾经说:"叶氏论诗体正变,第一次给'新变'以系统的理论的基础,值得大书特书。"金克木1984年在《读书》第9期中曾经给予叶燮和《原诗》很高的评价:"并不流行的叶燮的《原诗》却是独具特色,几乎可以说是前无古人。它不但全面,系统,深刻,而且将文学观和宇宙观合一。""叶燮不仅将宇宙观与艺术观合一,而且看出'正、变'与'陈、新'等的'对待'即辩证关系,并组成了完整的思想体系。"叶朗先生在1985年出版的《中国美学史大纲》也认为:"叶燮是一位在中国美学史上作出卓越贡献的人物。叶燮的《原诗》是中国美学史上最重要的美学著作之一。""王夫之美学体系和叶燮美学体系这两颗巨大的恒星构成了光辉灿烂的双子星座。它们将永远为中华民族的后代所敬仰。"叶燮的诗学思想确实值得我们给予进一步的重视。但是从目前情况看,学术界对于叶燮诗学的整体思想研究得还不够,叶燮的《已畦文集》迄今尚未有人对它系统地加以整理。

　　杨晖兄于2008年在广西师范大学出版社出版了他的博士论文《古代诗路之变——〈原诗〉和正变研究》。而本书则对他前期的"正变"研究的补充和深化,并且将"活法"和"陈熟生新"在前人的基础上有所推进。他的贡献主要在以下几个方面:

　　一是立足于翔实的文献基础,重视叶燮思想的原创性。书中对资料占有较为丰富,本着知人论世的态度,对叶燮本人的创作实践和包含史料的传、序、跋都给予了充分的重视。对台湾等地硕博士论文等相关的研究成果,也给予了充分的重视。

　　二是在历史语境中讨论叶燮的诗学。书中重视对叶燮诗学思想中特定历史语境的呈现,进而分析明末诗学精神中批判性这一时代特征,梳理相关概念的谱系,并将具体的诗歌创作放到诗歌演变的长河中去分析诗歌创作的得与失,经验与教训,使叶燮诗学思想中对诗

歌作品及其创作的分析充满历史感，

三是重视前人尚未重视的叶燮诗学思想。在前人更多地阐发叶燮的理事情、才胆识力和正变思想的基础上，杨晖重点阐述了叶燮的活法观念，并一步分析了陈熟与生新的关系。书中选取叶燮诗学思想中对立统一的三对概念，即正与变、死法与活法、陈熟与生新，集中呈现了叶燮诗学思想中独特的思维方式。

四是重视对叶燮思想的现代阐释。文中从当代视角出发，适度借鉴现代方法，与叶燮的文本进行对话，在尊重文本细读的基础上，对叶燮的思想作同情的理解，进一步阐释叶燮诗学思想的价值，从而深化和拓展了前人的相关研究。这对于当下的诗歌鉴赏实践和文论建设具有相当的价值。

叶燮的诗学思想值得进一步深入研究，杨晖兄的这本书做出了重要贡献。我以前给学生讲授《沧浪诗话》研究课程的时候，一直在强调，对于中国古代诗论研究，要重视追源溯流、中西参证、理论自洽和理论与实践的结合这四个方面。杨晖兄在这四个方面都做出了一定的努力，我期待杨晖兄今后在叶燮诗学思想方面有更多的成果呈现给学术界。

（杨晖：《叶燮诗学研究》，南京：凤凰出版社，2022 年版。）

张方《中西文论讲话》序

张方教授和我同年，任教于解放军艺术学院，先后担任过文学系系主任和学校的副院长。20 世纪 90 年代初，我们曾经有缘在复旦大学南区一起攻读博士学位，他高我两届，是我的学兄。我不会下围棋，向他们学下棋，常常挨宰。我的臭棋给他们带来了很大的乐趣，所以张方兄出谜语取乐说："朱志荣下围棋，打孔子一弟子名。"谜底是："宰我。"每天晚饭以后，我们一起出去散步，海阔天空地谈论各种趣闻轶事，交流相关体会。我本来中等身材，但是站在身材高大的张方和陈引驰之间，显得尤其渺小，以至于有女同学向我提出批评，说我和他们走在一起散步，反差太大，给大家很乖讹的感觉，希望我再也不要和他俩一起散步了。但尽管如此，我还是坚持走在两个巨人之间，就这样一直持续到张方兄去北京任教。

张方兄 1982 年在华中师范大学本科毕业后，到中南民族大学任教，其间师从王先霈教授攻读硕士学位，研究小说的文体特性。他博士期间师从王运熙教授，研究方向是中国文学批评史，从中国古代形式批评的角度研究语言的文学观。当代做中国文论研究者，或将中国古代文学批评思想作为遗产，剔抉爬疏，考镜源流；或将其作为资源，借鉴西方的理论方法，进行现代阐释和理论建构。张方兄的学术研究既有追源溯流的历史意识，又有理论阐释的逻辑意识。而他的理论阐释,则既继承了刘勰至明清时代的文论学者的阐释方法,又借鉴了西方文论的思想方法,重视中西文论的相互参证。这使得他的文论研究具有独到的创获。

张方兄的主要著作有《中国诗学的基本观念》《虚实掩映之间》《文论通说》《文学说略》《文学批评:观念与方法》等。在这些著作和发表的论文中,张方兄有明确的理论体系意识和自觉的方法论意识。缜密地分析文论中重要的核心概念和范畴,明晰地阐述自己独到的体会。他从多学科交叉入手探索文论问题,重视与文论相关的哲学、美学、伦理学知识,具有中国古代的经学和小学方面的知识素养,注重中西文论的比较和会通,力求史论结合,真正从人文知识的融汇贯通中研究中国文论。虽然张方兄的主要专业领域是中国古代文论,但是他花费了很大的气力研究西方文论。仅在重要学术刊物上,他就发表了 8 篇之多的西方文论论文,内容涉及弗洛伊德、卢卡契、海德格尔和萨特等人的文论思想,涉及文学批评中的间性等问题,涉及现象学的文学理论、解释学文学批评和文学批评学的观念和方法等。这不仅使得他有力地拓展了学术视野,而且在研究方法上得到了很好的训练。他为研究生开设的《马克思主义人文学导引》课程,也出版了专著。其中不仅体现了他渊博的学识,也彰显了他多学科融通、中西参证等方面的理念和主张。

“讲话”曾是一些大家撰写雅俗共赏著作的文体,既向读者讲授基础知识,又体现了著者多年的学术思想的积累,如吕叔湘、朱德熙的《语法修辞讲话》等。周振甫的《诗词例话》也属于这一类,是周振甫先生的代表作之一。这本《中西文论讲话》主要是奠定在张方兄多年学术积累和研究生课程教学的基础上的。他从 1997 年开始为研究生开设“中西文论专题”的课程,从中积累了很多的灵思妙悟,其内容大都保存在这本书中。他的著作出入古今,驰骋中西,既体现了时间上的绵延流变的历程,又考辨了中西文论的异同。在中国文论方面,张方兄重视分析基本概念和基本术语,重视文论家、文论名著和文体批评,重视结合具体文学作品理解文论思想,并把它们放到具体的社会历史背景中,还原理论发生的场景,明晰理论对话的对象,聚焦理论所要处理的问题,注重背景知识的分析和文论思潮的发展流变,揭示其"文变染乎世情,兴废系乎时序"的具体特征。在西方文论方面,张方兄重视文论的系统性和古今发展脉络,重视关键概念和文体意识,重视从中国文论的背景理解西方文论,重视西方文论特别是当代西方文论对于我们当下文论建设和批评实际的现实意义。张方兄的语言表述也是要言不烦,洗练流畅,又幽默风趣,体现了他的学术功力和率真性情。阅读本书,不仅可以丰富读者的文论知识,生发对中西文论的兴趣,而且从中可以获得作者独到的见解和方法论的启示。

张方兄为人善良、正直,胸襟磊落,乐于助人,我俩有缘相识相聚,能够持续近 30 年的友谊,也是人生难得的知己。他从来没有请别人为他的著作做过序,这次他命我为本书作序,我本没有资格,后来想到他更多的是为我们的友情留下永久的纪念,遂从命捉笔,写下以上的话,以此作为我俩学术志趣相投的见证。

(张方:《中西文论讲话》,南昌:百花洲文艺出版社,2020 年版。)

张硕《李泽厚"本体论"实践美学思想》序

　　张硕于 2014 年通过推荐免试升入华东师范大学中文系攻读文艺学硕士学位,由我担任指导老师。他基础扎实,勤奋刻苦,思想敏锐,在学术研究方面悟性好,具有很大的学术潜力。求学期间,他苦读专业知识,勤思好问,发表了十余篇学术论文。毕业之后,他常常与我联系,从沟通中得知他在繁忙的工作中仍不忘读书写作,不仅拿到了研究课题,还发表了多篇语文教学论文,这一点对于一位扎根一线的中学老师来说是非常难得的。现在他又完成了十多万字的李泽厚思想研究书稿,让我来写一篇序作为指导老师,我有义务向大家推荐本书。

　　李泽厚思想体系的建构深受西方思想的影响,诸如康德、黑格尔、马克思、恩格斯、荣格、海德格尔等人的学术著作,李泽厚都很认真地研读过,对他的思想产生了深刻的影响。而深厚的中国传统思想,特别是儒家思想,更是深深地扎根于李泽厚的思想之中。这些前人的思想对李泽厚本体论实践美学思想的形成、发展和完善都产生了深远的影响。而李泽厚本人的学术包造性和理论建的天赋能力使得他的思想具有高度的体系性和原创性特点。

　　李泽厚的实践美学从 20 世纪 50 年代开始萌芽成型,到 20 世纪 0 年代趋于成熟,而 20 世纪 90 年代以后他的本体论释又从多个维度对美学本体问题做出了积极的开拓和完善,特别他在后期对"情本体"的强调有一定的积极意义。由于这种多维的本体思想不是在同一个时间内形成的,因而在逻辑上难免会存在龃龉的地方,而这一点正反映了李泽厚思想不断丰富和发展的特征。相比之下,李泽厚后期思想是对其前期思想的修正补充和完善。

李泽厚所建构的实践美学形成了一个队伍庞大的美学学术流派,在中国当代产生了极为重要的影响,是20世纪中国美学流派中最重要的美学流派。20世纪80年代以后所出版的各种美学教材绝大多数都采纳和发展了李泽厚的实践美学观点。在一定程度上我们可以说,李泽厚在美学领域的影响是他在学术界产生的最重要的影响,因此,对李泽厚实践美学思想的研究和总结是中国当代美学史研究中极为重要的内容。

张硕的这本《走向李泽厚"本体论"实践美学》以"本体论"为纲来讨论李泽厚的实践美学思想,从动态发展的眼光研究李泽厚的实践美学体系,力图追源溯流,厘清李泽厚的思想渊源,阐释李泽厚思想的内在逻辑,解释其思想的发展脉络,揭示出李泽厚思想的方法论特点和现实价值,对后继的李泽厚美学思想研究具有一定的启发意义。

(张硕:《李泽厚"本体论"实践美学思想》,上海:上海交通大学出版社,2021年版。)

《中国门类美学史丛书》序

　　中国古代有着丰富的美学思想资源，自从百余年前美学作为现代学科引进中国以来，美学工作者们在研究、评介西方美学的基础上，逐步深入地整理和研究中国古代美学思想，从朱光潜先生的"移花接木"到宗白华、邓以蛰先生等人的援西入中等，开拓了中国美学史的现代研究。而后继的研究，又继承和发展了前贤的相关探索。其中包括北京大学哲学系美学教研室《中国美学史资料选编》和《中国历代美学文库》以及一些书论、画论、文论等方面的文献资料整理，也包括李泽厚、刘纲纪的《中国美学史》和叶朗的《中国美学史大纲》等一系列美学史研究，都做出了积极的贡献。而近些年来中国美学史的研究也在不断深化。

　　中国美学思想研究主要集中在两个领域：一是儒、道、释等哲学论著中的美学思想，二是文学、书法、绘画、音乐、园林等门类艺术中的美学思想。其中，中国各门类美学有着丰富的思想资源，相关论著堪称彬彬之盛，尤以文学、书法、绘画、音乐理论最称繁兴，以诗文、书、画、乐等方面的论、评、品、话等形式存在的专门性的理论著作尤其丰富。而在正史、方志、诗文、笔记、序跋甚或小说、戏曲等史料中，同样能够爬梳出大量关于舞蹈、建筑、园林、工艺等门类艺术的理论思考。

　　中国门类美学史方面的探索和专题探索，在过去的几十年中也有了较为丰富的成果,有了一定的基础。在此基础上全面系统地研究中国门类美学史,目前已经水到渠成,而且显得非常重要。这既是中国美学史研究进一步深化的需要,也是中国当代美学理论建设的需要。

中国门类美学史是根据艺术对象的不同而进行的专题美学研究,其涵盖面广泛,涉及多方面的专业知识,难以做到以一人之力完成诸多门类的美学史研究,需要国内相关专家齐心协力,共同完成。目前门类美学研究主要还是各攻其专,没有统一的规划,未能形成一个整体系统。因此,我们在前贤研究的基础上,针对不同门类艺术的特点,集中各相关领域的同仁,采取多人合作的方式,进一步深入研究,撰写一套《中国门类美学史》,包括文学、戏曲、音乐、书法、舞蹈、建筑、园林、工艺、绘画等,从艺术的角度对中国美学史进行系统的研究和阐述。

本丛书力图以统贯全书的中国美学基本思想、基本范畴和基本命题为基础,将文献记载与艺术作品分析有机地结合起来,将艺术美学的发展历程与整个文化发展有机结合起来,揭示出中国艺术审美规律的发展历程,对我国各种类型的艺术美学的历史、流变、成就等作系统概括和总结,对各门类美学思想的总体框架、基本思路、研究方法和主要论题作深入探讨,并将这种美学思想与具体艺术研究相结合,使美学理论有具体的实践基础,从而有利于指导艺术实践。

本丛书还深入探讨各门类美学的历史脉络,对中国从古到今的美学现象、范畴、命题、特性等进行系统研究,使美学学科更为成熟,理论更为严密,以促进中国门类美学史的进一步发展,使中国美学史研究更为具体和深入,并有助于建设中国特色的美学体系,为和而不同的全球化美学作出独特的贡献。这也是中国美学史研究中的现实需要。

本丛书突出时代最有代表性的门类美学思想,有理有据阐发出具有独创性的美学见解,为今后的进一步研究积累经验和教训。对各门类美学进行系统研究,从艺术美学的各个门类入手,广泛而又典型地包罗了最具代表性的中国美学史研究,进一步开拓了中国美学史的研究视野,更细致地分析中国传统审美意识与美学思想中的理论与实证资源。

在对各门类美学的系统归类上,本丛书以单册专著的形式观照门类美学的历史流变和本质特征,又以合辑丛书的形式统摄超越门类畛域的美学总体演化。在共性与特性的对照映衬中阐述了不同形式的艺术和各门类美学所共同遵依的审美规律,深入探讨各门类美学的历史脉络、结构组成、思想渊源,使中国美学的研究落到实处。

本丛书的撰写还反映了"纵横交错"的特点。从纵的方面看,本丛书以时间顺序为纲,撰写了各个艺术门类在不同时期的美学特质和风貌以及该门类美学的发展轨迹,展现了在此艺术门类中体现的当时人们的审美理想和审美趣味。从横的方面看,本丛书的各门艺术美学史交相辉映,同一时代的各门艺术美学思想相得益彰,共同构成了较为完整的中国艺术美学史。读者可以根据自身的需要、兴趣选择本丛书中某一或几个艺术门类美学史阅读,从中看出某艺术门类美学史的嬗变轨迹。

现在,在山西教育出版社的领导和各位编辑的支持和辛勤努力下,这九本门类美学史著作即将陆续面世,接受读者的检验和批评。我们相信,中国门类美学史的研究将会推动美学史研究在结合中国实际、借鉴西方当代美学成果、以及继承中国传统思想的基础上获得新的发展,从而对推动新世纪中国美学理论的建设和发展起到有益作用。当然,限于水平,我们的上述努力目标未必都能达到,书中一定还存在这样和那样的不足,我们恳切地期待同仁和广大读者的批评指教,使我们能在今后的研究中不断改进。

(《中国门类美学史丛书》,太原:山西教育出版社,2013年—2022年版。)

殷晓蕾《中国原始岩画中的生命精神》序

　　殷晓蕾是南京艺术学院 2002 届的博士毕业生，她的父亲殷呈祥教授曾经是我的恩师汪裕雄教授的老同事和好朋友。这本《中国原始岩画中的生命精神》是她在博士毕业论文的基础上修改而成的。去年年底，她就嘱我写一篇序，该序本来应该由她的导师林树中教授来写，但林先生现在已经是 88 岁的高龄了，汪裕雄教授也于前年过世，考虑到这些因素，我把写序的事应承了下来。虽然这本博士论文我 10 年前就已经读过，可是由于前些时候手边杂事太多，我把写序的事一直拖延到今天。下面就简单谈谈我对本书的一点体会。

　　中国原始岩画是原始先民早期精神活动的百科全书，它通过石头上的刻写得以长久保留下来，是原始先民精神生活的活化石，其中也包涵了先民们的审美趣味和审美理想，更包括艺术传达的方法和技艺，其取象的方式，生命意味的表达，线条的写意性和象征性的运用，乃至构图布局等，都积累了丰富的经验，对上古时代的文化和艺术乃至后世的中国绘画等，都产生了广泛而重要的影响，迄今都还具有魅力和活力。

　　晓蕾在充分掌握中国原始岩画研究现状的基础上，借鉴了人类学、民族学、神话学、宗教学和考古学等学科的研究方法和研究成果，对中国原始岩画进行综合研究。她适度运用西方的相关理论和方法,从原始人生命和生活的历程中,探索史前特定的自然环境和社会环境对原始岩画表达意蕴和表达方式的影响;从宗教和巫术文化的历程中,探求他们的岩画艺术活动,对具体的刻划岩画作品和彩绘岩画作品进行分析。她在将中国原始岩画与相同或稍晚时期器物进行比较的基础上,总结岩画艺术的创作规律,从实证中得出结论。在余论中,她尤其揭示了这些岩画中的观物取象和线条等对于中国绘画的影响,我认为是非常深刻的,是值得进一步深入探讨的。

生命意识是中国古人审美意识和艺术思想的重要特征。晓蕾在书中立足于探求审美意识中的生命意识,从艺术规律的角度进行探讨,尤其是从生命意识中探求艺术的流变及其特征。在书中,晓蕾将中国岩画艺术看作是由生命意识的历史演进建构起来的形象世界,据此解读远古人类的心灵与情感,感悟他们的审美意识,深层探索岩画艺术仍然保持鲜活的生命力的原因。她从自然崇拜、图腾崇拜和祖先崇拜的历史发展的角度,尤其以生殖崇拜的视角探讨了中国原始岩画中生生不息的生命意识的表达及其演进的历程,肯定了中国艺术中的生生特征。其中,她对于题材上所体现的生殖崇拜等方面的特征分析,对男女生殖器崇拜,以及交合图等方面的分析尤其细致。在晓蕾看来,原始时代特定的自然与社会环境决定了原始岩画的独特符号与内涵,其意蕴主要表现了原始先民以生殖崇拜为核心的偏重自然本能的生命意识。对于这一点的论述,晓蕾有她的独到之处。

本书的主干作为12年前完成的一篇博士论文,在今天看来显得颇为可贵。书中立足于具体岩画作品进行实证,观点鲜明,论证可靠,条理清晰,对我们研究中国原始岩画的艺术特征和审美意蕴,有着重要的参考价值,值得向学界推荐。

（殷晓蕾:《中国原始岩画中的生命精神》,合肥:安徽教育出版社,2014年版。）

竺洪波《西游记辨》序

朱志荣

　　洪波兄是我的同事,近十几年来我们在同一个教研室工作,相处融洽。他长我两岁,是我的学长。我们俩本科都是 79 级的,他当年考入复旦大学中文系,聆听过诸多名师的教诲。1983 年他本科毕业后,直接考上应必诚教授的文艺学专业硕士研究生。应老师是《红楼梦》研究和马列文论研究等领域的大家,因此,洪波兄在学术研究方面,是得到应老师的真传的。我在复旦大学中文系师从蒋孔阳先生攻读博士学位时,应老师是我的副导师,这样我们俩先后都是应老师的学生,因而也常有缘在一起聚会。

　　我对《西游记》从未专门研究,只是自幼非常喜爱而已。爱屋及乌,遂对《西游记》研究专家肃然起敬。我上小学的时候,一位老师经常讲《西游记》的故事,吊起了我的胃口,正好家里藏书中还有一本《四游记》,东西南北四大游记也就一并读了。因识字数量和理解力的限制,读得似懂非懂,只记得一些粗略的情节。当时有一本《孙悟空三打白骨精》的连环画很流行,又看到附近的一位画家画《孙悟空三打白骨精》的水彩画,引起了我和一位同学模仿的冲动。我们无知胆大,也画了四幅《孙悟空三打白骨精》水彩画挂在墙上。大一下学期,我曾读过胡适的《中国章回小说考证》,其中就有《〈西游记〉考证》。可惜当时我自己并无能力深入探讨,加之后来兴趣他移,对美学入迷,未能致力于《西游记》研究。尽管我自己后来未能研究《西游记》,但是洪波兄这样专门沉潜其中,对《西游记》进行专门系统深入的研究,让我由衷地感到敬佩。

洪波兄自新世纪初师从齐森华教授在职攻读博士学位,深入研究《西游记》以来,一发而不可收,术业专攻,孜孜矻矻,陆续发表了多篇《西游记》研究论文,撰写了多部《西游记》研究专著,成为国内《西游记》研究领域的大家,乃至倡导建立了西游学,获得了业内方家的好评。

现在,洪波兄编选了这部《西游记辨》自选集。这是他继《四百年〈西游记〉学术史》《西游释考录》和《西游学十二讲》之后的又一部《西游记》研究专著,包括30余篇论文,囊括了他30年来研究《西游记》的精粹,体现了他《西游记》研究的脉络。他命我写一篇序,我对《西游记》并无研究,因而诚惶诚恐,不敢应命,但又却之不恭,只好勉力谈谈自己的一点体会。不当之处,请洪波兄和方家指正。

我认为本书主要具有以下三个方面的特点:

首先是浓郁的理论思辨色彩。洪波兄的硕士是文艺学出身,长期以来一直讲授文艺学和美学课程,因而他的著述逻辑严谨,有相当的理论高度和浓郁的思辨色彩。他既对以往学术争论进行了条理清晰的梳理,又能在此基础上提出自己的观点并展开有理有据地论证。他还根据具体的研究对象和研究内容,借鉴了西方的接受美学、阐释学、叙事学等方面的理论,引入西方的"他者"视域,在文本解读方面提出了不少新的见解。他的论文尤其是争鸣论文滔滔雄辩,富于说理性,并具有自觉的方法论意识。

其次是高度重视史料的考证。在考辨学术疑点方面,洪波兄善于从文本和史料事实出发,在文本细读、史料考证、版本勘校等方面都颇见功力。该书旁征博引,涉及文学、哲学、文化、宗教、训诂等各方面知识。如在讨论《西游记》心学思想的来源时,通过文本比对,论证了《西游记》心学思想更倾向源自邵雍而并非王阳明。他论证《西游记》在清代被道教的褫夺中,显示了对佛道思想的深入了解。这些细致入微的考辨与理论阐发相得益彰,体现了宏观论述与微观考据的统一。

第三是关注《西游》研究的当代化问题。论著中洪波兄既针对普通读者进行学理梳理,对一些哗众取宠的观点进行甄别,也从宏观视角,涉及影视改编和地域文化产业等当代性问题,论证了《西游》研究与西游文化产业并行发展、相得益彰的必要性。《〈西游记〉影视改编的若干问题》《新疆地区与"大西游文化"》《〈西游记〉文化产业——以连淮地区为中心》是这方面的代表作,从中显示着洪波兄的《西游记》研究的当代性追求。

《西游记》作为中国古代最杰出的神魔小说,在民间经历了较长时间的流传,从而得以不断改造和丰富,体现了中国人的情感智慧、生活态度和世俗精神,是社会矛盾和人情世故的写照,也寄予了基层民众的人生理想,宗教家们又在其中渗透了佛教和道教的思想,体现了大众的一种狂欢情结。可以说《西游记》和民族情怀紧密相连,已经包含在中华民族的文化基因中,人们对《西游记》的爱好将代代相传,绵延不绝。在这样的背景下,洪波兄以《西游记》为研究志业,与时俱进,取得了丰富而卓越的成果,确实让人肃然起敬。

最后,我祝洪波兄的《西游记》研究不断有新成果问世,祝"西游学"学科日渐成熟。

（竺洪波:《西游记辨》,上海:上海三联书店,2021 年版。）

《中西美学之间》自序

　　这里收集的是我近 20 多年来写作的美学方面的单篇论文,其中绝大多数过去都在有关刊物上发表过。它们是我每个时期对相关问题探索性的尝试,又基本上没有归入到已出版的专著中。现在,我把它们整理出来,结集出版,算是回顾一下自己的学术道路。从中也可以见出学术界在思想方法和研究方法上的脉络。

　　我进大学的 1979 年,正是学术风气隆盛的时代。虽然当时百废待兴,学术界僵化的思想需要解放,陈旧的知识需要更新,但总体气象让人感到充满了希望。即使首次考研落榜,分配不理想,也锐气不减。1983 年,我在毕业分配后趁国庆假日到山东大学拜访周来祥、曾繁仁教授等,试图再次报考山东大学文艺学硕士生,后因单位不同意报考而作罢。1984 年,我出席安徽省现代文学年会,提交《鲁迅的悲剧观及其历史地位》的论文;到宾馆看望前来讲学的林非先生;暑假晋京到北大造访杨辛、胡经之诸教授;到和平里九区一号造访李泽厚先生;次年又参加蔡仪先生主持、涂武生等先生讲学的美学讲习班,与邱紫华、彭修银、杜卫、李西建、朱存明诸位有同赴之雅。一时意气风发、雄心勃勃。那种劲头,仿佛是命中注定要献身学术。现在坐在空调房间里用电脑写作的年轻一代,是很难体会到我们当年在炎热的夏天汗流浃背抄稿子的滋味的。后来又先后做了王明居、汪裕雄教授的硕士生,和蒋孔阳教授的博士生。

这本集子中的部分论文,曾经请一些老师指教过。现在也难以全部回忆得起来了。王明居师 1998 年光临寒舍时,还说起我 1980 年给他看的第一篇文章《〈孔雀东南飞〉的悲剧性》,至今印象犹在,当时他认为写得好。《论艺术创造的想象》则是汪裕雄师指导的本科毕业论文,当时就改写了两三次。印象中还写过几篇《周易》和佛学方面的研究文章,但当时没有公开发表过,现在怎么也找不到了。1985 年我学习佛学入门时,刘学锴师曾嘱我向陈允吉、孙昌武两先生求教,蒙他们回信并开列书单。我也曾请教过滁州琅琊山的年轻主持。这些,都是要向他们表示衷心感谢的。一时记不起来的,则要请有关老师谅解了。

先后为我编发这批文稿的期刊编辑,为这些文稿的编排和推敲,付出了辛勤的劳动。他们无疑是我成长道路上的良师益友,让我不能忘怀。

仿佛我的身上有游牧民族祖先的血统,十几年来我数次迁徙,加上工作早期居住条件恶劣,不少早年的论文日渐散失,有的被老鼠噬成了碎片,有的则被鼠尿给泡烂了,其中还包括一批资料卡片。后来找到的一些论文残片,和抢救出来的卡片,也只能留作纪念了。这也是我想把一部分保存得完整的论文收集起来的重要原因。就象是成年人常常珍惜童年和少年时代不太雅观的照片一样。

过去,我在别人的指点下撰写和修改论文。现在,我自己也在指导本科生和硕、博士研究生写作论文。回顾自己走过的历程,真是感慨良多啊!我想,这些不够成熟的论文,也许可以为比我更年轻的大学生和研究生们提供一些经验教训。愚者千虑,或有所得。如果其中的某些看法能对他们的创造性思维有所触发,我将感到非常荣幸。

(朱志荣:《中西美学之间》,上海:上海三联书店,2006 年版。)

《实用大学语文》前言

　　近年来,大学语文对于大学生基础教育的重要性,越来越受到广泛的重视。特别是在大学扩招以后,大学新生的总体语文素质无疑会低于扩招之前。许多大学毕业生的语文基础已经不能适应社会的要求,包括工作中的要求和个人在社会生活中的要求。于是,在大学非中文专业开设大学语文课的呼声也越来越高了,也出现了越来越多的大学语文教材。面对每年入学的几百万大学生,建设什么样的大学语文教材? 开设什么样的大学语文课? 是我们语文工作者需要深入思考的重要问题。针对目前在读大学生的现状,我们决定编撰一本具有实用性、基础性和示范性特征的《大学语文教程》,以满足大学生将来工作和日常生活的基本需要,提升他们的基本素质,并且让他们学会提高语文水平和技能的基本方法。下面我们就具体阐释大学语文的这三个基本特性。

一、实用性

　　目前的大学语文,应当是一种实用的大学语文,应当重视大学语文的实用性。所谓实用性,具有两方面的含义:一是通过实用大学语文的学习,让学生不仅可以全面掌握实用性语文知识和语文技能,为毕业后的工作和生活造就基本素质,而且可以丰富大学生的精神世界和审美情趣,提高他们的文学鉴赏能力,并为实现大学生的人格健全和情商锻炼提供文学资源。二是为教师提供简洁而全面、高效而操作性强的教材,从而提高大学语文的教学效率。重视大学语文的实用性,是大学语文作为一种素质教育的性质所决定的。目前在读的大学生,在中学阶段所学的语文,无论是教师教,还是学生学,都要受到应试的限制,一些应该在中学阶段掌握的语文基础知识和技能还不能真正掌握和灵活运用。因此,大学语文教学应该从当前大学生的实际出发,从提高素质的角度入手,切实为大学生弥补中学语文学习中的不足,并改变大学生对待语文的态度,树立正确的语文观。一些不该出现的标点符号、错别字、病句词等,我们只能直面,而不能回避,不能出现语文教育的真空,不能因为中学语文教育的缺失,而让大学生带着先天不足的遗憾走向社会。而应该让他们具备语文基础知识,使得所掌握的语文知识能够转化为语文的运用能力,以满足日常工作和个人生活的需要。

重视大学语文的实用性,首先要重视培养大学生的中外文学鉴赏能力。在古今中外的诗词、小说、散文、戏曲和戏剧作品的教学过程中,我们要更加重视教会学生鉴赏和批评方法,为他们提供鉴赏的范例,并从文学系统活动入手,既引导学生体味经典作品中的确定性审美内涵,又为学生自己的进一步理解留下空间,使学生可以从作品的实际出发,调动生活中的有关阅历和知识库存,细致入微地领会作品的象征、隐喻和暗示,进行意义空白的填补。为此,本教材采取讲解方法的引导赏析的方法,而没有采用常见的文选编撰方式。例如"古代诗歌"一讲,第一篇为《怎样欣赏古代诗歌》,后三篇为经典范文赏析,而不仅仅是选文。以下各讲也基本如此,着重突出古今中外各种文体鉴赏的方法,并将方法运用到具体的文子赏析中去。

重视大学语文的实用性,还要重视培养大学生古文的阅读能力和阅读习惯。作为一名中国的大学生，热爱中国传统文化，了解中国三千年文化的深厚积淀，从中汲取古为今用的精华，其价值和意义无须多讲。本来，中学六年的古文学习，应该掌握了基本的古汉语知识。问题在于应试教育并没有让大学生在中学阶段真正获得古文的基本阅读能力，也没有让他们培养起古汉语典籍的阅读兴趣，更没有形成在古文阅读的过程中吸取菁华的好习惯。不少中文系非古汉语、非古代文学专业的研究生都缺乏古文的阅读能力和阅读习惯，更不要说理、工、医、农等科的大学生了。因此，大学语文要培养大学生阅读古文的实际能力，教会他们阅读古文的正确方法，并且从中培养起良好的阅读方法和阅读习惯。

大学语文的实用性，不仅表现在书面语文中，还包括口头的语言训练。不仅要包括读和写，而且还要包括听和说。大学生要学会竞选演讲、就职演讲，学会求职和述职，还要学会与人谈话和交际沟通的技巧。口头语文无疑也是语文的有机组成部分。本教材专门设两讲分别介绍了演讲及日常汉语交际中应该具备的基本知识与基本技能，力求为学生听、说、读、写能力的全面平衡打下基础。

重视大学语文的实用性，要切实解决大学生日常书写中的错字、病句和文体失范等错误。一些大学生也许在侃大山时滔滔不绝、口若悬河，可是在求职信和求职书面答卷中所暴露出来的语文常识性错误，让人瞠目结舌。因此，大学语文要从工具的实用性出发，在学生精力旺盛的时候，在他们作为合格的大学生毕业之前，切实地把鉴别常见的错别字、病句乃至文稿校对的基本知识教给他们。

重视大学语文的实用性，还包括重视基本应用文的写作。这些基本应用文，包括个人书信、申请书和作为普通公务、公司工作人员的一般文书。大学生掌握这些基本应用文的写作，这对于他们日常生活的便利，对于他们在交际过程中的个人印象，乃至求职都是非常必要的。这当然也包括对毕业论文写作的准确把握。

大学语文的实用性，要兼顾到翻译文献和文学的中文表达。随着我国加入WTO，与世界的交流联系越来越紧密，许多国外的知识创新和优秀作品需要翻译引进，了解和掌握一些必要的翻译中汉语表达的技巧和知识，明白中外语言表达的差异也是对大学生语文素养的基本要求。因此，实用的大学语文教材和教学就不能忽视这方面的知识，而应该积极应对时代的要求。翻译的文字牵涉到不同语言表达习惯的问题，在缺乏语境熏陶的实际情况下，许多知识应该系统化地传授给学生，使学生能够得其要领，提高学习效率。本教材设一讲专门介绍了现代汉语特点与英汉翻译中的汉语表达策略，并附两篇经典范文的汉译赏析文字。当然，限于篇幅，教材只能提供方法与范例，意在解剖麻雀，并从课内延伸到课外。

重视大学语文的实用性，在编写方法上也要兼顾到教的实用。过去的教材多提供文选，好处是给任课老师带来了很大的自由度。但不足之处在于，每位大学语文老师也不是万能的。他们对于每一文体的文学欣赏、对古代汉语和现代汉语的知识，以及写作、演讲、谈话艺术等，不可能在每个部分都是教学的行家。这就要求我们在编写教材的时候，多讲方法，多有范例。

现在有不少人在大学语文的教材编写和教学上都大力提倡要高扬人文精神。人文精神固然很重要，但也必须以实用的语文知识为基础。没有基本的语文知识，就会影响理解和表达，凭空去奢谈人文精神，显然是不切实际的。因此，大学语文要立足于实用，先奠定基础，才能谈得上人文素质的进一步提高。

总之，大学语文的教材建设和教学活动，要重视其实用性功能，重视它们作为工具的功能，培养大学生对基本语文知识的运用的能力，以适应工作和社会的需要。

二、基础性

从素质教育的意义上说,大学语文是一门基础性课程。作为素质教育的有机组成部分,大学语文必须有助于提高和完善学生的文化修养、文学鉴赏水平和语言的交流与表达能力(包括口头和书面表达能力),才能充分体现大学语文作为素质教育的基础性特征。对于大多数学生来说,它是最后一次系统性的语文学习阶段。作为一门基础性学科,大学语文既是语言文字交流和表达的工具性训练,又是人文素养的综合培养。我们强调要把大学语文作为基础性教育,要让他们学到活的语文,学到欣赏功能和传达方法,丰富大学生的精神世界,打开他们心灵的窗户,滋润他们的情感,拓展他们的思维,增强他们的欣赏能力、理解能力和表达能力。

大学语文的基础性首先是因为作为母语的中国语文是中华文化的基础和载体,也是当代大学生在现实社会中生存的基础。中国语文作为我们的母语,是中华民族存在的家园,是中华文化传承的载体,也是交流沟通的工具。失去了中国语文,就失去了交际工具,失去了对中华几千年文化的传承能力,失去了中华民族的生存、延续和发展的基础。大学生不能使用规范的中国语文,不但严重地影响到思想的传达和交流,而且会影响到中国语文的纯洁性和严密性。目前大学生由于考试和就业的压力,大都通过了英语的四、六级考试,但倘若以与四、六相应的标准去考核其中国语文,则大都未必能通过。而中国语文也同样是现实的工作和生活中所必备的基本能力。诸如对应用文体、论文写作方面的书面表达,应聘应试和演讲方面的口头表达等听、说、读、写方面的全面能力,都是大学生在生存时所需要解决的基础问题。

大学语文的基础性还表现在语文知识和能力的系统性,包括文学中背景知识的系统讲授、文学史和文体的系统性,以及古今汉语知识的系统性。在中小学阶段,由于应试的需要,在教学中往往对作品进行肢解,没有培养起学生对作品有机整体的把握能力和感染力的接应、共鸣能力。实用大学语文的目的,就在于通过对一些经典文学篇章的讲读,使大学生获得和提高阅读、理解、鉴赏和表达等方面的系统能力。在文学鉴赏方面,要重视经典的文学性,培养广泛的阅读兴趣,并作细致的鉴赏训练。当然,大学语文不只是大学文学,不能抛开语言包括语法、修辞和形式逻辑等汉语知识。由于缺乏系统的训练,大学生们常有写错别字和病句的现象、语感能力差,表达能力也不尽如人意。大学语文就是要帮助学生补足这些语文知识的盲点,从总体上提高学生的运用水平和人文素质。

重视大学语文的基础性教育,有利于学生的身心健康。学生在中小学阶段由于长期地承受应试压力,生活单调、贫乏,对文学和艺术的审美鉴赏能力没有得到充分的培养,越来越多的学生在学习压力下不能得到调适,患有不同程度的心理障碍,思想和生活苍白无力,情感单一,一代代学生渐渐对文学失去了兴趣,而正确欣赏文学作品的艺术性和审美特征,肯定会有利于学生的身心健康。因此,大学语文作为基础教育对促进学生的身心健康负有不可推卸的责任。

通过基础性的大学语文教学,提高大学生的语言运用能力和文学鉴赏能力,使他们不至于错字连天、病句连篇,不至于对作品良莠不分,文学趣味低劣。同时,我们还要在提高他们书面表达能力的基础上提高他们的口头表达能力。这样,大学语文才能实现语文知识、总体素质和语文运用能力包括作品鉴赏能力的全面提高。这不仅提高了大学生的基本知识和能力,也提高了他们想象力、情商和自信等,丰富了他们的内心世界,也丰富了他们语言表达的词汇,以利于全方位地提升大学生的整体素质。爱因斯坦曾说:"学校的目标始终应当是青年人在离开学校时,是作为一个和谐的人,而不是作为一个专家。"①大学语文应当为学生成为一个和谐的人、使学生的人格得以完善作出贡献。

三、示范性

大学语文作为高等院校的教学课程,是绝大多数同学的最后一次系统的语文教育,属于高等教育体系的有机组成部分,与中小学语文教学有着根本的不同。在大学阶段,同学们有充分的时间,阅读视野也开阔了,但是在大量的读物中如何取舍,这就需要进一步的指导。因此,典范的教材应当具有示范性,要讲究方法,要具有方法论意义。叶圣陶先生曾说:"教任何功课,最终的目的都在于达到不需要教。"②虽然这是给《中学语文》的题词、是针对中学语文教学讲的,但实际上真正适用的却是大学语文教育。这就要授之以渔,重视方法的培养,让学生举一反三,切实掌握基本的语文知识和方法,提高他们的语文运用和积累能力。

大学语文教学作为示范性教学,要让同学们提高中国语言运用的方法,提高文学的鉴赏能力,传授鉴赏方法。要将应试教育的灌输变为提高学生学习能力的积极引导,把培养大学生听说读写能力的基本方法上升到方法论的高度予以重视,让大学生体会到语文学习的乐趣和积极作用,改变传统的以应试为目的的语文学习观念,从而使大学生的语文学习变被动为主动。其中教法固然很重要,但只有出色的教材才能为教师的发挥提供导向性的意见,才是教师发挥教学能力的依据。这就不同于中小学以文选为主,而应该在语言方面注意规范性,在文学方面示以导读的范例,既有宏观的指导,又有微观的训练,在技术的层面上作示范。当然这种方法并不意味着狭隘的功利,更不意味

---

① 《爱因斯坦文集》第三卷,许良英、范岱年编译,商务印书馆1979年版,第310页。
② 《叶圣陶语文教育文集》第2卷,人民教育出版社1994年版,第477页。

着可以立竿见影。对方法的掌握不是学生只靠听课就可以掌握的,而是有自身的学习规律。这一方面的能力是练出来的,正如学游泳一样,光听老师讲是不行的,一定要习得,要下水去练。另一方面则要靠悟,要让学生潜移默化地去体会,在日后的工作和生活中对这些老师传授的方法进行"反刍",才能把握好具体的作品,才能使学生的语文水平日益精湛。因此,教材的示范性不应仅仅体现为选文的经典性,而应当进一步明确选文的目的,突出方法论的典范意义。

就文学来说,不同时代的作品,不同文体的作品,如古代文学与现代文学,中国文学与西方文学,诗歌与散文,小说与戏曲等,虽然都是文学,而文学的鉴赏古今中外是相通的,不同文体也是相通的,但毕竟同中有异,因此要作区分,并且要做到赏、评结合,史的脉络与文体的脉络相结合。本教材的编排既有古今中外之分,又有各种文体之别,或评或赏,各有针对,旨在进一步细化学生的鉴赏品评能力。以往不少教材将古代诗歌、唐宋词、散曲编在一个单元里,着重突出三者的共性,但是,这种归类有失笼统,不利于兼顾诗、词、曲的文体区别。本教材将诗、词、曲分门别类,有的放矢地介绍了这三种既有联系、又有区别的文体的不同鉴赏方法,并分别选编典范的鉴赏文章。大学阶段,培养细致的感受能力尤为重要,这种感受能力又尤其需要积淀丰厚的古典文学的熏陶。"人文精神"不是空洞的喧嚣,它同样要落实到可操作的层面,无论识文断字、记诵涵咏、还是鉴赏品味,都要从扎实的实践中陶养出来。培养人文精神,教材的支撑与导向是前提,这也是本书在古典文学鉴赏的份量上不惜篇幅的原因。

正因如此,我们的这本教材一改过去的文选编法,而强化指导学生的示范性意图,积极地引导他们学会鉴赏方法,让他们披文以入情,审美地对待作品,真正地培养起他们的阅读兴趣,让学生体验作品的精彩,真正成为优秀作品的知音。

（朱志荣主编:《实用大学语文》,上海:复旦大学出版社,2007 年版。）

《商代审美意识研究》后记

我萌念研究商代的审美意识问题,差不多已经有十多个年头了。早在 1989 年撰写《论审美心态》一文时,我开始留意于商周铭文中"虚静"等词的用法和其中所包孕的意蕴,惊异于先民们非凡的智慧和深刻的思想。后来在研究孔子的人生观问题时,领悟到春秋战国时代的诸子思想,当是对商代和西周思想的继承和深化,而不可能横空出世,凭空冒出一批天才的思想家来。于是,我决心到中国古代有信史的源头——商代去探索中国上古审美意识的起源与发展。

1991 年去厦门参加美学会议时,我曾与美学界的一位前辈谈起当时的科研计划。我谈到自己想把硕士期间写的论文,包括硕士论文,作一个系统的规划,撰写成一本中国艺术哲学方面的专著,同时也谈到了想做商代审美意识方面的研究。这位前辈说,中国艺术哲学方面的专著,你写别人也可以写,尽管观点会各有不同,但未必能有很大的影响。而商代的审美意识问题,迄今还没有人作专门的研究,具有拓荒的意义。这对我颇有启发。我决定把商代审美意识研究这个专题列入我的研究计划。同时我也觉得。如果我心中没有自己关于审美问题的系统思想,仅仅是以现成的美学原理做理论武器,其成就无疑是有限的。从此,我在教学中就试图系统探索中国特色的审美理论,多少也算是为商代审美意识的研究做前期准备。

1992年秋季,我考到复旦大学中文系,师从蒋孔阳先生攻读博士学位。蒋先生本来以为我在中国美学方面已有一定的学术基础,会选择中国美学作为研究方向。但是,我当时听取了祖保泉先生的建议,选择了西方美学作为研究方向,以康德美学作为博士论文的选题,目的主要在于训练思维。这一想法得到了蒋先生的首肯与支持。商代的审美意识研究暂时被搁置下来。

1995年毕业后到苏州大学任教,讲授美学和西方文论,潜心于中国特色的审美理论的思考,并写成了一本十余万字的小册子作为教材。与此同时,文学院为着申请博士后流动站,要我这个外校来的博士从年底开始先行做项目博士后研究,规定的方向是现代通俗文学方面的项目课题,至1997年底结束。1998年,我又接手了一本有关新时期知识分子问题研究的书稿稿约。这样,商代审美意识问题的研究便一拖再拖,但相关的读书和思考仍在继续。日常生活中所见到的器皿的形制和纹饰,以及许多民间的风俗,时常让我感受到商代审美意识绵延不绝的影响力。

到1999年底,我整理完《中国文学导论》一书,加入丛书后更名为《中国文学艺术论》,交给了山西教育出版社。商代审美意识的研究终于提上了日程。于是我开始更集中地收集资料,安排章节,并做了大量的相关笔记。到2000年底,经过一年的梳理,思路已大致清晰,草稿也已经理出了眉目,就开始联系出版社,得到了水红女士和方国根先生等人的支持与帮助,使本书在人民出版社列入了出版计划。李学勤教授也在来信中给予积极的鼓励。

就在这时,系里安排我2001年去韩国讲学一年。其间忙忙碌碌,只能仓促作在异国研究商代审美意识问题的准备。2000年秋季刚刚进校的研究生陈朗和宋传东等人,帮我复印了一箱参考论文,并把相关的参考书分6箱寄往韩国。在韩国期间,我读到了一些台湾出版的文字学等方面的著作,又从韩国的民俗文化中获得了些许灵感。2002 年初回国时，书稿已经大体成型。而我的"审美理论"也已增订成一本 25 万字左右的学术专著了，它为我的商代审美意识研究提供了理论基础。我本来还想把有关商代审美意识的一些尚未成熟的思想作进一步整理的，但因某种原因，只得将这初步的研究成果先行在年内出版了。

在最近的 1 个多月里，一些学生为我做了不少具体的收尾工作，从查阅资料、核对引文到提出润色、修改意见，乃至打印文稿等。其中有 9 月份刚刚入校的硕士研究生邵君秋、陶国山、高海燕和我的侄子朱军（新闻传播专业的硕士研究生）等。本科基地班的同学顾晴宇、王婕、齐慎和周肪等同学也都积极地帮忙。责任编辑夏青女士对文稿作了认真的审读和修改，为本书增色不少，并使本书及时而顺利地得以出版。在此，我谨向给予本书各种帮助和支持的人士表示谢意。

本书虽然思考的时间较长，但成书的时间依然显得仓促，不当之处在所难免，希望能得到方家和广大读者的批评指正，以便我把这一课题的研究进一步深入下去。

2002 年 9 月

（朱志荣：《商代审美意识研究》，北京：人民出版社，2002 年版。）

《从实践美学到实践存在论美学》后记

我写实践美学的论文大概始于 1984 年，那时正逢研究《巴黎手稿》热，我写了一篇相关的美学论文，可惜后来在投稿过程中丢失了。那时是手抄稿子，抄一遍很不容易。后来出现了一大批这方面的论文，我大概也觉得自己此前写的未必有多大价值了。这也可能是自己没有珍惜这篇稿子而导致它散失的原因之一。1990 年前后，我又写过一篇类似的论文，投稿后也没能发表，现在也不见原稿了。到 1992 年开始读博士生时，导师蒋孔阳教授是实践美学的代表人物之一。朱立元教授此前有研究《巴黎手稿》的专著尚待出版，实践美学方面的研究主要是在此后集中开始的，张玉能教授也主要是在此后陆续开始写这方面的论文的。他俩虽然是我的师兄，但无论从年龄上还是从资历上，都是我的老师辈了。其他师兄弟包括我，大都反而不太从实践美学这方面入手从事研究了。

20 世纪 90 年代以前有批判李泽厚先生的论文，还有与蒋孔阳先生商榷的论文，但都不是后来的所谓后实践美学。2002 年以后，批评实践美学的论文逐渐增多，而且来势凶猛。我倒开始认真地反思起实践美学来了。

反对实践美学的学者，有的是观点使然，有的是观念使然，有的是追风使然，也有的则出于投机心理——先站在庞大的实践美学学者中间,发现湮没无闻,遂走向对立面,希图哗众取宠。另外还有一一种不正常的看法,就是认为凡是坚持和发展实践美学的,就是落后、保守的;凡是反对或超越实践美学的,就是进步、开明的。李泽厚先生一次在电话中对我说:"实践美学不是终结了,而是刚刚开始。"我同意这种说法。

如果我们的学术研究一直只是注重追求时尚,只问耕耘,不问收获,那么就会导致所有的学术思想和流派都等不到发展就被扼杀在摇篮里,其结果我们的美学界就像是猴子掰苞谷,掰一个扔一个。若干年后,我们就会对学术界无所贡献。中国学术界的教训是,在试图驳斥别人、打垮别人的破坏性上花的功夫很多,而在建设性方面则做得非常不够。说别人缺点的时候慷慨激昂,很少考虑自己的那点成绩也许非常经不起推敲。

20世纪的中国美学,主要有三个方面的贡献:一是评介、引进西方美学,这方面的队伍非常强大,也确实是现代形态的美学在中国形成和发展的基础,推动了美学乃至整个人文学科的发展。二是以西方美学为参照的中国美学史研究,这方面也已经取得了令人注目的成就。三是马克思主义美学研究和当代美学理论的构建,实践美学就是其中的最重要的贡献。

我们要承认马克思作为卓越的思想家,他的思想作为人类宝贵的精神遗产是值得我们学习、继承和借鉴的。我们很多激进的学者对卢卡契、本雅明等西方马克思主义者很崇拜,为什么总是喜欢把中国马克思主义与教条主义混为一谈呢?实践美学是20世纪中国最大的美学流派,是中国美学界对美学学科的最大贡献。尽管它与一切学术思想一样,在形成过程中确实有着种种不足,需要扬弃、修正和发展,但不能因此就加以扼杀。经过实践的检验,我们也看到了其中的价值和贡献。

我认为,当代人文学者中虽然有许多很聪明很勤奋的人,却很难做出具有世界影响的卓越的成绩,其根本原因就在于脑子里有很多顾忌,思维有禁区,情绪化地划界,拒绝客观了解和评价某些观点,缺乏海纳百川的胸怀,或用信仰代替思考。虽然嘴上讲要兼容,实际上不愿去做。对于那些激进的学者,我倒要问一句然大家都口口声声说能容纳百川,为什么就不能容纳马克思这一"川"? 对于马克思的学术思想,我们如果不带偏见、不做教条的理解,就可以看出,它并不是束缚我们学术创新的教条,它对我们的研究有着很多的积极意义。

至少到目前,我个人不是实践美学学者,对实践美学思想的形成和发展也没有直接的贡献,用徐碧辉女士的话说,是实践美学的同情者和支持者。站在美学史和现代性的立场上对实践美学的价值及影响作一番认真的研究和总结,客观评价他们的发展脉络和价值及影响,当然也包括对他们的不足进行考察,不但是对实践美学学派负责任的态度,而且也是对整个美学界负责任的态度。所以,实践美学虽然不是万能的,也不能涵盖美学的全部领域,但它确实给我带来了深刻的启示。本书从实践美学的缘起出发,一直讲到新近的实践存在论美学。有人说实践美学已经过时,你现在为实践美学"扛幡招魂",是思想僵化的表现。那就让他们说去吧! 每个人都有坚持自己学术观点的权利,这样才能体现出真正的"百花齐放,百家争鸣"的学术民主。

写一本概括和总结实践美学的特点及影响的书是我近五年来的一桩心愿,我对此早已作了构思和准备,可是由于这两年家里的特殊情况,加之调动、搬家的折腾,一直不能定下心来,现在看着丛书出版在即,而书稿尚未最后完成,于是就请我的硕士生王怀义同学根据我的研究计划执笔撰写了第一、五、六、七、九、十二章,其余部分则由我执笔,最后由我统稿。怀义同学年轻好学,勤于笔耕。20 年前,我在他这般年龄的时候就已经开始著述了。现在的研究生跟我们当年已经很不一样了,他们面对的诱惑很多,能像他这样立志治学确实已经难能可贵了。我祝愿他在自己不断取得的成绩的激励鼓舞下成长起来。

朱志荣

2007 年 12 月 12 日

（朱志荣，王怀义：《从实践美学到实践存在论美学》，苏州：苏州大学出版社，2008 年版。）

《中国艺术哲学》德译本序

中国古代丰富的艺术思想,除了少数的一些专书和专论之外,大都散见于书信、序跋和点评之中,很多是即兴式的零星感悟,极少西方式的逻辑性很强的体系性著作。虽然这些思想在体系形式和思辨方式上与西方的相关著作有所不同,但其中所包含的艺术思想的深刻性和丰富性,很值得当代国际学术界的重视。

作为一位当代中国的艺术理论和美学的研究者,我在学术范式上受到过西方学术的训练,尤其受到了德国学者诸如康德、黑格尔和现象学理论家的影响,力图以西方学者可接受的形式写成了这本《中国艺术哲学》,彰显中国艺术的特色,评述中国古代深邃而独到的艺术思想,尤其是想把中国艺术哲学中可借鉴的思想推介给西方读者,推动中国古代艺术思想和西方艺术思想的对话和交流,使中国古代的艺术思想得以现代化和世界化。这是我撰写本书的意义所在。

中国艺术哲学迄今未能受到西方艺术理论界足够的重视,除了因为有些西方学者因为不了解或一知半解而产生一些成见外,更重要的原因是缺乏能够站在全球化视野下对这些卷帙浩繁、博大精深的中国传统艺术哲学思想进行系统阐释,缺少一个信使。我写这本书的目的,一方面是为中国古代艺术思想传递给当代中国人的信使,另一方面也是充当把中国古代艺术思想传递给西方人的信使。而本书的德文版的译者 Eva Lüdi Kong(中文名:林小发)女士,就帮助我担当了向德语读者传播的信使。

我期待,德语读者和其他西方学者在阅读了本书以后,能够对中国艺术哲学有更多的兴趣和更充分的了解。

(德国柏林:LIT 出版社,2020 年版。)

编后记

　　十年前，我们编了《朱志荣美学思想评论集》，内容由研究论文、专著评论、回忆随笔三个模块组成，对朱志荣教授三十多年的美学研究做了初步总结。十年过去了，朱志荣教授的美学思想有了新的发展，他主张的意象创构论美学近年来引起学术界的关注和讨论，从一个侧面反映出当代中国美学在走向世界、理论建构、适应当代审美需求等方面积极探索的情况。鉴于以上的原因，我们编了这本《评论二集》。

　　本集在内容安排上延续了第一集的编排，同时也做了相应调整。与十年前相比，朱志荣教授的美学思想在注重美学方法论反思和保持中西融通的基础上有了进一步深化，意象创构论美学体系初步形成，为我们思考当前语境下建构文艺学美学理论"三大体系"提供了一个很好的样本。朱志荣教授始终坚持未来导向，以中国古典美学为基础，吸纳各种思想资源，以扎实的理论建构取得系列成果。朱志荣教授学术研究的中心工作，是在全球化视野中建立有中国文化基础和特色的美学思想和理论体系。四十年来，"吾道一以贯之"。从本文集收录的研究论文看，近十年来，朱志荣教授的美学研究主题更集中、问题更明确。这主要由以下三方面内容组成。

　　第一，注重中国美学的海外传播，向世界讲述中国美学的"故事"。近年来,朱志荣教授的《中国艺术哲学》《中国审美理论》《中国美学简史》等著作的韩文、德文、俄文、英文版本,陆续在 Routledge 和 Springer 等重要出版社出版,产生良好的学术影响,这为中国美学参与世界美学格局的建设和完善做出了贡献。

第二,当代语境下的中国美学史研究,代表性成果为朱志荣教授主编的八卷本《中国审美意识通史》。本通史注重美学史研究方法的拓展,以华夏先民的日常生活、家居器物、民俗仪式等为研究对象,将出土文物与文献中蕴含的审美思想加以提炼和概括,对中华民族审美传统、审美趣味、审美理想的形成进行了正本清源的探索和总结,是对此前美学史研究以理论史为主体的突破和发展。这一研究也让我们发现,传统中国社会中人们的审美理想、审美趣味仍然对当代中国人的日常生活和艺术欣赏具有重要影响,对当下建立积极健康的时代审美风尚具有重要的导向作用。

第三,建构融汇古今中西、具有时代特征的新的美学理论体系,提出"意象创构论美学"的理论主张。新世纪前后,中国美学界出现了各种美学理论、流派,但近二十年尤其是近十年来,这种尝试日渐稀少了。上世纪八十年代,美学界理论建构风行,李泽厚先生编译了西方美学译丛,他在编译这套丛书的缘起中说,当时的首要任务是系统学习西方理论,然后才具备建立自己理论体系的条件。三十年过去了,引进和学习西方理论对于提升当代中国美学的研究水平起到了重要推动作用,但建构理论体系的热情逐渐淡化了。从这个角度看,朱志荣教授长期致力于意象创构论美学的理论体系建设,是较为难得的。当然,这一理论体系还在形成过程中,我们编这本文集的目的,既是对过去关于这一问题研究的汇总,也是希望引起学术界的关注,从而展开持续的讨论,促进这一理论体系的深化、发展和完善。

总之,朱志荣教授近十年来的美学研究具有理论和实践双重方面的意义和价值。我们也可以看到,在当前语境下,弘扬中华美学精神,向世界传播中国美学,将中国优秀传统文化和艺术遗存与当代中国人的审美实际需求相结合,既需要高屋建瓴的理论建构,也需要对中国古人的审美理想、审美趣味进行系统梳理和总结。现在国家层面进行人文社会科学的"三大体系"建设,对美育和传统文化艺术教育的重视等,所解决的也是这个问题。本文集的编撰对此也会起到积极的作用。

王怀义

2021 年 12 月 26 日

图书在版编目(CIP)数据

朱志荣美学思想评论二集/王怀义,李晶晶,陈娟编.
一上海:上海三联书店,2022.10
ISBN 978-7-5426-7879-9

Ⅰ.①朱…　Ⅱ.①王…②李…③陈…　Ⅲ.①朱志荣—
美学思想—文集　Ⅳ.①B83-092

中国版本图书馆 CIP 数据核字(2022)第 187535 号

朱志荣美学思想评论二集

主　　编　王怀义　李晶晶　陈　娟

责任编辑　钱震华
装帧设计　陈益平

出版发行　上海三联书店

　　　　　(200030)中国上海市漕溪北路 331 号

印　　刷　上海昌鑫龙印务有限公司

版　　次　2022 年 10 月第 1 版

印　　次　2022 年 10 月第 1 次印刷

开　　本　700×1000　1/16

字　　数　350 千字

印　　张　28.25

书　　号　ISBN 978-7-5426-7879-9/B·800

定　　价　98.00 元